"十四五"职业教育国家规划教材

U0586102

机械基础类
引领系列

公差配合与技术测量

（第2版）

主编 薛庆红 许 岚
苗 盈

中国教育出版传媒集团
高等教育出版社·北京

内容提要

本书是"十四五"职业教育国家规划教材。

本书的编写遵循职业教育教学规律,吸收近年来职业教育改革的成果,以成果导向为主导思想,理论与实践紧密结合。全书采用最新颁布的国家标准,把传统测量技术与先进测量设备及新技术应用相结合,使教材内容与技术发展紧密结合。

全书共分 7 章,内容包括绪论,尺寸的公差、配合与检测,几何公差与检测,表面粗糙度与检测,圆锥和角度尺寸的公差与检测,光滑极限量规设计,常用结合件的公差与检测,并在关键知识点配有数字化资源,以及国家级职业教育专业教学资源库课程"几何量精密测量",供读者在线学习。根据职业教育的目标和要求,全书重点介绍产品几何公差的含义及检测方法,对于几何精度设计没有过多介绍。

本书可作为高等职业院校机械类及近机械类专业教材,也可作为成人教育学院、函授大学、电视大学等相关专业教材,还可作为从事机械设计与机械制造相关工作的工程技术人员的参考用书。

授课教师如需本书配套的教学课件资源,可发送邮件至邮箱 gzjx@pub.hep.cn 获取。

图书在版编目(CIP)数据

公差配合与技术测量／薛庆红,许岚,苗盈主编. --2 版. --北京:高等教育出版社,2024.1
ISBN 978-7-04-061264-6

Ⅰ.①公… Ⅱ.①薛… ②许… ③苗… Ⅲ.①公差-配合-高等职业教育-教材②技术测量-高等职业教育-教材 Ⅳ.①TG801

中国国家版本馆 CIP 数据核字(2023)第 190901 号

公差配合与技术测量(第2版)
GONGCHA PEIHE YU JISHU CELIANG

| 策划编辑 张 璋 | 责任编辑 张 璋 | 封面设计 李小璐 | 版式设计 杨 树 |
| 责任绘图 于 博 | 责任校对 刘丽娟 | 责任印制 耿 轩 | |

出版发行	高等教育出版社	网　址	http://www.hep.edu.cn
社　址	北京市西城区德外大街 4 号		http://www.hep.com.cn
邮政编码	100120	网上订购	http://www.hepmall.com.cn
印　刷	北京市联华印刷厂		http://www.hepmall.com
开　本	787mm×1092mm 1/16		http://www.hepmall.cn
印　张	13	版　次	2018 年 9 月第 1 版
			2024 年 1 月第 2 版
字　数	310 千字		
购书热线	010-58581118	印　次	2024 年 8 月第 3 次印刷
咨询电话	400-810-0598	定　价	36.80 元

▌▌▌ "智慧职教" 服务指南

"智慧职教"（www.icve.com.cn）是由高等教育出版社建设和运营的职业教育数字教学资源共建共享平台和在线课程教学服务平台，与教材配套课程相关的部分包括资源库平台、职教云平台和 App 等。用户通过平台注册，登录即可使用该平台。

● 资源库平台：为学习者提供本教材配套课程及资源的浏览服务。

登录"智慧职教"平台，在首页搜索框中搜索"几何量精密测量"，找到对应作者主持的课程，加入课程参加学习，即可浏览课程资源。

● 职教云平台：帮助任课教师对本教材配套课程进行引用、修改，再发布为个性化课程（SPOC）。

1. 登录职教云平台，在首页单击"新增课程"按钮，根据提示设置要构建的个性化课程的基本信息。

2. 进入课程编辑页面设置教学班级后，在"教学管理"的"教学设计"中"导入"教材配套课程，可根据教学需要进行修改，再发布为个性化课程。

● App：帮助任课教师和学生基于新构建的个性化课程开展线上线下混合式、智能化教与学。

1. 在应用市场搜索"智慧职教 icve" App，下载安装。

2. 登录 App，任课教师指导学生加入个性化课程，并利用 App 提供的各类功能，开展课前、课中、课后的教学互动，构建智慧课堂。

"智慧职教"使用帮助及常见问题解答请访问 help.icve.com.cn。

▐▐▐ 第2版前言

公差配合与技术测量是工科院校机械类和近机械类一门重要的专业基础课程,也是机械类企业研发生产中保证互换性生产的重要技术基础。

本书的主要应用对象为高等职业教育机械类和近机械类的学生。高等职业教育主要培养企业一线技术应用型人才,按照专业培养目标以及对毕业生的岗位要求,本书本着理论够用且与实践紧密结合的原则,在内容组织上,缩减了较为复杂的公差理论知识,增加了典型零件的测量实施内容,如尺寸的测量实施、直线度误差的测量方法和数据处理、平面度误差的测量方法及数据处理等,同时在典型零件的选用上,采用企业真实案例,让读者熟悉生产实践中零件检测的流程及检测文件的填写,熟悉计量器具选择的要求及方法,让读者能更好地理解和应用。本书第1版在使用过程中得到了较好的评价,结合当前技术的发展以及读者的反馈意见,启动了修订工作,本次修订主要从以下几方面做了调整和改进。

1. 为深入推进党的二十大精神进教材、进课堂、进头脑,结合教材内容的特点,将课程思政融入书中各章节。以"高质量发展"为核心,在尺寸公差相关章节,通过产品质量保障体系的介绍,将"高质量发展"意识融入读者头脑中;在检测相关章节,通过我国检测设备和检测技术与国际先进技术的对比,让读者看到我国相关技术的发展速度和前景,建立"创新性发展"意识,从而树立正确的世界观、价值观,培育爱国情怀。

2. 本书在修订时采用了最新的国家标准,如 GB/T 1800.1—2020《产品几何技术规范(GPS)线性尺寸公差 ISO 代号体系 第 1 部分:公差、偏差和配合的基础》,其他章节所涉及的国家标准均采用当前最新国家标准,以期与企业生产要求同步。

3. 本书为方便读者使用,在每一章开始均设有学习目标和知识导图,并配有丰富的数字化资源,读者可在移动终端上方便地扫码观看与书中知识点对应的动画、微课、操作视频等数字化资源;并在最后配有习题与工程案例,以便所学知识的巩固。

本书由无锡职业技术学院薛庆红、许岚、苗盈任主编,无锡职业技术学院缪小梅、周刚任副主编。全书由无锡职业技术学院吴慧媛教授审阅。本书在编写过程中得到无锡计量所王树刚高级工程师、无锡一汽锡柴股份公司芮健高级工程师等企业人员的指导与帮助,在此一并表示感谢。

由于本次修订期间相关国家标准在基本概念、术语及定义、标注方法等方面有较多变动,导致本版修改之处较多,书中难免有不足和疏漏之处,欢迎读者批评指正!

编 者
2023 年 10 月

▮▮ 第1版前言

公差配合与技术测量是工科院校机械类和近机械类一门重要的专业基础课,也是机械类企业中保证互换性生产的重要技术基础。

本书的主要适用对象为高职高专机械类和近机械类学生,高职高专主要培养企业一线技术应用型人才,按照专业培养目标以及对毕业生的岗位要求,本书本着够用及理论与实践紧密结合的原则,在内容组织上,缩减了较为复杂的公差理论知识,增加了典型零件的检测实践内容,例如尺寸的检测、直线度误差的检测方法及数据处理、平面度误差的检测方法及数据处理等。

本书所选标准均为当前最新国家标准,以期与企业生产要求同步。

本书为方便读者使用,在每章开始均设有学习目标和知识导图,并配有丰富的数字化资源。读者可通过扫描二维码方便地读取与教材知识点对应的动画、微课、视频等数字化资源。每章配有习题,以便巩固所学知识。

本书由无锡职业技术学院薛庆红任主编,无锡职业技术学院许岚、缪小梅任副主编。薛庆红编写第3章和第4章,许岚编写第1章与第2章,缪小梅编写第5~7章。全书由无锡职业技术学院吴慧媛教授担任主审,本书在编写过程中受到无锡计量所王树刚高级工程师、无锡一汽锡柴股份公司芮健高级工程师等企业人员的指导与帮助,在此一并表示感谢。

由于编者水平有限,书中难免有不足和错漏之处,恳请读者批评指正。

编　者
2018年4月

▮▮ 目录

I

第1章 绪论

知识与素养目标

1. 理解产品的互换性在生产实际中的作用;

2. 了解实现互换性的条件;

3. 掌握公差与检测的概念;

4. 了解技术测量在我国高科技产品中的应用、质量控制在中国制造中的重要作用,努力学习,具有科技报国的使命担当。

知识导图

```
                                                    ┌─ 完全互换性
                                    互换性生产的分类 ─┤
                                                    └─ 不完全互换性
                     互换性生产 ─┤
                                                    ┌─ 公差与检测
                                    实现互换性的条件 ─┤
                                                    └─ 标准与标准化

                                    ┌─ 尺寸公差与检测
    课程概述 ─┤       课程内容 ─────┤─ 几何公差与检测
                                    └─ 表面粗糙度与检测

                                    ┌─ 识读图纸公差技术要求
                     课程学习方法 ─┤
                                    └─ 实践操作检验工件的合格性
```

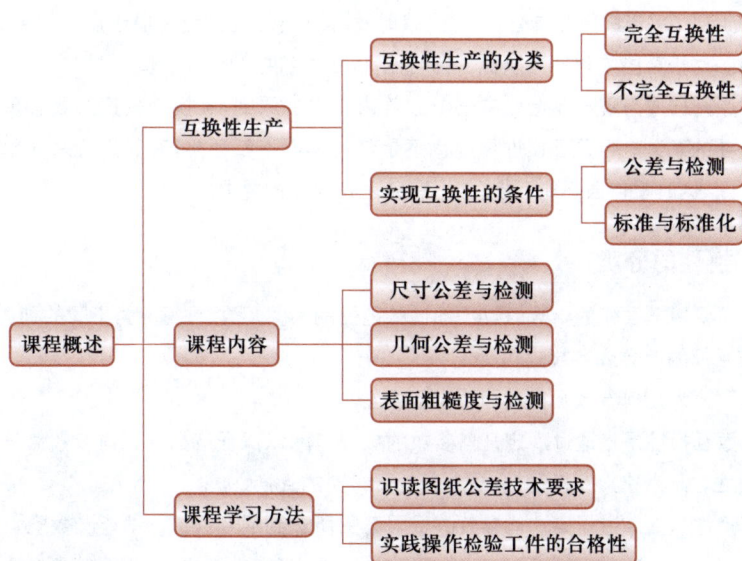

1.1 互换性概述

1.1.1 互换性的概念

在机械制造工业中,互换性是指同一规格的一批零件或部件,无须任何挑选、调整或附加修配(如钳工修理)就能装配,并能满足机械产品使用性能要求的一种特性。遵循互换性原则,不仅能显著提高劳动生产率,还能有效保证产品质量和降低成本。所以,互换性是机械和仪器制造中的重要生产原则与有效技术措施。

1

　　机械制造过程中,要使一批零件或部件具有可以互相替换使用的特性,可将它们的所有实际参数(如尺寸、形状等几何参数及强度、硬度等物理参数)的数值加工制造的完全一样。但是,实际生产中制造误差不可避免地存在,要获得完全一致的产品几乎是不可能的,也是不必要的。因此,在按互换性的原则组织生产时,只要将一批零件或部件的实际参数值的变动范围限制在允许的极限范围内,即可实现互换性并获得最佳的技术经济效益。这里,实际参数值允许的最大变动量称为公差。

　　互换性在日常生活中随处可见。例如,钟表或者自行车的零件损坏时,更换同规格的零件就能恢复其使用功能。

　　广义上的互换性是指一种产品、过程或服务能够代替另一种产品、过程或服务,并且能满足同样要求的能力。

1.1.2　互换性的作用

　　互换性在产品的设计、制造和使用阶段,对于改善产品的经济、质量指标,提高可靠性及使用寿命等,具有重大意义。

　　① 在设计阶段:若零部件具有互换性,就能最大限度地使用标准件,从而简化绘图和计算等工作,使设计周期变短,有利于产品更新换代和计算机辅助设计(CAD)技术的应用。

　　② 在制造阶段:互换性有利于组织专业化生产、使用专用设备和计算机辅助制造(CAM)技术。

　　③ 在使用阶段:若零部件具有互换性,就能及时更换那些已经磨损或损坏的零部件,恢复其使用功能。对于某些易损件可以提供备用件,以提高机器的使用价值。

　　互换性原则已成为现代制造业中一个被普遍遵守的原则,互换性生产对我国现代化生产具有十分重要的意义。但是互换性原则也不是任何情况下都适用,有时只有采取单个配制才符合经济原则,这时零件虽不能互换,但也有公差和检测的要求。

1.1.3　互换性的分类

　　根据使用要求及互换的参数、程度、部位和范围的不同,互换性可分为不同的种类。

　　(1) 按互换的参数或参数的功能分

　　互换性可分为几何参数互换性和功能互换性。

　　几何参数互换性是指通过规定几何参数的极限范围以保证产品的几何参数值充分近似所达到的互换性。此为狭义互换性,也是本书主要讨论的互换性。

　　功能互换性是指通过规定功能参数的极限范围所达到的互换性。功能参数既包括几何参数,也包括其他一些诸如材料物理力学性能、化学性能、光学性能、电学性能等参数。此为广义互换性,着重于保证除几何参数互换性以外的其他功能参数的互换性要求。

　　(2) 按互换的程度分

　　互换性可分为完全互换性和不完全互换性。

　　完全互换性以零部件装配或更换时不需要挑选、调整或修配为条件。例如,孔和轴加工后只要符合设计的规定要求,就具有完全互换性。其优点是简化修整工作,提高经济性。但是若组成产品的零件较多或者整机精度要求较高时,会出现加工制造困难、成本增高的问题。

　　不完全互换性也称有限互换性,指同种规格零部件加工完成后,在装配前需经过挑选、分组、调整或修配等辅助处理,才可顺利装配,在功能上才能达到使用性能要求。

通常情况下,零部件需要厂际协作时采用完全互换性,在同一厂内制造和装配时采用不完全互换性。

（3）按使用场合分

互换性可分为内互换性和外互换性。

内互换性是指部件或机构内部组成零件间的互换性;外互换性是指部件或机构与其相配合的零件间的互换性。例如,滚动轴承内、外圈滚道与滚动体(滚珠或滚柱)间的互换性为内互换性;滚动轴承内圈与传动轴间、滚动轴承外圈与壳体孔间的互换性为外互换性。

1.2　公差与误差

1.2.1　几何参数误差

零件的几何参数包括尺寸、形状和位置等。零件在加工后形成的实际几何参数对其理想参数的变动量称为加工误差。加工误差是加工设备、加工人员、加工工艺、零件材料和热处理等诸多因素共同作用的结果。

零件的加工误差按其特征分为尺寸误差和几何形状误差。

零件的实际尺寸与理想尺寸之差称为尺寸误差,如孔轴零件的直径和长度尺寸的误差。

零件的实际几何形状与理想形状的偏差称为几何形状误差,按其波距大小分为宏观几何形状误差(又称为形状误差)、中间几何形状误差(又称为表面波度)和微观几何形状误差(又称为表面粗糙度)。

零件具有几何参数误差能否保证互换性?虽然零件的几何参数误差可能影响零件的使用性能,但实践证明,只要将这些误差控制在一定范围内,使同一规格零件的几何参数彼此充分近似,就能满足使用性能的要求,即能达到互换性的目的。

1.2.2　公差与检测

允许零件几何参数误差的变动量称为公差。误差是在加工过程中产生的,而公差则是由设计人员给定的。工件的误差在公差范围内,为合格件;超出公差范围,为不合格件。

完工后的零件是否满足公差要求,要通过检测加以判断。检测包含检验与测量。几何量的检验是指确定零件的几何参数是否在规定的极限范围内,并做出合格性判断,而不必得出被测量的具体数值;测量是将被测量与作为计量单位的标准量进行比较,以确定被测量具体数值的过程。

1.3　标准与标准化

现代制造业生产的特点是规模大、分工细、协作单位多、互换性要求高。为了适应生产中各部门的协调和各生产环节的衔接,必须有一种手段,使分散的、局部的生产部门和生产环节保持必要的统一,成为一个有机的整体,以实现互换性生产。标准与标准化正是联系这种关系的主要途径和手段。实行标准化是互换性生产的基础。

1.3.1　标准

所谓标准,是指为了取得国民经济的最佳效果,对需要协调统一的具有重复特征的物品

(如产品、零部件等)和概念(如术语、规则、方法、代号、量值等),在总结科学试验和生产实践的基础上,由有关方面协调制定,经主管部门批准后,在一定范围内作为活动的共同准则和依据的规范性文件。

标准对于改进产品质量、缩短产品生产制造周期、开发新产品和协作配套、提高社会经济效益和对外贸易等都具有很重要的意义。

1.3.2　标准化

所谓标准化,是指标准的制定、发布和贯彻实施的全部活动过程。按照标准化对象的特性,标准可分为基础标准、产品标准、方法标准、安全标准、卫生标准等。

对于需要在全国范围内统一的技术要求,应当制定国家标准,代号为 GB,对于没有国家标准而又需要在全国某个行业范围内统一的技术要求,可制定行业标准,如机械标准(JB)等。对于没有国家标准和行业标准而又需要在某个范围内统一的技术要求,可制定地方标准或企业标准,它们的代号分别用 DB 和 QB 表示。

标准化工作包括制定标准、发布标准、组织实施标准和对标准的实施进行监督的全部活动过程。这个过程是从探索标准化对象开始,经调查、实验和分析,进而起草、制定和贯彻标准,而后修订标准。因此,标准化是一个不断循环又不断提高其水平的过程。

标准化是社会化生产的重要手段,是联系设计、生产和使用方面的纽带,是科学管理的重要组成部分。标准化对于改进产品、过程和服务的适用性,防止贸易壁垒,促进技术合作等都具有特别重要的意义。

1.3.3　优先数与优先数系

制定公差标准以及设计零件的结构参数时,都需要通过数值表示。任何产品的参数值不仅与自身的技术特性有关,还直接、间接地影响与其配套系列产品的参数值。优先数就是一种对各种技术参数进行简化、协调和统一的科学的数值制度。

国家标准 GB/T 321—2005《优先数和优先数系》规定了十进等比数列为优先数系,共 5 个系列,分别用系列符号 R5、R10、R20、R40 和 R80 表示,称为 Rr 系列。其中前 4 个系列是常用的基本系列,而 R80 则作为补充系列,仅用于分级很细的特殊场合。

基本系列 R5、R10、R20、R40 的 1~10 常用值见表 1-1。

表 1-1　优先数系基本系列的 1~10 常用值

基本系列	1~10 常用值
R5	1.00　1.60　2.50　4.00　6.30　10.00
R10	1.00　1.25　1.60　2.00　2.50　3.15　4.00　5.00　6.30　8.00　10.00
R20	1.00　1.12　1.25　1.40　1.60　1.80　2.00　2.24　2.50　2.80　3.15 3.55　4.00　4.50　5.00　5.60　6.30　7.10　8.00　9.00　10.00
R40	1.00　1.06　1.12　1.18　1.25　1.32　1.40　1.50　1.60　1.70　1.80　1.90　2.00　2.12 2.24　2.36　2.50　2.65　2.80　3.00　3.15　3.35　3.55　3.75　4.00　4.25　4.50　4.75 5.00　5.30　5.60　6.00　6.30　6.70　7.10　7.50　8.00　8.50　9.00　9.50　10.00

优先数系包含了 10 的所有整数幂($\cdots,0.01,0.1,1,10,100,\cdots$)。

优先数系的公比为 $q_r = \sqrt[r]{10}$。在同一系列中,每隔 r 个数,其值增加 10 倍。由表 1-1 可以看出,基本系列 R5、R10、R20、R40 的公比分别为 $q_5 = \sqrt[5]{10} \approx 1.60$、$q_{10} = \sqrt[10]{10} \approx 1.25$、$q_{20} = \sqrt[20]{10} \approx 1.12$、$q_{40} = \sqrt[40]{10} \approx 1.06$。

选用基本系列时,应遵守先疏后密的规则,即按 R5、R10、R20、R40 的顺序选用;当基本系列不能满足要求时,可选用派生系列,注意应优先采用公比较大和延伸项含有项值 1 的派生系列。根据经济性和需要量等不同条件,还可分段选用最合适的系列,以复合系列的形式来组成最佳系列。

一般机械产品的主要参数通常选用 R5 和 R10 系列;专用工具的主要参数选用 R10 系列;通用型材、通用零件的尺寸和铸件的壁厚通常选用 R20 系列。

作为数值统一的标准,优先数和优先数系在世界工业发达国家得到了广泛应用。要想使我们的产品在国际市场上更有竞争力,在激烈的市场竞争中立于不败之地,产品必须具有互换性和实现标准化,在设计中采用优先数和优先数系,同时采用新技术等。

习题

1-1　什么是互换性?它对现代工业生产有何指导意义?

1-2　如何理解公差的含义?

1-3　试写出下列基本系列和派生系列中自 1 以后共 5 个优先数的常用值:R10、R10/2、R20/3、R5/3。

第2章 尺寸的公差、配合与检测

知识与素养目标

1. 掌握尺寸公差、配合的基本术语及定义；
2. 熟悉标准公差、基本偏差和基准制的有关规定；
3. 理解孔、轴之间的配合关系；
4. 掌握常用零部件公差与配合的选用；
5. 通过学习和尺寸有关的国家标准，了解国家标准在产品生产中的规范作用，树立良好的标准意识和规范意识。

技能目标

1. 能熟练地查表确定标准公差和基本偏差；
2. 能画尺寸公差的公差带图，并在图样上进行标注；
3. 会选用合适的量具测量各种尺寸。

知识导图

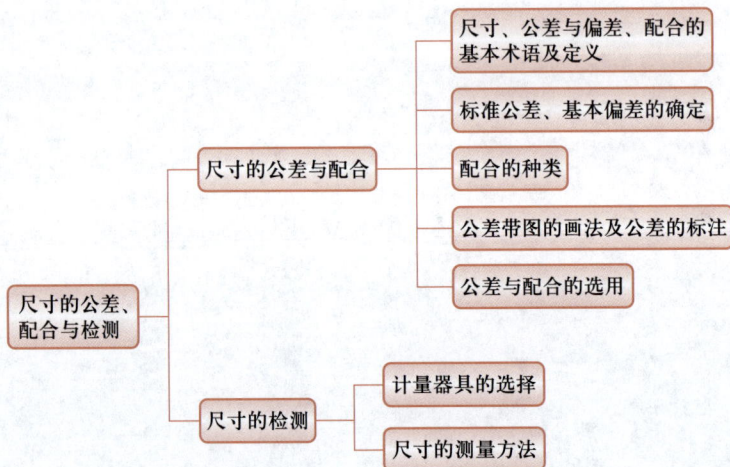

孔、轴配合是机械制造中最常见的一种配合,为了保证其互换性,统一设计、制造、检验、使用和维修,国家制定了与线性尺寸的公差与配合有关的国家标准,具体如下:

GB/T 1800.1—2020《产品几何技术规范(GPS)　线性尺寸公差 ISO 代号体系　第 1 部分:公差、偏差和配合的基础》;

GB/T 1800.2—2020《产品几何技术规范(GPS)　线性尺寸公差 ISO 代号体系　第 2 部分:标准公差带代号和孔、轴的极限偏差表》;

GB/T 1803—2003《极限与配合　尺寸至 18 mm 孔、轴公差带》;

GB/T 1804—2000《一般公差　未注公差的线性和角度尺寸的公差》。

2.1　尺寸的公差与配合

2.1.1　基本术语及定义

(1) 尺寸要素

分为线性尺寸要素和角度尺寸要素。线性尺寸要素是指具有线性尺寸的尺寸要素,它可以是一个球体、一个圆、两条直线、两个相对平行的平面、一个圆柱体、一个圆环等。例如,一个圆柱孔或轴是一个线性尺寸要素,其线性尺寸是其直径;由两个相对平行的平面组成的组合要素也是一个线性尺寸要素,其线性尺寸为这两个平面的间距。角度尺寸要素这里不多做介绍。

(2) 公称组成要素

由设计者在产品技术文件中定义的理想组成要素。

(3) 公称要素

由设计者在产品技术文件中定义的理想要素。

(4) 组成要素

属于工件的实际表面或表面模型的几何要素。

(5) 孔

工件的内尺寸要素,一般指圆柱形内表面,也包括非圆柱形的内尺寸要素,如键槽。

(6) 轴

工件的外尺寸要素,一般指圆柱形外表面,也包括非圆柱形的外尺寸要素。

动画

公差与配合基本术语

2.1.2　公差与偏差相关的术语及定义

(1) 公称尺寸

由图样规范确定的理想形状要素的尺寸。图样规范是设计阶段公称表面模型,是一个理想模型;理想形状要素的尺寸是确定尺寸要素的本质特征或理想要素间方位特征的尺寸。公称尺寸常用符号 D、d 表示,其中大写字母表示孔的尺寸,小写字母表示轴的尺寸。

(2) 实际尺寸

指拟合组成要素的尺寸,是通过测量所获得的尺寸。常用符号 D_a、d_a 表示。

(3) 极限尺寸

尺寸要素的尺寸所允许的极限值。满足要求的实际尺寸应位于上、下极限尺寸之间,也可达到极限尺寸。

① 上极限尺寸:尺寸要素允许的最大尺寸。常用符号 D_{max}、d_{max} 表示。

② 下极限尺寸:尺寸要素允许的最小尺寸。常用符号 D_{min}、d_{min} 表示。

公称尺寸、上极限尺寸和下极限尺寸如图 2-1 所示。

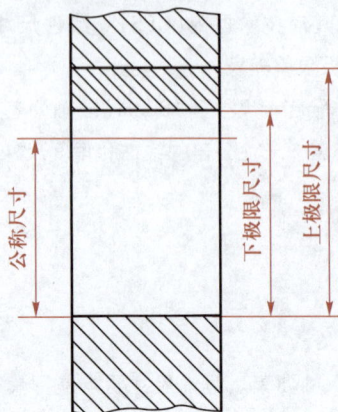

图 2-1　公称尺寸、上极限尺寸和下极限尺寸

(4) 偏差

实际尺寸与公称尺寸之差。

动画

公差带图

(5) 极限偏差

极限尺寸减其公称尺寸所得的代数值,有上极限偏差和下极限偏差,如图 2-2 所示。

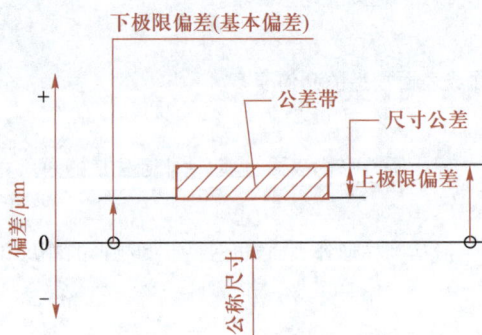

图 2-2　公差带图

轴的上、下极限偏差代号用小写字母 es、ei 表示,孔的上、下极限偏差代号用大写字母 ES、EI 表示。

① 上极限偏差(ES,es):上极限尺寸减其公称尺寸所得的代数差。

② 下极限偏差(EI,ei):下极限尺寸减其公称尺寸所得的代数差。

极限偏差是一个带符号的值,其可以是负值、零或正值。

(6) 基本偏差

确定公差带相对公称尺寸位置的那个极限偏差,是指最接近公称尺寸的那个极限偏差,如图 2-2 所示。

（7）尺寸公差（简称公差）

上极限尺寸与下极限尺寸之差，或上极限偏差与下极限偏差之差。它是允许尺寸的变动量。公差是一个没有符号的绝对值。公差用符号 T 表示，一般用 T_h 表示孔的公差，T_s 表示轴的公差。

（8）标准公差（IT）

线性尺寸公差 ISO 代号体系中的任一公差，字母 IT 为"国际公差"的英文缩略词。

（9）标准公差等级

用常用标示符表征的线性尺寸公差组。标准公差等级标示符由 IT 和之后的数字组成，如 IT7，同一公差等级（如 IT7）对所有公称尺寸的一组公差被认为具有同等精确程度。

（10）公差带

公差极限之间（包括公差极限）的尺寸变动值，公差带由公差大小和相对于公称尺寸的位置确定，如图 2-2 所示。

微课
标准公差

【例1】　已知孔的公称尺寸 $D=30$ mm，其上极限尺寸 $D_{max}=30.021$ mm，下极限尺寸 $D_{min}=30$ mm；轴的公称尺寸 $d=30$ mm，其上极限尺寸 $d_{max}=29.980$ mm，下极限尺寸 $d_{min}=29.967$ mm。求该孔、轴的极限偏差及公差，并画出公差带示意图。

解：孔的极限偏差为

$$ES=D_{max}-D=30.021 \text{ mm}-30 \text{ mm}=+0.021 \text{ mm}$$

$$EI=D_{min}-D=30 \text{ mm}-30 \text{ mm}=0$$

轴的极限偏差为

$$es=d_{max}-d=29.980 \text{ mm}-30 \text{ mm}=-0.020 \text{ mm}$$

$$ei=d_{min}-d=29.967 \text{ mm}-30 \text{ mm}=-0.033 \text{ mm}$$

孔的公差为

$$T_h=D_{max}-D_{min}=30.021 \text{ mm}-30 \text{ mm}=0.021 \text{ mm}$$

或

$$T_h=ES-EI=+0.021 \text{ mm}-0=0.021 \text{ mm}$$

轴的公差为

$$T_s=d_{max}-d_{min}=29.980 \text{ mm}-29.967 \text{ mm}=0.013 \text{ mm}$$

或

$$T_s=es-ei=-0.020 \text{ mm}-(-0.033 \text{ mm})=0.013 \text{ mm}$$

其公差带示意图如图 2-3 所示。

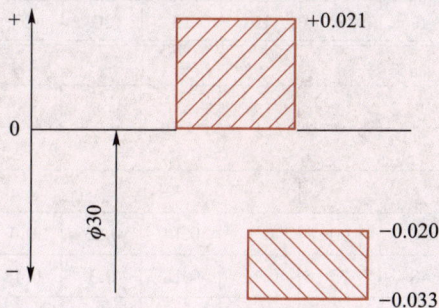

图 2-3　公差带示意图

2.1.3 线性尺寸公差 ISO 代号体系

线性尺寸的公差可以用 ISO 代号体系进行公差标注,也可以用极限偏差的标注方法标注,如 32^x_y 与 32"代号"等同,其中,x、y 指上、下极限偏差,"代号"指公差带代号。

（1）公差带代号

应包含公差大小和相对于尺寸要素的公称尺寸的公差带位置的信息。公差带大小用标准公差等级表示,公差带位置用基本偏差代号表示。

① 标准公差等级:用字符 IT 和等级数字表示,如 IT7。

标准公差数值由表 2-1 给出。表中每一行对应一个尺寸范围,每一列对应不同公差等级的公差值。国家标准给出了标准公差等级 IT01～IT18 间任一个标准公差等级的公差值,其中 IT01 精度最高,IT18 精度最低。

表 2-1　标准公差数值（摘自 GB/T 1800.1—2020）

公称尺寸/mm		标准公差等级									
		IT01	IT0	IT1	IT2	IT3	IT4	IT5	IT6	IT7	IT8
大于	至	标准公差数值									
		μm									
—	3	0.3	0.5	0.8	1.2	2	3	4	6	10	14
3	6	0.4	0.6	1	1.5	2.5	4	5	8	12	18
6	10	0.4	0.6	1	1.5	2.5	4	6	9	15	22
10	18	0.5	0.8	1.2	2	3	5	8	11	18	27
18	30	0.6	1	1.5	2.5	4	6	9	13	21	33
30	50	0.6	1	1.5	2.5	4	7	11	16	25	39
50	80	0.8	1.2	2	3	5	8	13	19	30	46
80	120	1	1.5	2.5	4	6	10	15	22	35	54
120	180	1.2	2	3.5	5	8	12	18	25	40	63
180	250	2	3	4.5	7	10	14	20	29	46	72
250	315	2.5	4	6	8	12	16	23	32	52	81
315	400	3	5	7	9	13	18	25	36	57	89
400	500	4	6	8	10	15	20	27	40	63	97

公称尺寸/mm		标准公差等级									
		IT9	IT10	IT11	IT12	IT13	IT14	IT15	IT16	IT17	IT18
大于	至	标准公差数值									
		μm			mm						
—	3	25	40	60	0.1	0.14	0.25	0.4	0.6	1	1.4
3	6	30	48	75	0.12	0.18	0.3	0.48	0.75	1.2	1.8
6	10	36	58	90	0.15	0.22	0.36	0.58	0.9	1.5	2.2
10	18	43	70	110	0.18	0.27	0.43	0.7	1.1	1.8	2.7

续表

公称尺寸/mm		标准公差等级									
		IT9	IT10	IT11	IT12	IT13	IT14	IT15	IT16	IT17	IT18
大于	至	标准公差数值									
		μm			mm						
18	30	52	84	130	0.21	0.33	0.52	0.84	1.3	2.1	3.3
30	50	63	100	160	0.25	0.39	0.62	1	1.6	2.5	3.9
50	80	74	120	190	0.3	0.46	0.74	1.2	1.9	3	4.6
80	120	87	140	220	0.35	0.54	0.87	1.4	2.2	3.5	5.4
120	180	100	160	250	0.4	0.63	1	1.6	2.5	4	6.3
180	250	115	185	290	0.46	0.72	1.15	1.85	2.9	4.6	7.2
250	315	130	210	320	0.52	0.81	1.3	2.1	3.2	5.2	8.1
315	400	140	230	360	0.57	0.89	1.4	2.3	3.6	5.7	8.9
400	500	155	250	400	0.63	0.97	1.55	2.5	4	6.3	9.7

注:公称尺寸小于 1 mm,无 IT14~IT18。

② 基本偏差代号:基本偏差的信息用一个或多个字母标示,称为基本偏差标示符,如图 2-4 和图 2-5 所示,其中孔用大写拉丁字母表示,轴用小写拉丁字母表示。在 26 个字母中,除去 5 个容易和其他参数混淆的字母"I(i)、L(l)、O(o)、Q(q)、W(w)"外,其余 21 个字母再加上 7 个双写字母"CD(cd)、EF(ef)、FG(fg)、JS(js)、ZA(za)、ZB(zb)、ZC(zc)"作为 28 种基本偏差的代号。

基本偏差的概念不适用于 JS 和 js,它们的公差极限是相对于公称尺寸线对称分布的。

动画
基本偏差系列

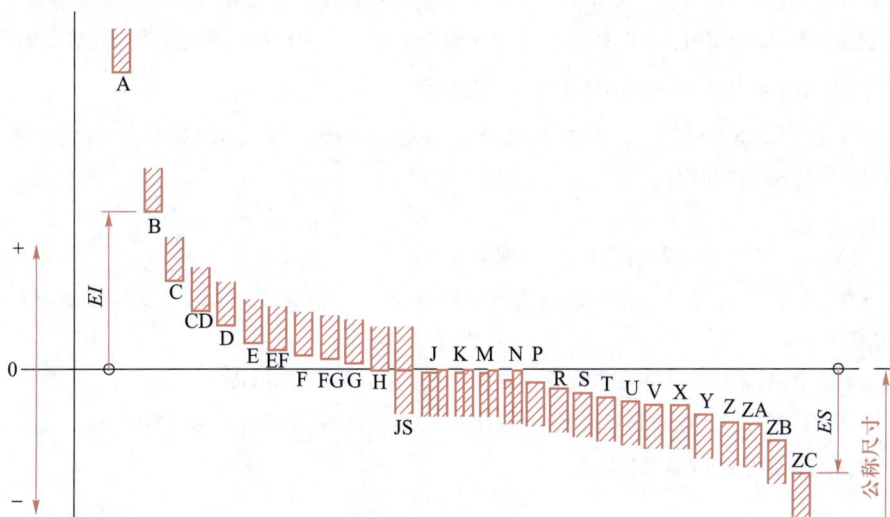

图 2-4　孔的公差带(基本偏差)相对于公称尺寸位置的示意说明

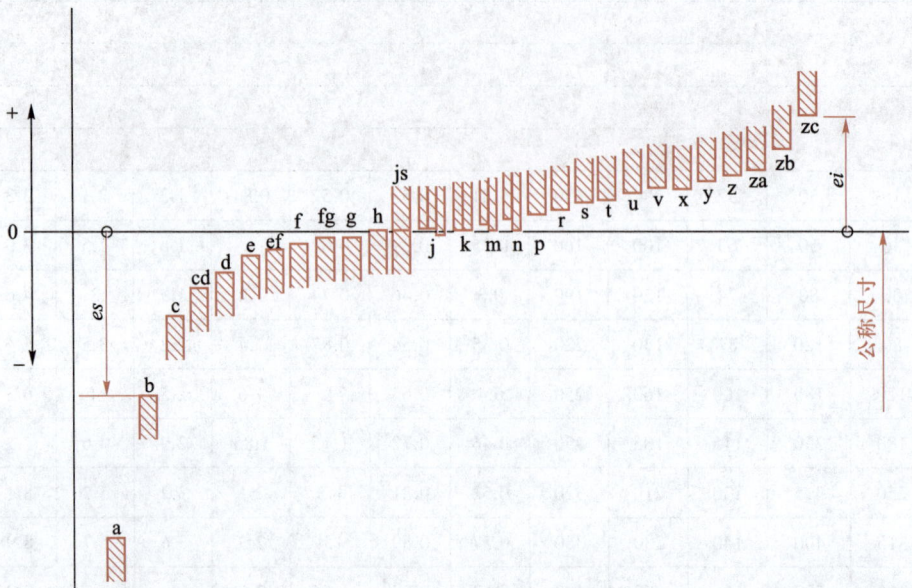

图 2-5　轴的公差带(基本偏差)相对于公称尺寸位置的示意说明

常用尺寸的基本偏差数值可查表 2-2 和表 2-3,尺寸的另一个极限偏差由基本偏差和标准公差确定。例如,以图 2-4 中基本偏差代号 F 的基本偏差为下极限偏差 EI,则其另一个极限偏差为 $ES = EI + IT$,以图 2-5 中基本偏差代号 f 的基本偏差为上极限偏差 es,则其另一个极限偏差为 $ei = es - IT$。

当标准公差等级与代表基本偏差的字母组合形成公差带代号时,IT 省略,如 H7。

(2)公差带代号的图样标注

对于孔和轴,公差带代号可分别用代表孔和轴的基本偏差字母与代表标准公差等级的数字的组合标示,如 H7(孔),h7(轴);也可用极限偏差标注。这两种标注是等同的,如 32H7 与 $32^{+0.025}_{0}$、80js15 与 80 ± 0.6、100g6 Ⓔ 与 $100^{-0.012}_{-0.034}$ Ⓔ。

当采用极限偏差标注时,为提供辅助信息,可以括号的形式增加公差带代号,反之亦然,如 $32H7(^{+0.025}_{0})$、$32^{+0.025}_{0}(H7)$。

【例2】　尺寸 90F7,确定其上、下极限偏差。

解:其基本偏差 F 为下极限偏差,查表 2-3,根据公称尺寸 90,查得 EI = +0.036 mm。

查表 2-1,根据公差等级 IT7,查得该尺寸公差为 IT7 = 0.035 mm。

所以该尺寸的上极限偏差为 $ES = EI + IT7$ = +0.036 mm + 0.035 mm = +0.071 mm。

由以上可得 $90F7 \equiv 90^{+0.071}_{+0.036}$。

表 2-2　常用尺寸（≤500 mm）的轴的基本偏差数值（摘自 GB/T 1800.1—2020）

公称尺寸/mm 大于	至	基本偏差数值（上极限偏差 es）/µm 所有标准公差等级											js	基本偏差数值（下极限偏差 ei）/µm 所有标准公差等级																			
		a	b	c	cd	d	e	ef	f	fg	g	h	js	j (IT5,IT6)	j (IT7)	j (IT8)	k (IT4~IT7)	k (≤IT3,>IT7)	m	n	p	r	s	t	u	v	x	y	z	za	zb	zc
—	3	-270	-140	-60	-34	-20	-14	-10	-6	-4	-2	0	$\pm IT_n/2$	-2	-4	-6	0	0	+2	+4	+6	+10	+14	—	+18	—	+20	—	+26	+32	+40	+60
3	6	-270	-140	-70	-46	-30	-20	-14	-10	-6	-4	0	$\pm IT_n/2$	-2	-4	—	+1	0	+4	+8	+12	+15	+19	—	+23	—	+28	—	+35	+42	+50	+80
6	10	-280	-150	-80	-56	-40	-25	-18	-13	-8	-5	0	$\pm IT_n/2$	-2	-5	—	+1	0	+6	+10	+15	+19	+23	—	+28	—	+34	—	+42	+52	+67	+97
10	14	-290	-150	-95	-70	-50	-32	-23	-16	-10	-6	0	$\pm IT_n/2$	-3	-6	—	+1	0	+7	+12	+18	+23	+28	—	+33	—	+40	—	+50	+64	+90	+130
14	18	-290	-150	-95	-70	-50	-32	-23	-16	-10	-6	0	$\pm IT_n/2$	-3	-6	—	+1	0	+7	+12	+18	+23	+28	—	+33	+39	+45	—	+60	+77	+108	+150
18	24	-300	-160	-110	-85	-65	-40	-25	-20	-12	-7	0	$\pm IT_n/2$	-4	-8	—	+2	0	+8	+15	+22	+28	+35	—	+41	+47	+54	+63	+73	+98	+136	+188
24	30	-300	-160	-110	-85	-65	-40	-25	-20	-12	-7	0	$\pm IT_n/2$	-4	-8	—	+2	0	+8	+15	+22	+28	+35	+41	+48	+55	+64	+75	+88	+118	+160	+218
30	40	-310	-170	-120	-100	-80	-50	-35	-25	-15	-9	0	$\pm IT_n/2$	-5	-10	—	+2	0	+9	+17	+26	+34	+43	+48	+60	+68	+80	+94	+112	+148	+200	+274
40	50	-320	-180	-130	-100	-80	-50	-35	-25	-15	-9	0	$\pm IT_n/2$	-5	-10	—	+2	0	+9	+17	+26	+34	+43	+54	+70	+81	+97	+114	+136	+180	+242	+325
50	65	-340	-190	-140	-120	-100	-60	—	-30	—	-10	0	$\pm IT_n/2$	-7	-12	—	+2	0	+11	+20	+32	+41	+53	+66	+87	+102	+122	+144	+172	+226	+300	+405
65	80	-360	-200	-150	-120	-100	-60	—	-30	—	-10	0	$\pm IT_n/2$	-7	-12	—	+2	0	+11	+20	+32	+43	+59	+75	+102	+120	+146	+174	+210	+274	+360	+480
80	100	-380	-220	-170	-145	-120	-72	—	-36	—	-12	0	$\pm IT_n/2$	-9	-15	—	+3	0	+13	+23	+37	+51	+71	+91	+124	+146	+178	+214	+258	+335	+445	+585
100	120	-410	-240	-180	-145	-120	-72	—	-36	—	-12	0	$\pm IT_n/2$	-9	-15	—	+3	0	+13	+23	+37	+54	+79	+104	+144	+172	+210	+254	+310	+400	+525	+690
120	140	-460	-260	-200	-170	-145	-85	—	-43	—	-14	0	$\pm IT_n/2$	-11	-18	—	+3	0	+15	+27	+43	+63	+92	+122	+170	+202	+248	+300	+365	+470	+620	+800
140	160	-520	-280	-210	-170	-145	-85	—	-43	—	-14	0	$\pm IT_n/2$	-11	-18	—	+3	0	+15	+27	+43	+65	+100	+134	+190	+228	+280	+340	+415	+535	+700	+900
160	180	-580	-310	-230	-170	-145	-85	—	-43	—	-14	0	$\pm IT_n/2$	-11	-18	—	+3	0	+15	+27	+43	+68	+108	+146	+210	+252	+310	+380	+465	+600	+780	+1 000
180	200	-660	-340	-240	-190	-170	-100	—	-50	—	-15	0	$\pm IT_n/2$	-13	-21	—	+4	0	+17	+31	+50	+77	+122	+166	+236	+284	+350	+425	+520	+670	+880	+1 150
200	225	-740	-380	-260	-190	-170	-100	—	-50	—	-15	0	$\pm IT_n/2$	-13	-21	—	+4	0	+17	+31	+50	+80	+130	+180	+258	+310	+385	+470	+575	+740	+960	+1 250
225	250	-820	-420	-280	-190	-170	-100	—	-50	—	-15	0	$\pm IT_n/2$	-13	-21	—	+4	0	+17	+31	+50	+84	+140	+196	+284	+340	+425	+520	+640	+820	+1 050	+1 350
250	280	-920	-480	-300	-210	-190	-110	—	-56	—	-17	0	$\pm IT_n/2$	-16	-26	—	+4	0	+20	+34	+56	+94	+158	+218	+315	+385	+475	+580	+710	+920	+1 200	+1 550
280	315	-1 050	-540	-330	-210	-190	-110	—	-56	—	-17	0	$\pm IT_n/2$	-16	-26	—	+4	0	+20	+34	+56	+98	+170	+240	+350	+425	+525	+650	+790	+1 000	+1 300	+1 700
315	355	-1 200	-600	-360	-230	-210	-125	—	-62	—	-18	0	$\pm IT_n/2$	-18	-28	—	+4	0	+21	+37	+62	+108	+190	+268	+390	+475	+590	+730	+900	+1 150	+1 500	+1 900
355	400	-1 350	-680	-400	-230	-210	-125	—	-62	—	-18	0	$\pm IT_n/2$	-18	-28	—	+4	0	+21	+37	+62	+114	+208	+294	+435	+530	+660	+820	+1 000	+1 300	+1 650	+2 100
400	450	-1 500	-760	-440	—	-230	-135	—	-68	—	-20	0	$\pm IT_n/2$	-20	-32	—	+5	0	+23	+40	+68	+126	+232	+330	+490	+595	+740	+920	+1 100	+1 450	+1 850	+2 400
450	500	-1 650	-840	-480	—	-230	-135	—	-68	—	-20	0	$\pm IT_n/2$	-20	-32	—	+5	0	+23	+40	+68	+132	+252	+360	+540	+660	+820	+1 000	+1 250	+1 600	+2 100	+2 600

js 栏：偏差等于 $\pm \dfrac{IT_n}{2}$，式中 n 是标准公差等级数。

注：公称尺寸小于或等于 1 mm 时，基本偏差 a 和 b 均不采用。

表 2-3　常用尺寸（≤500 mm）的孔的基本偏差数值（摘自 GB/T 1800.1—2020）

下极限偏差 EI（所有标准公差等级）：A、B、C、CD、D、E、EF、F、FG、G、H、JS
上极限偏差 ES：J（IT6、IT7、IT8）、K（≤IT8、>IT8）、M（≤IT8、>IT8）、N（≤IT8、>IT8）
基本偏差数值/μm
JS 列：偏差等于 $\pm\dfrac{ITn}{2}$，式中 n 为标准公差等级数

公称尺寸/mm 大于	至	A	B	C	CD	D	E	EF	F	FG	G	H	J(IT6)	J(IT7)	J(IT8)	K(≤IT8)	K(>IT8)	M(≤IT8)	M(>IT8)	N(≤IT8)	N(>IT8)
—	3	+270	+140	+60	+34	+20	+14	+10	+6	+4	+2	0	+2	+4	+6	0	0	−2	−2	−4	−4
3	6	+270	+140	+70	+46	+30	+20	+14	+10	+6	+4	0	+5	+6	+10	−1+Δ	—	−4+Δ	−4	−8+Δ	0
6	10	+280	+150	+80	+56	+40	+25	+18	+13	+8	+5	0	+5	+8	+12	−1+Δ	—	−6+Δ	−6	−10+Δ	0
10	14	+290	+150	+95	+70	+50	+32	+23	+16	+10	+6	0	+6	+10	+15	−1+Δ	—	−7+Δ	−7	−12+Δ	0
14	18	+290	+150	+95	+70	+50	+32	+23	+16	+10	+6	0	+6	+10	+15	−1+Δ	—	−7+Δ	−7	−12+Δ	0
18	24	+300	+160	+110	+85	+65	+40	+28	+20	+12	+7	0	+8	+12	+20	−2+Δ	—	−8+Δ	−8	−15+Δ	0
24	30	+300	+160	+110	+85	+65	+40	+28	+20	+12	+7	0	+8	+12	+20	−2+Δ	—	−8+Δ	−8	−15+Δ	0
30	40	+310	+170	+120	+100	+80	+50	+35	+25	+15	+9	0	+10	+14	+24	−2+Δ	—	−9+Δ	−9	−17+Δ	0
40	50	+320	+180	+130	+100	+80	+50	+35	+25	+15	+9	0	+10	+14	+24	−2+Δ	—	−9+Δ	−9	−17+Δ	0
50	65	+340	+190	+140	—	+100	+60	—	+30	—	+10	0	+13	+18	+28	−2+Δ	—	−11+Δ	−11	−20+Δ	0
65	80	+360	+200	+150	—	+100	+60	—	+30	—	+10	0	+13	+18	+28	−2+Δ	—	−11+Δ	−11	−20+Δ	0
80	100	+380	+220	+170	—	+120	+72	—	+36	—	+12	0	+16	+22	+34	−3+Δ	—	−13+Δ	−13	−23+Δ	0
100	120	+410	+240	+180	—	+120	+72	—	+36	—	+12	0	+16	+22	+34	−3+Δ	—	−13+Δ	−13	−23+Δ	0
120	140	+460	+260	+200	—	+145	+85	—	+43	—	+14	0	+18	+26	+41	−3+Δ	—	−15+Δ	−15	−27+Δ	0
140	160	+520	+280	+210	—	+145	+85	—	+43	—	+14	0	+18	+26	+41	−3+Δ	—	−15+Δ	−15	−27+Δ	0
160	180	+580	+310	+230	—	+145	+85	—	+43	—	+14	0	+18	+26	+41	−3+Δ	—	−15+Δ	−15	−27+Δ	0
180	200	+660	+340	+240	—	+170	+100	—	+50	—	+15	0	+22	+30	+47	−4+Δ	—	−17+Δ	−17	−31+Δ	0
200	225	+740	+380	+260	—	+170	+100	—	+50	—	+15	0	+22	+30	+47	−4+Δ	—	−17+Δ	−17	−31+Δ	0
225	250	+820	+420	+280	—	+170	+100	—	+50	—	+15	0	+22	+30	+47	−4+Δ	—	−17+Δ	−17	−31+Δ	0
250	280	+920	+480	+300	—	+190	+110	—	+56	—	+17	0	+25	+36	+55	−4+Δ	—	−20+Δ	−20	−34+Δ	0
280	315	+1 050	+540	+330	—	+190	+110	—	+56	—	+17	0	+25	+36	+55	−4+Δ	—	−20+Δ	−20	−34+Δ	0
315	355	+1 200	+600	+360	—	+210	+125	—	+62	—	+18	0	+29	+39	+60	−4+Δ	—	−21+Δ	−21	−37+Δ	0
355	400	+1 350	+680	+400	—	+210	+125	—	+62	—	+18	0	+29	+39	+60	−4+Δ	—	−21+Δ	−21	−37+Δ	0
400	450	+1 500	+760	+440	—	+230	+135	—	+68	—	+20	0	+33	+43	+66	−5+Δ	—	−23+Δ	−23	−40+Δ	0
450	500	+1 650	+840	+480	—	+230	+135	—	+68	—	+20	0	+33	+43	+66	−5+Δ	—	−23+Δ	−23	−40+Δ	0

续表

基本偏差数值/μm — 上极限偏差 ES

≤7 (P~ZC)：在 >IT7 的标准公差等级的基本偏差数值上增加一个 Δ 值

公称尺寸/mm 大于	至	P (>7)	R	S	T	U	V	X	Y	Z	ZA	ZB	ZC	Δ值 IT3	IT4	IT5	IT6	IT7	IT8
—	3	−6	−10	−14	—	−18	—	−20	—	−26	−32	−40	−60	0	0	0	0	0	0
3	6	−12	−15	−19	—	−23	—	−28	—	−35	−42	−50	−80	1	1.5	1	3	4	6
6	10	−15	−19	−23	—	−28	—	−34	—	−42	−52	−67	−97	1	1.5	2	3	6	7
10	14	−18	−23	−28	—	−33	—	−40	—	−50	−64	−90	−130	1	2	3	3	7	9
14	18	−18	−23	−28	—	−33	−39	−45	—	−60	−77	−108	−150	1	2	3	3	7	9
18	24	−22	−28	−35	—	−41	−47	−54	−63	−73	−98	−136	−188	1.5	2	3	4	8	12
24	30	−22	−28	−35	−41	−48	−55	−64	−75	−88	−118	−160	−218	1.5	2	3	4	8	12
30	40	−26	−34	−43	−48	−60	−68	−80	−94	−112	−148	−200	−274	1.5	3	4	5	9	14
40	50	−26	−34	−43	−54	−70	−81	−97	−114	−136	−180	−242	−325	1.5	3	4	5	9	14
50	65	−32	−41	−53	−66	−87	−102	−122	−144	−172	−226	−300	−405	2	3	5	6	11	16
65	80	−32	−43	−59	−75	−102	−120	−146	−174	−210	−274	−360	−480	2	3	5	6	11	16
80	100	−37	−51	−71	−91	−124	−146	−178	−214	−258	−335	−445	−585	2	4	5	7	13	19
100	120	−37	−54	−79	−104	−144	−172	−210	−254	−310	−400	−525	−690	2	4	5	7	13	19
120	140	−43	−63	−92	−122	−170	−202	−248	−300	−365	−470	−620	−800	3	4	6	7	15	23
140	160	−43	−65	−100	−134	−190	−228	−280	−340	−415	−535	−700	−900	3	4	6	7	15	23
160	180	−43	−68	−108	−146	−210	−252	−310	−380	−465	−600	−780	−1 000	3	4	6	7	15	23
180	200	−50	−77	−122	−166	−236	−284	−350	−425	−520	−670	−880	−1 150	3	4	6	9	17	26
200	225	−50	−80	−130	−180	−258	−310	−385	−470	−575	−740	−960	−1 250	3	4	6	9	17	26
225	250	−50	−84	−140	−196	−284	−340	−425	−520	−640	−820	−1 050	−1 350	3	4	6	9	17	26
250	280	−56	−94	−158	−218	−315	−385	−475	−580	−710	−920	−1 200	−1 550	4	4	7	9	20	26
280	315	−56	−98	−170	−240	−350	−425	−525	−650	−790	−1 000	−1 300	−1 700	4	4	7	9	20	29
315	355	−62	−108	−190	−268	−390	−475	−590	−730	−900	−1 150	−1 500	−1 900	4	5	7	11	21	32
355	400	−62	−114	−208	−294	−435	−530	−660	−820	−1 000	−1 300	−1 650	−2 100	4	5	7	11	21	32
400	450	−68	−126	−232	−330	−490	−595	−740	−920	−1 100	−1 450	−1 850	−2 400	5	5	7	13	23	34
450	500	−68	−132	−252	−360	−540	−660	−820	−1 000	−1 250	−1 600	−2 100	−2 600	5	5	7	13	23	34

注：公称尺寸小于或等于 1 mm 时，基本偏差 A 和 B 及大于 IT8 的 N 均不采用。

2.1.4　与配合有关的术语及定义

（1）配合

类型相同且待装配的外尺寸要素（轴）和内尺寸要素（孔）之间的关系。

（2）间隙

当轴的直径小于孔的直径时，相配合的孔和轴的尺寸之差。此差值为正值，用 X 表示。间隙有最大间隙（X_{max}）和最小间隙（X_{min}）。

（3）过盈

当轴的直径大于孔的直径时，相配合的孔和轴的尺寸之差。此差值为负值，用 Y 表示。过盈有最大过盈（Y_{max}）和最小过盈（Y_{min}）。

（4）配合公差

组成配合的两个尺寸要素的尺寸公差之和，是允许间隙或过盈的变动量。配合公差是一个没有符号的绝对值，用 T_f 表示。

（5）配合种类

① 间隙配合：具有间隙（包括最小间隙等于零）的配合。此时，孔的公差带在轴的公差带之上，如图 2-6 所示。

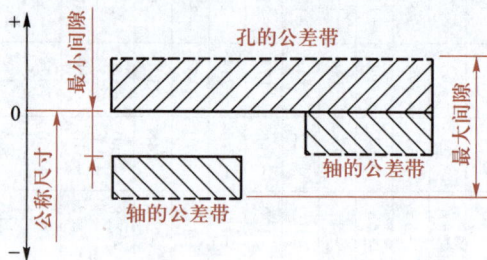

图 2-6　间隙配合示意图

孔的上极限尺寸（或孔的上极限偏差）减去轴的下极限尺寸（或轴的下极限偏差）所得的代数差称为最大间隙，用 X_{max} 表示，可用公式表示为

$$X_{max} = D_{max} - d_{min} = ES - ei \qquad (2-1)$$

孔的下极限尺寸（或孔的下极限偏差）减去轴的上极限尺寸（或轴的上极限偏差）所得的代数差称为最小间隙，用 X_{min} 表示，可用公式表示为

$$X_{min} = D_{min} - d_{max} = EI - es \qquad (2-2)$$

间隙配合的配合公差是间隙的变动量，它等于最大间隙与最小间隙之差的绝对值，也等于孔的公差与轴的公差之和，可用公式表示为

$$T_f = \left| X_{max} - X_{min} \right| = T_h + T_s \qquad (2-3)$$

② 过盈配合：具有过盈（包括最小过盈等于零）的配合。此时，孔的公差带在轴的公差带之下，如图 2-7 所示。

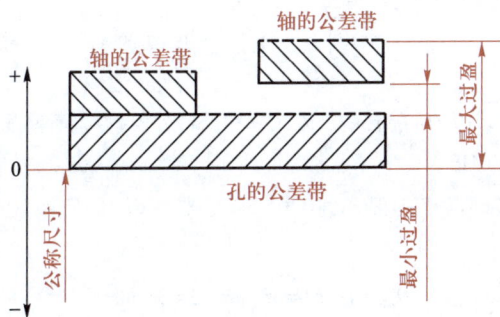

图 2-7　过盈配合示意图

孔的上极限尺寸（或孔的上极限偏差）减去轴的下极限尺寸（或轴的下极限偏差）所得的代数差称为最小过盈，用 Y_{min} 表示，可用公式表示为

$$Y_{min} = D_{max} - d_{min} = ES - ei \qquad (2-4)$$

孔的下极限尺寸（或孔的下极限偏差）减去轴的上极限尺寸（或轴的上极限偏差）所得的代数差称为最大过盈，用 Y_{max} 表示，可用公式表示为

$$Y_{max} = D_{min} - d_{max} = EI - es \qquad (2-5)$$

过盈配合的配合公差是过盈的变动量，它等于最大过盈与最小过盈之差的绝对值，也等于孔的公差与轴的公差之和，可用公式表示为

$$T_f = \left| Y_{max} - Y_{min} \right| = T_h + T_s \qquad (2-6)$$

③ 过渡配合：可能具有间隙或过盈的配合。此时，孔的公差带与轴的公差带相互交叠，如图 2-8 所示。

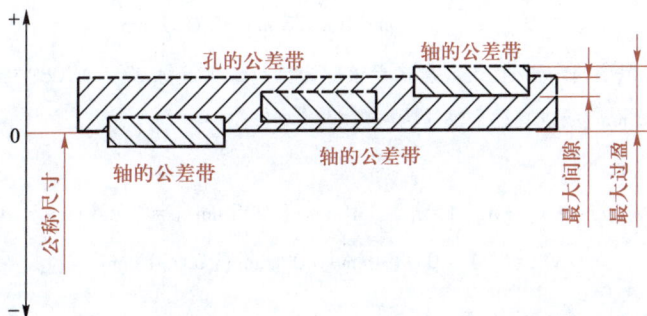

图 2-8　过渡配合示意图

孔的上极限尺寸（或孔的上极限偏差）减去轴的下极限尺寸（或轴的下极限偏差）所得的代数差称为最大间隙，用 X_{max} 表示，可用公式表示为

$$X_{max} = D_{max} - d_{min} = ES - ei \qquad (2-7)$$

孔的下极限尺寸（或孔的下极限偏差）减去轴的上极限尺寸（或轴的上极限偏差）所得的代数差称为最大过盈，用 Y_{max} 表示，可用公式表示为

$$Y_{max} = D_{min} - d_{max} = EI - es \qquad (2-8)$$

过渡配合的配合公差是间隙和过盈的变动量，它等于最大间隙与最大过盈之差的绝对值，

也等于孔的公差与轴的公差之和,可用公式表示为

$$T_f = \left| X_{max} - Y_{max} \right| = T_h + T_s \qquad (2-9)$$

【例3】　计算 $\phi36H8/f7$ 配合的极限尺寸和配合公差,并判断其配合性质。

解:① 对于孔 $\phi36H8$:

查表 2-1 和表 2-3,确定其基本偏差和公差分别为 $EI=0$, $T_h=0.039$ mm。

可得

$$D_{min} = D + EI = 36 \text{ mm} + 0 = 36 \text{ mm}$$

$$D_{max} = D_{min} + T_h = 36 \text{ mm} + 0.039 \text{ mm} = 36.039 \text{ mm}$$

② 对于轴 $\phi36f7$:

查表 2-1 和表 2-2,确定其基本偏差和公差分别为 $es=-0.025$ mm, $T_s=0.025$ mm。

可得

$$d_{max} = d + es = 36 \text{ mm} - 0.025 \text{ mm} = 35.975 \text{ mm}$$

$$d_{min} = d_{max} - T_s = 35.975 \text{ mm} - 0.025 \text{ mm} = 35.950 \text{ mm}$$

③ 由间隙和过盈的定义可知,最大间隙和最小过盈采用相同的公式计算:

孔的上极限尺寸 D_{max} -轴的下极限尺寸 d_{min}

最小间隙和最大过盈也采用相同的公式计算:

孔的下极限尺寸 D_{min} -轴的上极限尺寸 d_{max}

代入数值计算,可得

$$D_{max} - d_{min} = 36.039 \text{ mm} - 35.950 \text{ mm} = 0.089 \text{ mm}$$

$$D_{min} - d_{max} = 36 \text{ mm} - 35.975 \text{ mm} = 0.025 \text{ mm}$$

计算结果得到两个正值,这就意味着该配合具有最大间隙 $X_{max}=0.089$ mm 和最小间隙 $X_{min}=0.025$ mm,所以其配合性质为间隙配合。

④ 配合公差:

$$T_f = \left| X_{max} - X_{min} \right| = \left| 0.089 \text{ mm} - 0.025 \text{ mm} \right| = 0.064 \text{ mm}$$

或
$$T_f = T_h + T_s = 0.039 \text{ mm} + 0.025 \text{ mm} = 0.064 \text{ mm}$$

(6) 配合制

把公差和基本偏差标准化的制度称为极限制。配合制是同一极限制的孔和轴组成配合的一种制度,也称为基准制。国家标准规定了两种平行的配合制:基轴制配合和基孔制配合。

① 基轴制配合:基本偏差为一定的轴的公差带,与不同基本偏差的孔的公差带形成各种配合的一种制度。

国家标准规定:基轴制配合的基准轴的基本偏差代号为 h,其基本偏差为上极限偏差且等于零,如图 2-9 所示。

② 基孔制配合:基本偏差为一定的孔的公差带,与不同基本偏差的轴的公差带形成各种配合的一种制度。

动画

基孔(轴)制
配合

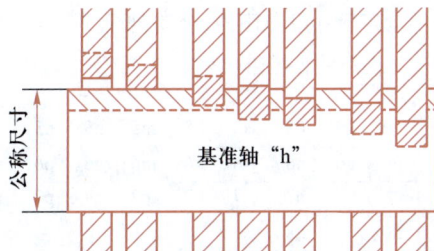

注:水平实线代表基准轴或不同的孔的基本偏差,虚线代表其他极限偏差。

本图表示基准轴与不同的孔之间可能的组合,其与它们的标准公差等级有关。

图 2-9 基轴制配合

国家标准规定:基孔制配合的基准孔的基本偏差代号为 H,其基本偏差为下极限偏差且等于零,如图 2-10 所示。

(7) 配合的表示

配合用相同的公称尺寸后跟孔、轴公差带代号表示。孔、轴公差带代号写成分数形式,分子为孔公差带代号,分母为轴公差带代号。例如:

$$\phi 60H7/f6 \quad 或 \quad \phi 60\frac{H7}{f6}$$

在装配图中,孔、轴配合的标注形式如图 2-11 所示。

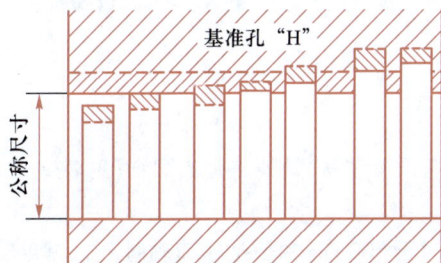

注:水平实线代表基准孔或不同的轴的基本偏差,虚线代表其他极限偏差。

本图表示基准孔与不同的轴之间可能的组合,其与它们的标准公差等级有关。

图 2-10 基孔制配合

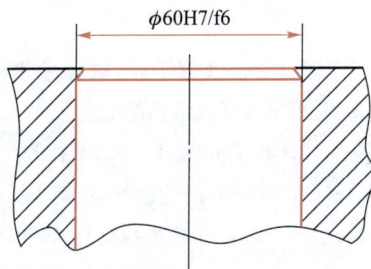

图 2-11 孔、轴配合的标注形式

2.1.5 常用公差带与配合

1. 常用公差带

按照 GB/T 1800.1—2020 所规定的标准公差中的 20 种公差等级和基本偏差系列中的 28 种基本偏差代号(其中 J 仅保留 6~8 级,j 仅保留 5~8 级),可组合成 543 种孔的公差带和 544 种轴的公差带。这些孔和轴又可以组成约 30 万种不同的配合。为了减少定值刀具、量具和设备等的品种和规格,需要对公差带和配合加以限制。

在公称尺寸≤500 mm 的常用尺寸段范围内,公差带代号应尽可能从图 2-12 和图 2-13 中选取,框中公差带代号为优先选取的公差带代号。

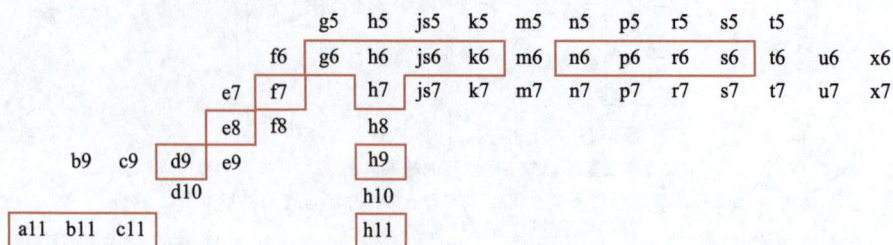

```
                              g5  h5  js5  k5  m5      n5  p5  r5  s5  t5
                          f6  g6  h6  js6  k6  m6      n6  p6  r6  s6  t6  u6  x6
                  e7  f7          h7  js7  k7  m7      n7  p7  r7  s7  t7  u7  x7
                  e8  f8          h8
          b9  c9  d9  e9          h9
                  d10             h10
  a11  b11  c11                   h11
```

图 2-12　轴的常用和优先选用的公差带代号

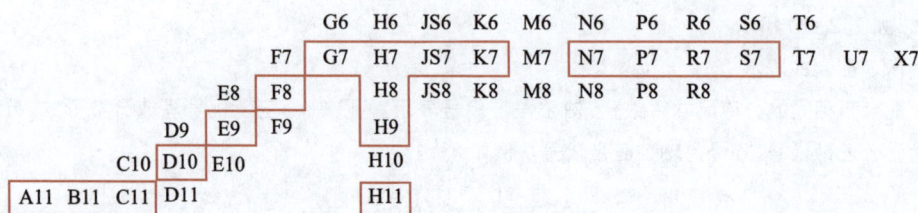

```
                              G6  H6  JS6  K6  M6      N6  P6  R6  S6  T6
                          F7  G7  H7  JS7  K7  M7      N7  P7  R7  S7  T7  U7  X7
                  E8  F8          H8  JS8  K8  M8      N8  P8  R8
          D9  E9  F9             H9
      C10  D10  E10             H10
  A11  B11  C11  D11            H11
```

图 2-13　孔的常用和优先选用的公差带代号

选用公差带代号时,应按优先、常用公差带代号的顺序选取。如图 2-12 和图 2-13 所示的公差带代号仅应用于不需要对公差带代号进行特定选取的一般性用途。例如,键槽需要特定选取,则不适用。

2. 常用配合

国家标准在推荐了孔、轴公差带的基础上,还推荐了孔、轴公差带的配合,见表 2-4、表 2-5,框中为优先选用的配合。

另外,GB/T 1800.1—2020 中还规定了公称尺寸至 500 mm 的基孔制、基轴制优先、常用配合的极限间隙或极限过盈数值,用于指导配合的选用。在生产实际中,由于特殊需要或结构等原因,也允许采用非基准制配合,如 F8/m7、M9/f9 等。

表 2-4　基孔制优先、常用配合(摘自 GB/T 1800.1—2020)

基准孔	轴公差带代号																	
	间隙配合								过渡配合				过盈配合					
H6						g5	h5	js5	k5	m5		n5	p5						
H7					f6	g6	h6	js6	k6	m6		n6		p6	r6	s6	t6	u6	x6
H8				e7	f7		h7	js7	k7	m7						s7		u7	
			d8	e8	f8		h8											
H9			d8	e8	f8		h8											
H10		b9	c9	d9	e9			h9											
H11		b11	c11	d10				h10											

20

表 2-5　基轴制优先、常用配合(摘自 GB/T 1800.1—2020)

基准轴	孔公差带代号														
	间隙配合						过渡配合				过盈配合					
h5				G6	H6		JS6	K6	M6		N6	P6				
h6			F7	G7	H7		JS7	K7	M7		N7	P7	R7	S7	T7	U7　X7
h7		E8	F8		H8											
h8		D9	E9	F9		H9										
h9			E8	F8		H8										
		D9	E9	F9		H9										
	B11	C10	D10			H10										

3. 未注公差

　　未注公差(也称为一般公差)是指在普通工艺条件下,普通机床设备一般加工能力就可达到的公差,它包括线性和角度尺寸的公差。在正常维护和操作情况下,它代表车间的一般加工精度。

　　未注公差可简化制图,使图样清晰易读;可节省图样设计的时间,设计人员只要熟悉未注公差的有关规定并加以应用,可不必考虑其公差值;在保证车间的正常精度下,未注公差一般不用检验;未注公差可突出图样上标注的公差,在加工和检验时可以引起足够的重视。

　　未注公差的国家标准参见 GB/T 1804—2000《一般公差　未注公差的线性和角度尺寸的公差》,标准把未注公差规定了 4 个等级,分别为精密级(f)、中等级(m)、粗糙级(c)和最粗级(v)。

　　线性尺寸的极限偏差数值见表 2-6,倒圆半径与倒角高度尺寸的极限偏差数值见表 2-7。

表 2-6　线性尺寸的极限偏差数值　　　　　　　　　　　　　　　　　　　mm

公差等级	尺寸分段							
	0.5~3	>3~6	>6~30	>30~120	>120~400	>400~1 000	>1 000~2 000	>2 000~4 000
f(精密级)	±0.05	±0.05	±0.1	±0.15	±0.2	±0.3	±0.5	—
m(中等级)	±0.1	±0.1	±0.2	±0.3	±0.5	±0.8	±1.2	±2
c(粗糙级)	±0.2	±0.3	±0.5	±0.8	±1.2	±2	±3	±4
v(最粗级)	—	±0.5	±1	±1.5	±2.5	±4	±6	±8

表 2-7　倒圆半径与倒角高度尺寸的极限偏差数值　　　　　　　　　　　　mm

公差等级	尺寸分段			
	0.5~3	>3~6	>6~30	>30
f(精密级)	±0.2	±0.5	±1	±2
m(中等级)	±0.2	±0.5	±1	±2
c(粗糙级)	±0.4	±1	±2	±4
v(最粗级)	±0.4	±1	±2	±4

在图样上,未注公差只标注公称尺寸,不标注基本偏差,但是应该在技术要求、技术文件(如企业标准)中,用本标准号和公差等级代号表示。例如,选用中等级时,则表示为 GB/T 1804-m。

微课

公差与配合的选用

2.1.6　公差与配合的选用

公差与配合的选用是机械设计和制造中的一个很重要的环节,公差与配合选择得是否合适,直接影响到机器的使用性能和寿命。公差与配合的选用主要是配合制、公差等级和配合的选择,选择原则是在满足使用要求的前提下能获得最佳经济效益。

1. 配合制的选择

配合制的选择主要考虑两个方面:加工工艺和测量的经济性、结构形式的合理性。一般选择原则如下。

① 设计时,为了减少定值刀具和量具的规格和数量,优先选用基孔制。很多孔加工时需使用定值刀具,检验时需使用定值量具,如果不采用基孔制,会产生大量的定值刀具和量具需求,影响经济效益。

② 有些机械设备中使用满足公差要求的冷拉钢材直接做轴,不需要再进行加工,这种情况宜选用基轴制。例如,农业、建筑业、纺织机械中的长轴与带孔零件的配合。

③ 一根轴与多个孔配合且有多种配合性质要求时,为了方便轴的加工与装配,宜选用基轴制。如图 2-14(a)所示,内燃机活塞连杆机构中的三处配合:活塞销与左侧活塞孔的配合、活

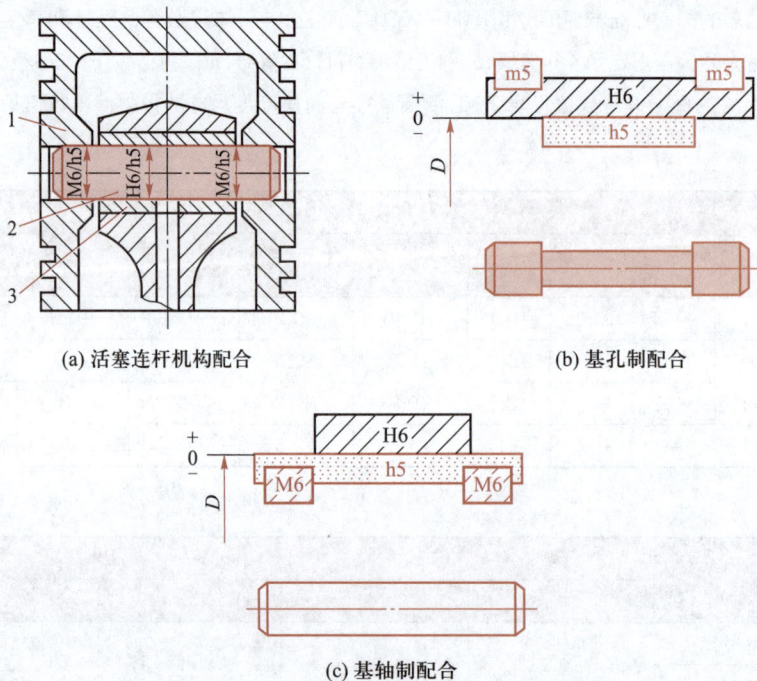

(a) 活塞连杆机构配合　　(b) 基孔制配合

(c) 基轴制配合

1—活塞;2—活塞销;3—连杆套

图 2-14　内燃机活塞连杆机构的配合及其孔、轴公差带

22

塞销与连杆套的配合以及活塞销与右侧活塞孔的配合。如果采用基孔制配合，活塞销需要设计成图 2-14(b) 所示的结构，不便于加工和装配，而图 2-14(c) 所示的采用基轴制配合的活塞销结构则更为合理。

④ 标准件与相配件配合时，配合制的选择应根据标准件而定。例如，滚动轴承外圈与外壳孔的配合、内圈与轴颈的配合，键与轴槽、轮毂槽之间的配合等。

⑤ 在一些经常拆卸和对精度要求不高的特殊场合，可采用任何适当的孔和轴公差带组成的非标准的配合以满足装配需要。

2. 公差等级的选择

公差等级的选择原则：在满足使用要求的前提下，尽可能选较低的公差等级，以取得较好的经济效益。公差等级过高，会增加制造成本，过低则导致质量下降，无法满足使用性能要求。

主要采用类比法来选择合适的公差等级，即参照类似的机构、工作条件和使用要求的经验资料，进行比照来确定孔和轴的公差等级，主要考虑以下问题。

(1) 工艺等价性

即孔和轴的加工难易程度应基本相同。对于 ≤500 mm 的尺寸，当公差等级小于 IT8 时，由于精度较高，孔比轴更难达到相应的精度，按照工艺等价原则，推荐孔比轴低一级，如 H8/f7、H7/n6 等；当公差等级为 IT8 时，也可采用孔、轴同级配合，如 H8/f8；当公差等级大于 IT9 时，一般采用孔、轴同级配合，如 H9/p9。对于 >500 mm 的尺寸，一般采用孔、轴同级配合。

(2) 配合性质

对于过渡、过盈配合，公差等级不宜太大（一般孔 ≤IT8，轴 ≤IT7）；对于间隙配合，间隙小的公差等级应较小，间隙大的公差等级应较大。

(3) 了解各个公差等级的应用范围

标准公差等级的应用范围和实例见表 2-8、表 2-9。

(4) 各种加工方法的加工精度

常见的各种加工方法所能达到的加工精度见表 2-10。

表 2-8 标准公差等级的应用范围

应用	公差等级 IT																				
	01	0	1	2	3	4	5	6	7	8	9	10	11	12	13	14	15	16	17	18	
量块	—	—	—																		
量规			—	—	—	—	—	—	—												
特精件配合				—	—	—	—	—													
一般配合							—	—	—	—	—	—	—								
原材料公差										—	—	—	—	—	—						
未注公差尺寸														—	—	—	—	—	—	—	

表 2-9　标准公差等级的应用实例

公差等级	应用条件说明	应用举例
IT5	用于机床、发动机和仪表中特别重要的配合,在配合公差要求很小、形状公差要求很高的条件下,能使配合性质比较稳定(相当于旧国标中最高精度,即1级精度轴的公差),它对加工要求较高,一般机械制造中较少应用	与6级滚动轴承孔相配的机床主轴,机床尾架套筒,高精度分度盘轴颈,分度头主轴,精密丝杠基准轴颈,精度镗套的外径等,发动机主轴的外径,活塞销外径与塞的配合,精密仪器的轴与各种传动件轴承的配合,航空、航海工业仪表中重要的精密孔的配合,精密机械及高速机械的轴径,5级精度齿轮的基准孔及5级、6级精度齿轮的基准轴
IT6	广泛用于机械制造中的重要配合,配合表面有较高均匀性的要求,能保证相当高的配合性质,使用可靠(相当于旧国标中2级精度轴和1级精度孔的公差)	机床制造中装配式齿轮、蜗轮、联轴器、带轮、凸轮的孔径,机床丝杠支承轴颈,矩形花键的定心直径,摇臂钻床的主柱等,精密仪器、光学仪器、计量仪器的精密轴,无线电工业、自动化仪表、电子仪器及手表中特别重要的轴,医疗器械中的X线机齿轮箱的精密轴,缝纫机中重要轴类,发动机的气缸外套外径、曲轴主轴颈、活塞销、连杆衬套、连杆和轴瓦外径等,6级精度齿轮的基准孔和7级、8级精度齿轮的基准轴径,以及1级、2级精度齿轮顶圆直径
IT7	应用条件与IT6相似,但精度要求可比IT6稍低一点,在一般机械制造业中应用相当普遍	机械制造中装配式青铜蜗轮轮缘孔径,联轴器、带轮、凸轮等的孔径,机床卡盘座孔,摇臂钻床的摇臂孔,车床丝杠轴承孔,发动机的连杆孔、活塞孔,加强杆螺栓定位孔等,纺织机械、印染机械中要求较高的零件,手表的离合杆压簧等,自动化仪表、缝纫机、邮电机械中重要零件的内孔,7级、8级精度齿轮的基准孔和9级、10级精度齿轮的基准轴
IT8	在机械制造中属中等精度,在仪度、仪表及钟表制造中,由于基本尺寸较小,属于较高精度范围。IT8是应用较多的一个等级,尤其是在农业机械、纺织机械、印染机械、自行车、缝纫机械、医疗器械中应用最广	轴承座衬套沿宽度方向的尺寸配合,手表中跨齿轮、棘爪拔针轮等与夹板的配合,无线电仪表工业中的一般配合,电子仪器仪表中较重要的内孔,计算机中变数齿轮孔和轴的配合,医疗器械中牙科车头的钻头套的孔与车针柄部的配合,电机制造业中铁芯与机座的配合,发动机活塞油环槽,连杆轴瓦内径,低精度(9~12级精度)齿轮的基准孔和11级、12级精度齿轮和基准轴,6~8级精度齿轮的齿顶圆
IT9	应用条件与IT8相似,但精度要求低于IT8	机床制造中轴套外径与孔、操作件与轴、空转带轮与轴、操纵系统的轴与轴承等的配合,纺织机械、印染机械中的一般配合的零件,发动机中机油泵泵体内孔、飞轮与飞轮套、气缸盖孔径与活塞环槽的配合等,光学仪器、自动化仪表中的一般配合,手表中要求较高的零件的未注公差尺寸的配合,单键连接中键槽配合,打字机中的运动件配合等
IT10	应用条件与IT9相似,但精度要求低于IT9	电子仪器仪表中支架上的配合,打字机中铆合件的配合,闹钟机构中的中心管与前夹板、轴套与轴的配合,手表中的未注公差尺寸,发动机中油封挡圈孔、曲轴带轮毂
IT11	配合精度要求较粗糙,装配后可能有较大的间隙,特别适用于要求间隙较大且有显著变动而不会引起危险的场合	机床上法兰盘止口与孔、滑块与滑移齿轮、凹槽等,农业机械、机车箱体部件及冲压加工的配合零件,钟表制造中不重要的零件,手表制造用的工具及设备中的未注公差尺寸,纺织机械中较粗糙的活动配合,印染机械中要求较低的配合,医疗器械中手术刀片的配合,不做测量基准用的齿轮齿顶圆
IT12	配合精度要求低,装配后有很大的间隙	非配合尺寸及工序间尺寸,发动机分离杆,手表制造中工艺装备的未注公差尺寸,计算机行业切削加工中的未注公差尺寸,医疗器械中手术刀柄的配合,机床制造中扳手孔与扳手座的连接

表 2-10 各种加工方法的加工精度

加工方法	公差等级 IT																			
	01	0	1	2	3	4	5	6	7	8	9	10	11	12	13	14	15	16	17	18
研磨	—	—	—	—	—	—	—													
珩磨					—	—	—	—												
圆磨						—	—	—	—											
平磨							—	—	—											
金刚石车							—	—	—											
金刚石镗							—	—	—											
拉削							—	—	—	—										
铰孔								—	—	—	—									
车									—	—	—	—	—							
镗									—	—	—	—	—							
铣									—	—	—	—								
刨、插										—	—	—	—							
钻孔												—	—	—	—					
滚压、挤压																				
冲压												—	—	—	—	—				
压铸													—	—	—	—				
粉末冶金成形							—	—	—	—										
粉末冶金烧结								—	—	—	—									
砂型铸造、气割																		—	—	—
锻造																	—			

（5）相关件和相配件的精度协调

例如，齿轮孔与轴的配合，它们的公差等级取决于相关件齿轮的精度等级；与标准件滚动轴承相配合的外壳孔和轴颈的公差等级取决于相配件滚动轴承的公差等级。

（6）加工成本

为了降低成本，对于一些精度要求不高的配合，孔、轴的公差等级可以相差 2~3 级。

3. 配合的选择

配合的选择主要是根据使用要求确定配合种类和配合代号。一般采用的方法有三种，即计算法、试验法和类比法。

① 计算法主要用于按一定理论建立起来的、计算公式较成熟的少数重要配合或完全依靠装配过盈传递负荷的过盈配合。例如，滑动轴承的润滑可以根据滑动摩擦理论计算允许的最小间隙，再根据最小间隙来选取合适的配合。

配合的选择方面的国家标准目前只颁布了 GB/T 5371—2004《极限与配合 过盈配合的计算和选用》，其他配合的标准暂未颁布。

② 试验法主要用于新产品和特别重要配合的选择。这种方法较为可靠,但成本较高。

③ 类比法主要应用于一般、常见的配合,它是参照类似的工作条件和使用要求,经过分析比较或做适当调整来选择配合的一种方法。用类比法选择配合,必须掌握各种配合的特点和应用场合,并充分研究相配件的功能要求。

(1) 配合类别的选择

配合类别的选择主要是根据使用要求选择间隙配合、过盈配合或者过渡配合。当相配合的孔、轴间有相对运动时,选择间隙配合;当相配合的孔、轴间无相对运动,且不经常拆卸,又需要传递一定的转矩时,选择过盈配合;当相配合的孔、轴间无相对运动,且需要拆卸时,选择过渡配合。表 2-11 提供了配合类别选择的大致方向。

表 2-11　配合类别的选择

无相对运动	要传递转矩	永久结合		较大过盈的过盈配合
		可拆结合	要求精确同轴	轻型过盈配合、过渡配合或基本偏差为 H(h) 的间隙配合加紧固件
			不要求精确同轴	间隙配合加紧固件
	不需要传递转矩,要精确同轴			过渡配合或轻型过盈配合
有相对运动	只有移动			基本偏差为 H(h)、G(g) 的间隙配合
	转动或转动和移动的复合运动			基本偏差为 A~F(a~f) 的间隙配合

(2) 配合代号的选择

配合代号的选择是指在确定了配合类别和标准公差等级后,确定与基准件配合的孔或轴的基本偏差代号。

使用类比法设计时,各种基本偏差的选择可参考表 2-12~表 2-14。

表 2-12　间隙配合基本偏差的选择

间隙情况	基本偏差	特点及应用
特大间隙	a、b	用于高温、热变形大的场合,如活塞与缸套的配合为 H9/a9
很大间隙	c	用于受力变形大、装配工艺性差、高温动配合等场合,如内燃机排气阀杆与导管的配合为 H8/c7
较大间隙	d	用于较松的间隙配合,如滑轮与轴的配合为 H9/d9;用于大尺寸滑动轴承与轴的配合,如轧钢机等重型机械
一般间隙	e	用于大跨距、多支点、高速重载大尺寸的轴与轴承的配合,如大型电机、内燃机的主要轴承配合处为 H8/e7
	f	用于一般传动的配合,如齿轮箱、小电机、泵等转轴与滑动轴承的配合为 H7/f6
较小间隙	g	用于轻载精密滑动零件,或缓慢间隙回转零件间的配合,如插销的定位、滑阀、连杆销、钻套孔等处的配合
很小间隙	h	用于不同精度要求的一般定位件,或缓慢移动和摆动零件间的配合,如车床尾座孔与滑动套的配合为 H6/h5

表2-13　过盈配合基本偏差的比较与选择

过盈情况	较小或小的过盈	中等或大的过盈	很大或特大的过盈
传递转矩的大小	加紧固件传递一定的转矩与轴向力，属轻型过盈配合。不加紧固件可用于准确定心，仅传递小转矩，需轴向定位	不加紧固件可传递较小的转矩与轴向力，属中型过盈配合	不加紧固件可传递大的转矩与轴向力、特大转矩和动载荷，属重型、特重型过盈配合
装卸情况	用于需要拆卸的场合，装入时使用压力机	用于很少拆卸的场合	用于不拆卸的场合，一般不推荐使用。对于特重型过盈配合（后三种）需经试验才能应用
应选择的基本偏差	p(P)、r(R)	s(S)、t(T)	u(U)、v(V)、x(X)、y(Y)、z(Z)
应用实例	卷扬机绳轮与齿圈的配合 H7/p6	联轴器与轴的配合 H7/t6	火车轮毂与轴的配合 H6/u5

表2-14　过渡配合基本偏差的比较与选择

盈、隙情况	过盈率很小，稍有平均间隙	过盈率中等，平均过盈接近于零	过盈率较大，平均过盈较小	过盈率大，平均过盈稍大
定心要求	要求有较好的定心时	要求定心精度较高时	要求精密定心时	要求更精密定心时
装卸情况	木槌装配，拆卸方便	木槌装配，拆卸比较方便	最大过盈时需相当的压入力，可以拆卸	用木槌或压力机装配，拆卸较困难
应选择的基本偏差	js(JS)	k(K)	m(M)	n(N)
应用实例	滚动轴承外圈与座孔的配合 JS7	滚动轴承内圈与轴颈、外圈与座孔的配合 k6	蜗轮青铜轮缘与轮毂的配合 H7/m6	冲床上齿轮与轴的配合

在选用配合时应尽量选择国家标准中规定的公差带和配合，当优先配合不能满足要求时，再从常用配合中选择，常用配合不能满足要求时，再选择一般的配合。优先配合的选用见表2-15。

表2-15　优先配合的选用

优先配合		说明
基孔制	基轴制	
H11/c11	C11/h11	间隙很大，常用于很松、转速低的动配合，也用于装配方便的松配合
H9/d9	D9/h9	用于间隙很大的自由转动配合，也用于非主要精度要求的场合，或温度变化大、转速高和轴颈压力很大的场合
H8/f7	F8/h7	用于间隙不大的转动配合，也用于中等转速与中等轴颈压力的精确传动和较容易的中等定位配合
H7/g6	G7/h6	用于小间隙的滑动配合，也用于不能转动，但可自由移动和滑动并能精密定位的配合

优先配合		说明
基孔制	基轴制	
H7/h6 H8/h7 H9/h9 H11/h11	H7/h6 H8/h7 H9/h9 H11/h11	用于在工作时没有相对运动,但装拆很方便的间隙定位配合
H7/k6	K7/h6	用于精密定位的过渡配合
H7/n6	N7/h6	用于有较大过盈的更精密定位的过盈配合
H7/p6	P7/h6	用于定位精度很重要的小过盈配合,并且能以最好的定位精度达到部件的刚性和对中性要求
H7/s6	S7/h6	用于普通钢件的压入配合和薄壁件的冷缩配合
H7/u6	U7/h6	用于可承受高压入力零件的压入配合和不适宜承受大压入力的冷缩配合

【例 4】　已知某钻套与衬套配合的公称尺寸为 40 mm,钻套要能从衬套中自由取出,应为间隙配合,其最大间隙为 92 μm,最小间隙为 24 μm,试确定该配合的配合代号。

解:(1)配合制的确定

根据配合制的选用原则,优先选用基孔制。

(2)公差等级的确定

由已知条件可计算出配合公差为

$$T_f = X_{max} - X_{min} = 92\ \mu m - 24\ \mu m = 68\ \mu m$$

根据下列公式确定相配合的孔与轴的公差大小:

计算得到的配合公差≥孔的公差值+轴的公差值

配合公差的一半是 34 μm,查表 2-1,在公称尺寸段 >30 mm~50 mm 所在行上,值 34 μm 位于 25 μm 和 39 μm 之间,两者之和为 64 μm,小于 68 μm。

因此一个标准公差是 25 μm,标准公差等级是 IT7;另一个标准公差是 39 μm,标准公差等级是 IT8。按照工艺等价原则,取孔的公差等级为 IT8,轴的公差等级为 IT7。

(3)公差带代号和极限偏差的确定

① 孔的公差带代号和极限偏差的确定:

因为配合制选用基孔制,孔的基本偏差代号为 H,在上一步中已确定孔的公差等级为 IT8,所以孔的公差带代号为 H8。

查表 2-3,根据代号 H 确定孔的基本偏差为下极限偏差,且下极限偏差值为 0,即 $EI = 0$,其上极限偏差为 $ES = EI + IT = 0 + 39\ \mu m = +39\ \mu m$。

② 轴的公差带代号和极限偏差的确定:

已知最小间隙为 24 μm,根据公式

$$X_{min} = EI - es$$

代入数值,有

$$24 \ \mu m = 0 - es$$

得

$$es = -24 \ \mu m$$

查表 2-2,在公称尺寸段>30 mm~40 mm 所在行上找到近值-25 μm,所对应的基本偏差符号为"f",已确定轴的公差等级为 IT7,所以轴的公差带代号为 f7。

f 所对应的基本偏差数值为-25 μm,则其下极限偏差为 $ei = es - IT7 = -25 \ \mu m - 25 \ \mu m = -50 \ \mu m$。

配合代号为 H8/f7。

(4) 验算(所选配合的间隙或过盈是否满足题目给定的间隙或过盈)

$$X_{max} = Es - ei = +39 \ \mu m - (-50 \ \mu m) = 89 \ \mu m$$

$$X_{min} = EI - es = 0 - (-25 \ \mu m) = 25 \ \mu m$$

由已知条件知计算得到的间隙为 24 μm~92 μm,所选配合的间隙为 25 μm~89 μm,满足要求,所以该配合的配合代号为 $\phi 40H8/f7$。

2.2　尺寸的检测

几何量检测是组织互换性生产必不可少的重要措施。为了保证零件的合格性,应按照公差标准和检测技术要求对零部件的几何量进行检测。只有几何量合格者,才能保证零部件的互换性。

检测是检验和测量的统称。一般来说,测量的结果能够获得具体的数值;检验的结果只能判断零件的合格性,不能获得具体数值。

在检测过程中不可避免地存在测量误差,测量误差的存在会导致零件合格性的误判,这种误判有误收和误废两种情况。误收是把不合格品误判为合格品;误废是把合格品误判为不合格品。为了解决这个问题,需要从保证产品的质量和经济性两方面综合考虑。

为了保证产品的验收质量,国家标准 GB/T 3177—2009《产品几何技术规范(GPS)　光滑工件尺寸的检验》中规定了验收极限、计量器具的不确定度允许值和计量器具的选择原则。

国家标准规定的产品验收原则:所用验收方法只接收位于规定的极限尺寸之内的工件,即允许有误废,不允许有误收。

2.2.1　计量器具的选择

正确合理地选用计量器具对保证零件、产品质量,提高测量效率和降低费用具有重要意义。一般说来,计量器具的选择主要取决于被测工件的精度要求,在保证精度要求的前提下,也要考虑产品尺寸大小、结构形状、材料、生产方式和经济性等因素。因此,选择计量器具是一个比较复杂的问题,要正确合理地选用计量器具,必须根据实际情况进行具体分析。一般情况下对批量大的工件多用专用计量器具,对单件小批量的工件则多用通用计量器具。

计量器具的不确定度是产生误收与误废的主要原因。在验收极限一定的情况下,计量器具的不确定度越大,则产生误收与误废的可能性就越大。为了保证测量的可靠性和量值的统一,国家标准规定按照计量器具的测量不确定度允许值 u_1 来选择计量器具。计量器具的测量不确定度允许值见表 2-16。u_1 的值按大小分为 Ⅰ、Ⅱ、Ⅲ 档。一般情况下,优先选用 Ⅰ 档,其次为 Ⅱ、Ⅲ 档。

表 2-16 计量器具的测量不确定度允许值   μm

| 公差等级 | | IT6 | | | | | IT7 | | | | | IT8 | | | | |
| 公称尺寸/mm | | T | A | u_1 | | | T | A | u_1 | | | T | A | u_1 | | |
大于	至			Ⅰ	Ⅱ	Ⅲ			Ⅰ	Ⅱ	Ⅲ			Ⅰ	Ⅱ	Ⅲ
—	3	6	0.6	0.5	0.9	1.4	10	1.0	0.9	1.5	2.3	14	1.4	1.3	2.1	3.2
3	6	8	0.8	0.7	1.2	1.8	12	1.2	1.1	1.8	2.7	18	1.8	1.6	2.7	4.1
6	10	9	0.9	0.8	1.4	2.0	15	1.5	1.4	2.3	3.4	22	2.2	2.0	3.3	5.0
10	18	11	1.1	1.0	1.7	2.5	18	1.8	1.7	2.7	4.1	27	2.7	2.4	4.1	6.1
18	30	13	1.3	1.2	2.0	2.9	21	2.1	1.9	3.2	4.7	33	3.3	3.0	5.0	7.4
30	50	16	1.6	1.4	2.4	3.6	25	2.5	2.3	3.8	5.6	39	3.9	3.5	5.9	8.8
50	80	19	1.9	1.7	2.9	4.3	30	3.0	2.7	4.5	6.8	46	4.6	4.1	6.9	10
80	120	22	2.2	2.0	3.3	5.0	35	3.5	3.2	5.3	7.9	54	5.4	4.9	8.1	12
120	180	25	2.5	2.3	3.8	5.6	40	4.0	3.6	6.0	9.0	63	6.3	5.7	9.5	14
180	250	29	2.9	2.6	4.4	6.5	46	4.6	4.1	6.9	10	72	7.2	6.5	11	16
250	315	32	3.2	2.9	4.8	7.2	52	5.2	4.7	7.8	12	81	8.1	7.3	12	18
315	400	36	3.6	3.2	5.4	8.1	57	5.7	5.1	8.4	13	89	8.9	8.0	13	20
400	500	40	4.0	3.6	6.0	9.0	63	6.3	5.7	9.5	14	97	9.7	8.7	15	22

测量中的不确定度是用以表征测量过程中各项误差综合影响而使测量结果分散的误差范围,它反映了由于测量误差的存在而对被测量不能肯定的程度。

选择计量器具时,应保证所选用的计量器具的不确定度 u_1' 等于或小于按工件公差确定的计量器具不确定度允许值 u_1,即 $u_1' \leq u_1$。

表 2-17~表 2-19 给出了常用的千分尺、游标卡尺、比较仪和指示表的不确定度。

表 2-17 千分尺和游标卡尺的不确定度   mm

| 尺寸范围 | | 所使用的计量器具 | | | |
| | | 分度值 0.01 mm 的外径千分尺 | 分度值 0.01 mm 的内径千分尺 | 分度值 0.02 mm 的游标卡尺 | 分度值 0.05 mm 的游标卡尺 |
大于	至	不确定度			
0	50	0.004			
50	100	0.005	0.008		0.050
100	150	0.006			
150	200	0.007		0.020	
200	250	0.008	0.013		
250	300	0.009			0.100

续表

尺寸范围		所使用的计量器具			
		分度值 0.01 mm 的外径千分尺	分度值 0.01 mm 的内径千分尺	分度值 0.02 mm 的游标卡尺	分度值 0.05 mm 的游标卡尺
大于	至	不确定度			
300	350	0.010			
350	400	0.011	0.020		
400	450	0.012			0.100
450	500	0.013	0.025	0.020	
500	600				
600	700		0.030		0.150
700	1 000				

注:当采用比较测量时,千分尺的不确定度可小于本表规定的数值,一般可减小 40%。

表 2-18 比较仪的不确定度　　　　　　　　　　　　　　　mm

尺寸范围		所使用的计量器具			
		分度值 0.000 5 mm 的比较仪	分度值 0.001 mm 的比较仪	分度值 0.002 mm 的比较仪	分度值 0.005 mm 的比较仪
大于	至	不确定度			
—	25	0.000 6	0.001 0	0.001 7	0.003 0
25	40	0.000 7	0.001 0	0.001 7	0.003 0
40	65	0.000 8	0.001 1	0.001 8	0.003 0
65	90	0.000 8	0.001 1	0.001 8	0.003 0
90	115	0.000 9	0.001 2	0.001 9	0.003 0
115	165	0.001 0	0.001 3	0.001 9	0.003 0
165	215	0.001 2	0.001 4	0.002 0	0.003 5
215	265	0.001 4	0.001 6	0.002 1	0.003 5
265	315	0.001 6	0.001 7	0.002 2	0.003 5

注:测量时,使用的标准器由 4 块 1 级(或 4 等)量块组成。

表 2-19 指示表的不确定度　　　　　　　　　　　　　　　mm

尺寸范围		所使用的计量器具			
		分度值 0.001 mm 的千分表(0 级在全程范围内,1 级在 0.2 mm 内),分度值 0.002 mm 的千分表在 1 转范围内	分度值 0.001 mm、0.002 mm、0.005 mm 的千分表(1 级在全程范围内),分度值 0.01 mm 的千分表在 1 转范围内(0 级在任意 1 mm 内)	分度值 0.01 mm 的百分表(0 级在全程范围内,1 级在任意 1 mm 内)	分度值 0.01 mm 的百分表(1 级在全程范围内)
大于	至	不确定度			
—	25	0.005	0.010	0.018	0.030
25	40				

尺寸范围		所使用的计量器具			
		分度值 0.001 mm 的千分表(0 级在全程范围内,1 级在 0.2 mm 内),分度值 0.002 mm 的千分表在 1 转范围内	分度值 0.001 mm、0.002 mm、0.005 mm 的千分表(1 级在全程范围内),分度值 0.01 mm 的千分表在 1 转范围内(0 级在任意 1 mm 内)	分度值 0.01 mm 的百分表(0 级在全程范围内,1 级在任意 1 mm 内)	分度值 0.01 mm 的百分表(1 级在全程范围内)
大于	至	不确定度			
40	65	0.005	0.010	0.018	0.030
65	90				
90	115				
115	165				
165	215	0.006			
215	265				
265	315				

2.2.2　测量方法

在实际工作中,测量方法通常是指获得测量结果的具体方式,它可以按下面几种情况进行分类。

(1) 按实测几何量是否为被测几何量分类

① 直接测量:指被测几何量的量值可直接由计量器具读出。例如,用游标卡尺、千分尺测量轴径的大小。

② 间接测量:指被测几何量的量值由实测几何量的量值按一定的函数关系式运算后获得。例如,采用测量周长的方法测量直径。

直接测量过程简单,其测量精度只与这一测量过程有关,而间接测量的精度不仅取决于实测几何量的测量精度,还与所依据的计算公式和计算的精度有关。

一般来说,直接测量的精度比间接测量的精度高。因此,应尽量采用直接测量,对于受条件所限无法进行直接测量的场合可采用间接测量。

(2) 按示值是否为被测几何量的量值分类

① 绝对测量:计量器具的示值就是被测几何量的量值。例如,用游标卡尺、千分尺测量轴径的大小。

② 相对测量:相对测量又称比较测量,计量器具的示值只是被测几何量相对于标准量的偏差,被测几何量的量值等于已知标准量与该偏差的代数和。例如,用立式光学比较仪测量轴径,测量时先用量块调整示值零位,该比较仪指示出的示值为被测轴径相对于量块尺寸的偏差。一般来说,相对测量的精度比绝对测量的精度高。

(3) 按测量时被测表面与计量器具的测头是否接触分类

① 接触测量:指在测量过程中,计量器具的测头与被测表面接触,即有测量力存在。例如,

用立式光学比较仪测量轴径。

② 非接触测量:指在测量过程中,计量器具的测头不与被测表面接触,即无测量力存在。例如,用光切显微镜测量表面粗糙度,用气动量仪测量孔径。

对于接触测量,测头和被测表面的接触会引起弹性变形,即产生测量误差,而非接触测量则无此影响,故易变形的软质表面或薄壁工件多采用非接触测量。

(4)按工件上是否有多个被测几何量需同时测量分类

① 单项测量:指对工件上的各个被测几何量分别进行测量。例如,用公法线千分尺测量齿轮的公法线长度变动,用跳动检查仪测量齿轮的齿圈径向跳动。

② 综合测量:指对工件上几个相关几何量的综合效应同时测量得到综合指标,以判断综合结果是否合格。例如,用齿距仪测量齿轮的齿距累积误差,实际上反映的是齿轮的公法线长度变动和齿圈径向跳动两种误差的综合结果。

综合测量的效率比单项测量的效率高。一般来说,单项测量便于分析工艺指标;综合测量便于分析只要求判断合格与否,而不需要得到具体测得值的场合。

(5)按测头和被测表面之间是否处于相对运动状态分类

① 动态测量:指在测量过程中,测头与被测表面处于相对运动状态。

② 静态测量:指在测量过程中,测头与被测表面间无相对运动。

动态测量效率高,并能测出工件上几何参数连续变化时的情况。例如,用轮廓仪测量表面粗糙度。

2.2.3 测量数据处理

测量数据处理的目的,是为了寻求被测量最可信赖的数值和评定这一数值所包含的误差。在测量数据中,可能存在三类测量误差:随机误差、系统误差和粗大误差。

随机误差是指在一定测量条件下多次测量同一被测量,大小和符号以不可预定的方式变化着的测量误差;系统误差是指在一定测量条件下多次测量同一被测量,大小和符号均保持不变的测量误差;粗大误差是指超出在一定测量条件下预计的测量误差,例如,由于操作者的粗心大意,看错、读错、记错的测量数据。

1. 测量列中随机误差的处理

随机误差的出现是不规则的,也是不可避免和不可能消除的,只能用数理统计的方法将多次测量同一被测量的各测得值做统计处理,估计和评定测量结果。

(1)测量列的算术平均值

设测量列为 $x_1, x_2, \cdots, x_n$,则算术平均值为

$$\bar{x} = \frac{1}{n} \sum_{i=1}^{n} x_i \tag{2-10}$$

式中 n——测量次数。

用算术平均值 $\bar{x}$ 代表真值 Q 后,计算得到的误差称为剩余误差(简称残差),记作 v_i,则

$$v_i = x_i - \bar{x} \tag{2-11}$$

33

当测量次数 n 足够多时,残差的代数和趋近于零,即 $\sum\limits_{i=1}^{n} v_i \approx 0$。

（2）测量列的标准偏差

随机误差的集中与分散程度可用标准偏差 σ 来描述。由于随机误差是未知量,实际测量时,常用残差 v_i 代替绝对误差 δ_i,σ 值按贝塞尔（Bessel）公式求得,即

$$\sigma \approx \sqrt{\frac{\sum\limits_{i=1}^{n} v_i^2}{n-1}} = \sqrt{\frac{\sum\limits_{i=1}^{n} (x_i - \bar{x})^2}{n-1}} \qquad (2\text{-}12)$$

（3）测量列算术平均值的标准偏差

标准偏差 σ 代表一组测得值中任一测得值的精密程度,但在多次重复测量中是以算术平均值作为测量结果的。因此,更重要的是要知道算术平均值的精密程度,即算术平均值的标准偏差。根据误差理论,测量列算术平均值的标准偏差 $\sigma_{\bar{x}}$ 用式（2-13）计算：

$$\sigma_{\bar{x}} = \frac{\sigma}{\sqrt{n}} \approx \sqrt{\frac{\sum\limits_{i=1}^{n} v_i^2}{n(n-1)}} \qquad (2\text{-}13)$$

（4）测量列算术平均值的极限误差 $\delta_{\lim(\bar{x})}$ 和测量列的测量结果

测量列算术平均值的极限误差为

$$\delta_{\lim(\bar{x})} = \pm 3\sigma_{\bar{x}} \qquad (2\text{-}14)$$

测量列的测量结果可表示为

$$Q = \bar{x} \pm \delta_{\lim(\bar{x})} = \bar{x} \pm 3\sigma_{\bar{x}} \qquad (2\text{-}15)$$

其置信概率 $P = 99.73\%$。

2. 测量列中系统误差的处理

系统误差以一定的规律对测量结果产生较显著的影响。因此,分析处理系统误差的关键,首先在于发现系统误差,进而设法消除或减少系统误差,以便有效地提高测量精度。

（1）系统误差的发现

定值系统误差可以用实验对比的方法发现,可以通过改变测量条件进行不等精度的测量来发现系统误差。例如,量块按标称尺寸使用时,由于量块的尺寸偏差,使测量结果中存在着定值系统误差,这时定值系统误差可用高精度仪器对量块的实际尺寸进行鉴定来发现,或用另一块高一级精度的量块进行对比测量来发现。

变值系统误差可以从测得值的处理和分析观察中发现。常用的方法是残差观察法,即将测量列按测量顺序排列,观察各残差的变化规律,若各残差大体上正负相间,无明显的变化规律,则不存在变值系统误差;若各残差有规律地递增或递减,且在测量开始与结束时符号相反,则存在线性系统误差;若各残差的符号有规律地周期性变化,则存在周期性系统误差;若残差按某种特定的规律变化,则存在复杂变化的系统误差。显然,在应用残差观察法时,必须有足够的重复测量次数的数据,并且须按各测得值的先后顺序排列,否则变化规律不明显,判断的可靠性差。

（2）系统误差的消除

系统误差常用以下方法消除或减小。

① 从产生误差根源上消除。这是消除系统误差最根本的方法。因此，在测量前，应对测量过程中可能产生系统误差的环节进行仔细分析，将误差从产生根源上加以消除。例如，在测量前仔细调整仪器工作台，调准零位，计量器具和被测工件应处于标准温度状态，测量人员要正对仪器指针读数和正确估读等。

② 用加修正值的方法消除。这种方法是预先测定出计量器具的系统误差，将其数值取相反数后作为修正值，用代数法加到实际测得值上，即可得到不包含该系统误差的测量结果。例如，量块的实际尺寸不等于标称尺寸时，若按标称尺寸使用，就要产生系统误差，而按经过检定的实际尺寸使用，就可避免此项误差的产生。

③ 用两次读数方法消除。若两次测量所产生的系统误差大小相等（或接近）、符号相反，则取两次测量的平均值作为测量结果，就可消除系统误差。例如，在工具显微镜上测量螺纹的螺距时，由于零件安装时其轴线与仪器工作台纵向移动的方向不重合，使测量产生误差，为了减小安装误差对测量结果的影响，必须分别测出左、右螺距，取两者的平均值作为测得值，从而减小安装不正确引起的系统误差。

④ 用对称法消除。对于线性系统误差，可采用对称法消除。例如，测量时，温度均匀变化，存在随时间呈线性变化的系统误差，可安排等时间间隔的测量步骤：第一步测工件；第二步测标准器；第三步测标准器；第四步测工件。取第一步、第四步读数的平均值与第二步、第三步读数的平均值之差作为实测偏差。

⑤ 用半波法消除。对于周期变化的系统误差，可采用半波法消除，即取相隔半个周期的两测得值的平均值作为测量结果。

系统误差从理论上讲是可以完全消除的，但由于许多因素的影响，实际上只能消除到一定程度。若能将系统误差减小到使其影响相当于随机误差的程度，则可认为其已被消除。

3. 测量列中粗大误差的处理

粗大误差的特点是数值比较大，会对测量结果产生明显的歪曲，故应从测量数据中将其剔除。剔除粗大误差不能凭主观臆断，应根据判断粗大误差的准则予以确定。判断粗大误差常用拉依达准则（又称 3σ 准则）。

该准则的依据主要来自随机误差的正态分布规律。从随机误差的特性中可知，测量误差越大，出现的概率越小，其中误差的绝对值超过 3σ 的概率仅为 0.27%，可以认为是不可能出现的。因此，凡绝对值大于 3σ 的剩余误差，就看作粗大误差并予以剔除。

剔除具有粗大误差的测得值后，应根据剩下的测得值重新计算 σ，然后再根据 3σ 准则判断剩下的测得值中是否还存在粗大误差，每次只能剔除一个，直到剔除完为止。

4. 直接测量列的数据处理

对同一被测量进行多次重复测量获得的一系列测得值中，可能同时存在随机误差、系统误差和粗大误差，或者只含其中某一类或某两类误差。为了得到正确的测量结果，应对各类误差分别进行处理。对于定值系统误差，应在测量过程中予以判别处理，用加修正值的方法消除或减小误差。所得到的测量列的数据按以下步骤进行处理：

① 计算算术平均值 $\bar{x}$。

② 计算各测得值的剩余误差 v_i。

③ 判断变值系统误差。如果测量列中存在变值系统误差，则使用对应方法消除，消除后进入步骤④。

④ 计算标准偏差 σ。

⑤ 判断粗大误差。用 3σ 准则来判断，如果剩余误差绝对值大于 3σ，则需要剔除该测得值，然后从步骤①重新开始计算，注意一次只能剔除一个测得值。如果剩余误差绝对值小于 3σ，表示测量列中不含粗大误差，则进入步骤⑥。

⑥ 计算算术平均值的标准偏差 $\sigma_{\bar{x}}$。

⑦ 得到测量结果。测量结果的表示式为 $Q = \bar{x} \pm 3\sigma_{\bar{x}}$。

2.2.4　用杠杆齿轮比较仪测量轴类零件尺寸

国家标准 GB/T 6320—2008《杠杆齿轮比较仪》规定了杠杆齿轮比较仪的术语和定义、基本参数与尺寸、技术要求、检验方法及标志等。该标准适用于分度值为 0.000 5 mm、0.001 mm、0.002 mm、0.005 mm、0.01 mm 的杠杆齿轮比较仪。杠杆齿轮比较仪是一种长度计量器具，其测量杆的直线位移通过杠杆齿轮传动系统转变为指针在表盘上的角位移。

杠杆齿轮比较仪结构简单，放大比大，传动机构中没有摩擦和间隙，因此灵敏度和测量精度较高，示值较稳定，常用于计量室或车间做精密测量。但是其指针和扭簧容易损坏，因此在使用时要避免撞击。

操作视频
用杠杆齿轮比较仪测量轴类零件尺寸

1. 杠杆齿轮比较仪的结构及工作原理

杠杆齿轮比较仪主要由底座 1、立柱 2、支臂 3、指示表 4、工作台 5、测头 7 以及测量杆等元件组成，如图 2-15 所示，指示表 4 的表盘上有不满一周的均匀刻度。如图 2-16 所示，当测量杆移动时，杠杆绕轴转动，并通过杠杆短臂 R_4 和长臂 R_3 将位移量放大，同时，扇形齿轮 2 带动与其啮合的小齿轮 3 转动，小齿轮分度圆半径 R_2 与指针半径 R_1 起放大作用，将测头 1 的微量直线位移 δ 通过杠杆和齿轮的放大作用，放大成指针相对于圆弧标尺的角位移，从而实现读数。

2. 用杠杆齿轮比较仪测量轴径

用杠杆齿轮比较仪测量轴径的一般步骤为：

① 选择量块，并研合组成与被测轴公称尺寸相等的量块组，放置在工作台合适位置。

② 旋转粗调螺母，使支臂上的测头接触到量块组上表面，并让测微仪指针指到表盘特定区域，锁紧支臂紧固螺钉。

③ 调节表盘上的微调螺母，使测微仪指针对准表盘的零线。

④ 移开量块组，换上被测工件，测微仪指针指示的量值即为被测尺寸与量块组尺寸的偏差。量块组尺寸与该偏差的代数和即为被测量的测得值。

36

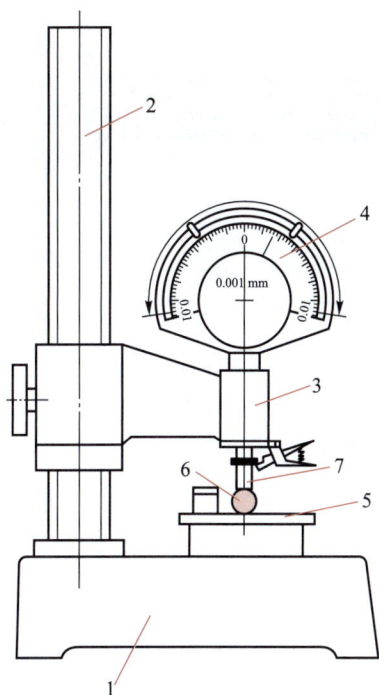

1—底座;2—立柱;3—支臂;4—指示表;
5—工作台;6—工件;7—测头
图 2-15 杠杆齿轮比较仪的结构

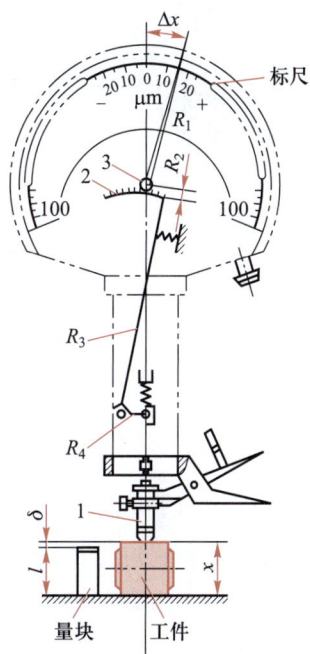

1—测头;2—扇形齿轮;3—小齿轮
图 2-16 杠杆齿轮比较仪的工作原理

使用杠杆齿轮比较仪测量轴径属于接触测量,以量块作为长度基准,用相对测量法测量各种工件的外尺寸。

2.2.5 用内径百分表测量孔类零件尺寸

内径百分表是一种采用相对测量法测量内孔的较高精度的计量器具,用于测量通孔、盲孔以及深孔的直径或形状误差。测量前应根据被测孔径的尺寸大小在千分尺或环规上调整好尺寸,再进行测量,测得值为被测量与标准量的偏差。其测量范围主要有 10 ~ 18 mm、18 ~ 35 mm、35 ~ 50 mm、50 ~ 100 mm、100 ~ 160 mm、160 ~ 250 mm、250 ~ 450 mm。

1. 内径百分表的结构及工作原理

内径百分表的结构如图 2-17 所示。

内径百分表主要由百分表、测头、测杆等元件组成。它是以同轴线上的固定测头 1 和活动测头 8 与被测孔壁相接触进行测量的。每套仪器配备有各种长度的固定测头,可以根据被测孔径的大小选择更换。测量零件时,活动测头 8 受到孔壁的压力后压缩弹簧 10 产生位移,该位移量通过直角杠杆系统传递到百分表 6,经放大转换成百分表 6 指针的转动,从而实现读数。

操作视频
用内径百分表测量孔类零件尺寸

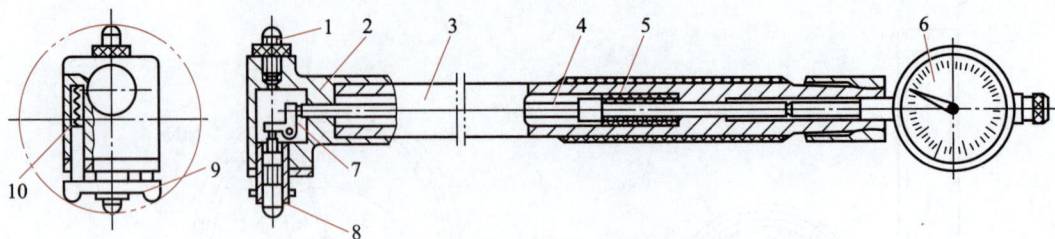

1—固定测头；2—测量套；3—测杆；4—传动杆；

5、10—压缩弹簧；6—百分表；7—直角杠杆；

8—活动测头；9—定位装置

图 2-17　内径百分表的结构

拓展动画

深度游标卡尺
及其使用

拓展动画

高度游标卡尺
及其使用

拓展动画

卧式测长仪及
其使用

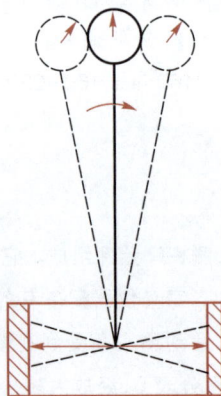

压缩弹簧 10 对活动测头 8 起控制作用，定位装置 9 起找正直径位置的作用，使固定测头 1 的轴线位于被测孔的直径位置，保证了测量的准确性。

2. 用内径百分表测量孔径

用内径百分表测量孔径的一般步骤如下：

① 测量前先将内径百分表安装到表架上，压下内径百分表测杆，指针转 1~2 圈，这时内径百分表的测杆与传动杆接触，经直角杠杆向外顶压活动测头。

② 根据被测孔径的大小，选择合适的可换固定测头安装到表架上。

③ 利用标准器（如环规）调整内径百分表的零线。方法是将内径百分表的两测头放入等于被测孔径公称尺寸的标准器中，左右摆动表架，同时，观察内径百分表指针的摆动情况，指针顺时针回转时的转折点即为标准长度值。将表盘零线调整到此位置，这一过程称为调零，如图 2-18 所示。

④ 测量时，将调整好的内径百分表测头倾斜地放入被测孔中。由于定位装置的作用，两测头的轴线处于被测孔直径位置上；摆动表架，内径百分表指针顺时针回转的转折点处的示值为测量的最小值（即被测孔的实际尺寸），其读数为孔径的实际偏差。

图 2-18　在环规中调零

38

⑤ 考虑被测件有形状误差的存在,测量时应在被测孔的轴向截面的不同位置和径向截面的不同方向上对被测孔进行测量,并按被测孔的验收极限判断其合格性。

测量完成后要对内径百分表的零线进行复查,如果误差大,需要重新调整和测量。

习题

2-1 什么是标准公差?什么是基本偏差?

2-2 什么是配合制?国家标准规定了几种配合制?如何正确地选择配合制?

2-3 使用标准公差和基本偏差表,查出下列尺寸的上、下极限偏差。

(1)ϕ32d9   (2)ϕ80p6

(3)ϕ28k7   (4)ϕ70h11

(5)ϕ40M8   (6)ϕ30JS6

(7)ϕ40C11   (8)ϕ35P7

2-4 用查表法确定下列配合孔、轴的极限偏差,画出孔、轴公差带图,并说明其属于何种配合。

(1)ϕ50H8/f7   (2)ϕ30F8/h7

(3)ϕ55H7/u6   (4)ϕ60H6/p5

(5)ϕ35JS6/h5   (6)ϕ20H7/k6

2-5 计算出表 2-20 中空格处的数值,并按规定填写在表中。

表 2-20 题 2-5 表   mm

公称尺寸	孔			轴			X_{max}或Y_{min}	X_{min}或Y_{max}	T_f
	ES	EI	T_h	es	ei	T_s			
ϕ45			0.025	0				−0.050	0.041

2-6 ϕ18M8/h7 和 ϕ18H8/js7 中孔、轴的公差 IT7 = 0.018 mm,IT8 = 0.027 mm,ϕ18M8 孔的基本偏差为 +0.002 mm,试分别计算这两个配合的极限间隙或极限过盈,并分别绘制出它们的孔、轴公差带图。

2-7 设有一公称尺寸为 ϕ60 mm 的配合,经计算确定其间隙应为 +25 ~ +110 μm;若已决定采用基孔制,试确定此配合的孔、轴公差带代号,并画出其公差带图。

2-8 在立式光学比较仪上对一轴类零件进行相对测量,共重复测量 12 次,测得值(单位:mm)如下:20.015,20.013,20.016,20.012,20.015,20.014,20.017,20.018,20.014,20.016,20.014,20.015。试求出该零件的测量结果。

2-9 为什么验收工件要采用验收极限判断其合格性。

工程案例

凸轮控制器轴零件尺寸检测方案制订。

第3章 几何公差与检测

知识与素养目标

1. 了解几何要素的概念、几何公差项目及其符号;
2. 掌握几何公差带的特点;
3. 了解几何误差的评定准则和评定方法;
4. 了解尺寸公差与几何公差之间的关系,即公差原则;
5. 掌握几何公差的选用原则,会查有关公差表格;
6. 掌握在图样上标注几何公差的方法;
7. 能运用现代化的检测设备和检测方法,独立自主完成典型零件的检测,培养积极思考、不断追求技术进步的意识。

技能目标

1. 会使用计量器具测量几何误差;
2. 会根据几何误差的评定准则评定几何误差值。

知识导图

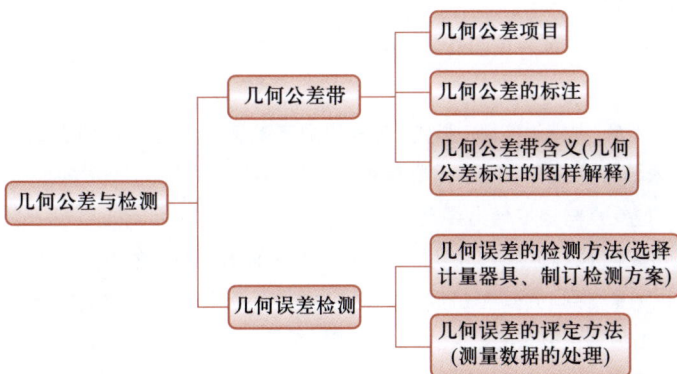

动画
零件的几何要素

3.1 概述

3.1.1 几何公差的研究对象

几何公差的研究对象是构成零件几何特征的点、线、面。这些点、线、面统称为几何要素

41

(简称要素)。一般在研究形状公差时,涉及的对象有线和面;研究位置公差时,涉及的对象有点、线和面三类要素。几何公差就是研究这些要素在形状及其相互间方向或位置方面的精度问题。为了理解几何公差,应了解以下术语及定义。

(1) 理想要素与非理想要素

① 理想要素:由参数化方程定义的要素。

② 非理想要素:完全依赖于非理想表面模型或工件实际表面的不完美的几何要素。

(2) 公称要素与实际要素

① 公称要素:由设计者在产品技术文件中定义的理想要素。

② 实际要素:对应于工件实际表面部分的几何要素。

设计者在做产品设计时,首先确定一个具有理想形状的"工件",即具有满足功能需求所需的形状和尺寸,该"工件"就是公称模型,实际工件由于存在制造误差,其实际表面具有不理想的几何形状,设计者需通过对工件实际表面预期的变化分析,在确保功能要求的前提下,确定工件实际表面的每一特征的最大允许值,即公差。

(3) 组成要素与导出要素

① 组成要素:面或面上的线。例如,平面、球面、圆柱面、圆锥面、素线等都属于组成要素。组成要素分为公称组成要素、实际(组成)要素。

② 导出要素:由一个或几个组成要素得到的中心点、中心线或中心面。例如,球心是由球面得到的导出要素,该球面为组成要素;圆柱的中心线是由圆柱面得到的导出要素,该圆柱面为组成要素。导出要素可以从一个公称要素、一个提取要素、一个拟合要素中建立,分别称为公称导出要素、提取导出要素、拟合导出要素。

(4) 公称组成要素与公称导出要素

① 公称组成要素:由技术制图或其他方法确定的理论正确的组成要素。例如,具有理想形状的直线、平面、圆、圆柱面等。

② 公称导出要素:由一个或几个公称组成要素导出的中心点、轴线或中心平面。

(5) 工件实际表面

实际存在并将整个工件与周围介质分隔的一组要素。

(6) 实际(组成)要素

实际(组成)要素:由接近实际(组成)要素所限定的工件实际表面的组成要素部分,即实际零件上的线、表面等。没有实际导出要素的概念。

(7) 提取组成要素与提取导出要素

① 提取组成要素:按规定方法,由实际(组成)要素提取有限数目的点所形成的实际(组成)要素的近似替代,由测量得到,由于存在测量误差,它并非实际(组成)要素的真实状况。获取提取组成要素时,该替代的方法由要素所要求的功能确定。每个实际(组成)要素可以有几个这种替代。

② 提取导出要素:由一个或几个提取组成要素得到的中心点、中心线或中心面。例如,提取圆柱面的导出中心线称为提取中心线,两相对提取平面的导出中心面称为提取中心面。

(8) 拟合组成要素与拟合导出要素

① 拟合组成要素:按规定的方法由提取组成要素形成的并具有理想形状的组成要素。在极限与配合中,获取拟合组成要素的方法一般为最小二乘法。在几何公差中,获取方法取决于

几何误差的评定方法。

② 拟合导出要素：由一个或几个拟合组成要素导出的中心点、轴线或中心平面。

几何要素定义间的相互关系如图 3-1 和图 3-2 所示。

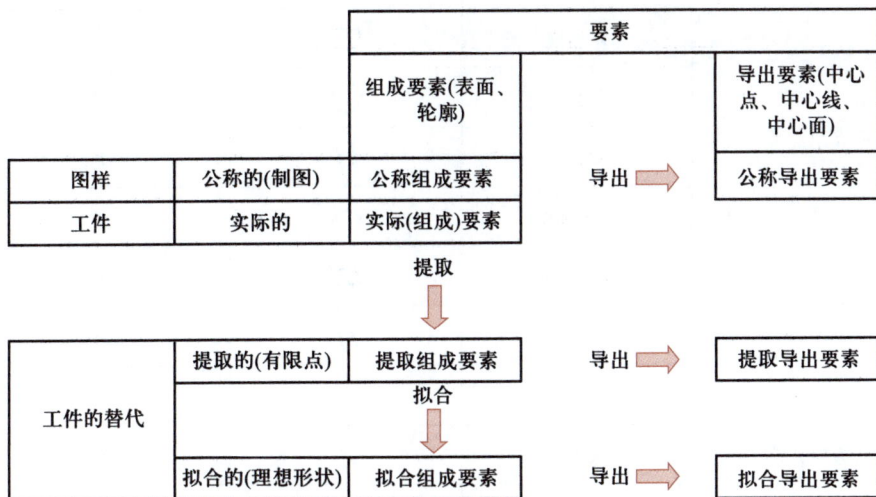

		要素		
		组成要素(表面、轮廓)		导出要素(中心点、中心线、中心面)
图样	公称的(制图)	公称组成要素	导出 ⇨	公称导出要素
工件	实际的	实际(组成)要素		

提取 ⬇

工件的替代	提取的(有限点)	提取组成要素	导出 ⇨	提取导出要素
	拟合 ⬇			
	拟合的(理想形状)	拟合组成要素	导出 ⇨	拟合导出要素

图 3-1 几何要素定义间的相互关系结构框图

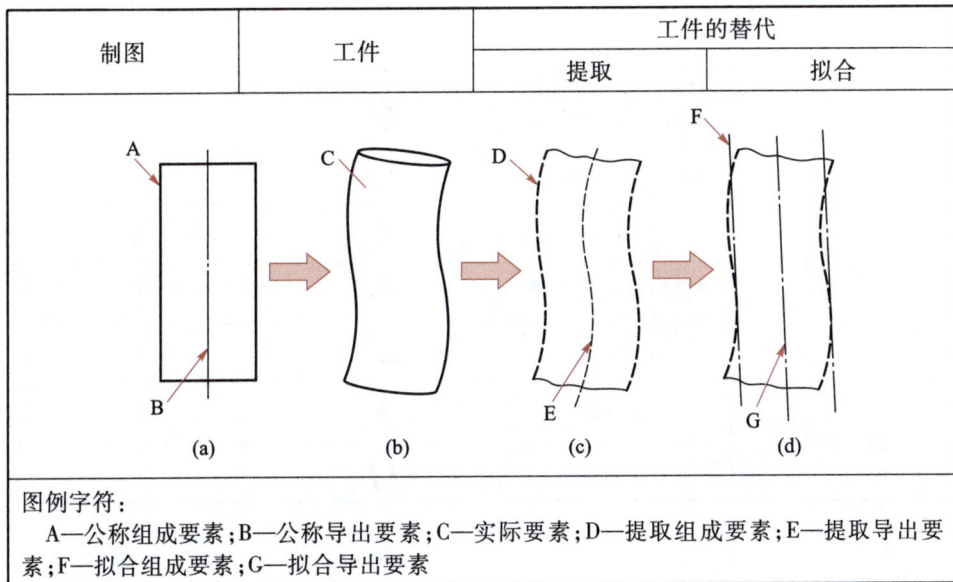

图例字符：
A—公称组成要素；B—公称导出要素；C—实际要素；D—提取组成要素；E—提取导出要素；F—拟合组成要素；G—拟合导出要素

图 3-2 几何要素定义间的相互关系图

3.1.2 几何公差的种类及其特征符号

根据国家标准 GB/T 1182—2018《产品几何技术规范（GPS） 几何公差 形状、方向、位置和跳动公差标注》的规定，几何公差包括形状公差、方向公差、位置公差和跳动公差。几何公差项目的几何特征符号见表 3-1。

表 3-1 几何公差项目的几何特征符号（摘自 GB/T 1182—2018）

公差类型	几何特征	符号	有无基准
形状公差	直线度	—	无
	平面度	▱	无
	圆度	○	无
	圆柱度	⌀	无
	线轮廓度	⌒	无
	面轮廓度	⌓	无
方向公差	平行度	∥	有
	垂直度	⊥	有
	倾斜度	∠	有
	线轮廓度	⌒	有
	面轮廓度	⌓	有
位置公差	位置度	⊕	有或无
	同心度（用于中心点）	◎	有
	同轴度（用于轴线）	◎	有
	对称度	≡	有
	线轮廓度	⌒	有
	面轮廓度	⌓	有
跳动公差	圆跳动	↗	有
	全跳动	↗↗	有

3.1.3 几何公差的标注

　　根据国家标准,在技术图样中几何公差的标注也称为几何公差规范标注,其内容包括公差框格、可选的辅助平面和要素标注以及可选的相邻标注(补充标注),如图 3-3 所示。几何公差规范标注的相关符号见表 3-2。

　　几何公差规范应使用参照线与指引线相连。如果没有可选的辅助平面和要素标注,参照线应与公差框格的左侧或右侧中点相连。如果有可选的辅助平面和要素标注,参照线应与公差框格的左侧中点或最后一个辅助平面和要素框格的右侧中点相连。

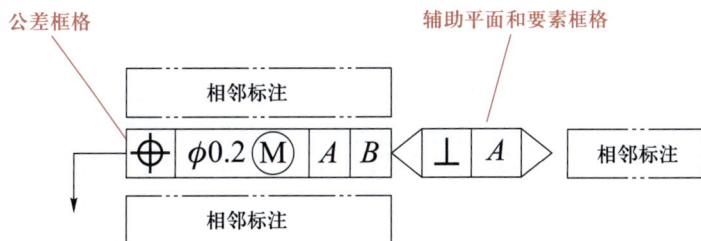

图 3-3 几何公差规范标注的元素

表 3-2 几何公差规范标注的相关符号

说明		符号	说明		符号
公差框格			被测要素标识符	联合要素	UF
				小径	LD
基准相关符号	基准要素标识			大径	MD
				中径、节径	PD
	基准目标	$\frac{\phi2}{A1}$		全周(轮廓)	
理论正确尺寸		50	导出要素	中心要素	(A)
公差原则相关符号	包容要求	(E)		延伸公差带	(P)
	最大实体要求	(M)	辅助要素标识符	相交平面框格	
	最小实体要求	(L)			
	可逆要求	(R)		定向平面框格	
组合规范元素	组合公差带	CZ		方向要素框格	
	独立公差带	SZ			
拟合被测要素	最小区域要素	(C)		组合平面框格	
	最小二乘要素	(G)			
	最小外接要素	(N)			
	最大内切要素	(X)		任意横截面	ACS

1. 公差框格

公差框格有两格和多格,前者一般用于形状公差,后者一般用于方向公差、位置公差和跳

45

动公差。在图样上,公差框格一般应水平绘制,框格中的内容从左到右依次为符号部分,公差带、要素与特征部分,基准部分,如图 3-4 所示。

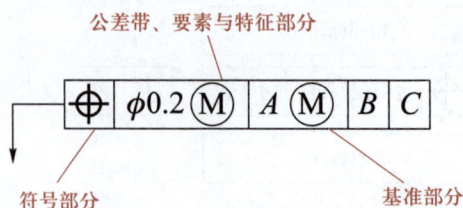

图 3-4　几何公差框格的三个部分

(1) 符号部分

指几何特征符号,见表 3-1。

(2) 公差带、要素与特征部分

① 公差带:

公差带有形状、宽度、范围三个规范元素,除了宽度元素外,其他所有元素都是可选的。公差带的形状参见 3.1.4,是可选的规范元素。如果被测要素是线要素或点要素且公差带的形状为圆形或圆柱形,公差值前应加注符号“ϕ”;如果公差带的形状为球形,公差值前应加注符号“$S\phi$”。

公差带的宽度即公差值,是强制性的规范元素,单位为 mm。公差带的宽度默认是垂直于被测要素的。

公差带的范围默认是适用于整个被测要素的,如果是局部区域,应使用线性或角度尺寸将局部区域添加在公差后面,并用“/”分开。如图 3-5(a)所示,公差带的范围不是整个被测要素,而是被测要素上长度为 75 mm 的局部范围;图 3-5(b)所示的公差带范围为 $\phi75$ mm 的圆形区域。

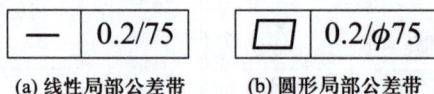

(a) 线性局部公差带　　(b) 圆形局部公差带

图 3-5　局部公差带

图 3-6 所示为多个独立要素的规范标注,公差带对每个被测要素的规范要求是相互独立的,可以标注 SZ(见表 3-2)以强调要素要求的独立性,因为默认遵守独立原则,所以 SZ 可以省略不标,也可采用图 3-7 所示的方式标注。图 3-8 所示为多个要素的组合公差带规范标注,在公差框格中加入 CZ 符号,要求各个单独的公差带应采用明确的理论正确尺寸以约束相互之间的位置和方向。

② 要素与特征:

当被测要素为组成要素时,指引线箭头指向该要素的轮廓线或其延长线上,并与尺寸线明显错开,如图 3-9(a)所示。国家标准 GB/T 1182—2018 中增加了三维标注的方法,采用三维标注时,若指引线终点在被测要素延长线上,则以箭

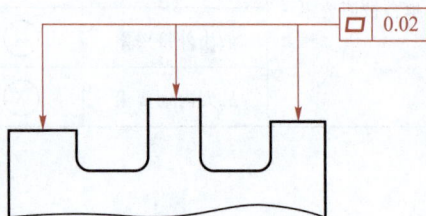

图 3-6　多个独立要素的规范标注 1

46

头终止;若指引线终点在被测要素表面上,则以圆点终止,如图3-9(b)所示。面要素可见时,圆点是实心的,指引线为细实线;当该面要素不可见时,圆点是空心的,指引线为细虚线。当被测要素为组成要素且指引线终止在要素的界限以内时,可以作一引出线,指引线箭头指向引出线的水平线,引出线用圆点引自被测要素表面,如图3-10所示。

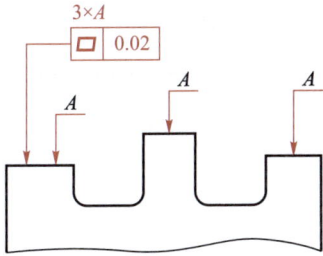

图 3-7 多个独立要素的规范标注2

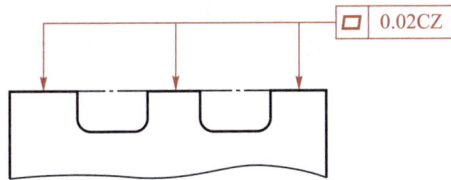

图 3-8 多个要素的组合公差带规范标注

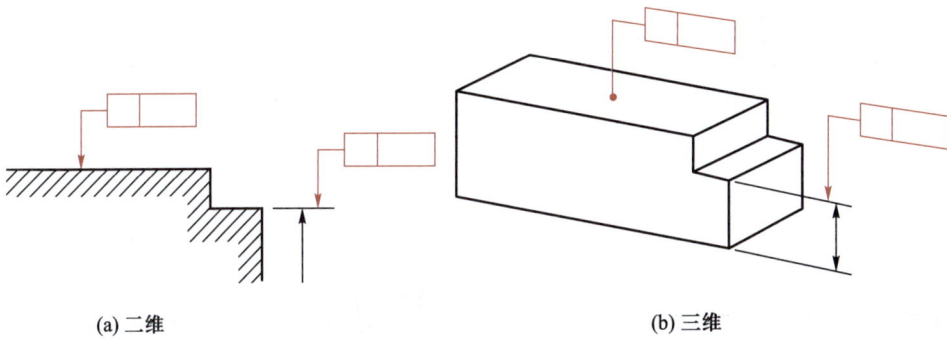

(a) 二维

(b) 三维

图 3-9 组成要素的几何公差标注

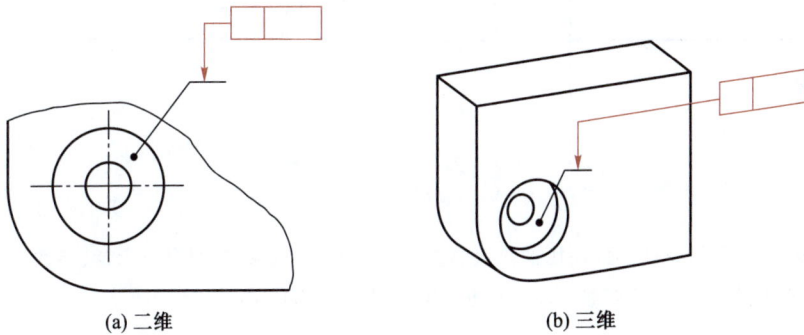

(a) 二维

(b) 三维

图 3-10 采用引出线的组成要素的几何公差标注

当被测要素为导出要素(中心线、中心面或中心点)时,指引线箭头应终止在尺寸要素的尺寸延长线上,如图3-11(a)、(b)所示,不可直接指向轴线或中心线,如图3-11(c)所示。也可以在公差框格内加入修饰符Ⓐ来表示中心要素(只适用于回转体),如图3-12所示。

几何公差规范默认的标注对象为实际提取组成要素或导出要素本身。拟合被测要素是可选规范元素,标注时应在公差框格中公差带、要素与特征部分增加相应的修饰符(见表3-2)。

拟合被测要素仅可用于与基准有关的规范,如方向和位置规范。图 3-13 所示为最小区域拟合被测要素的位置度公差的标注示例。

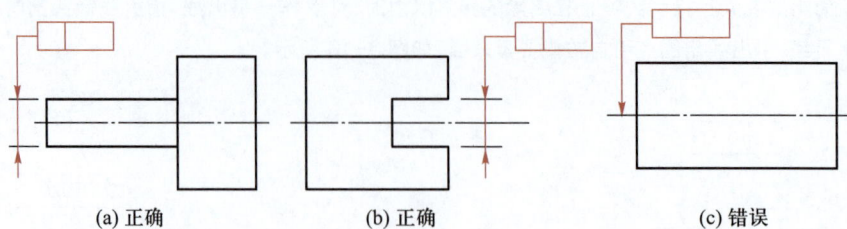

(a) 正确　　　　　　　(b) 正确　　　　　　　(c) 错误

图 3-11　被测要素为导出要素的几何公差标注

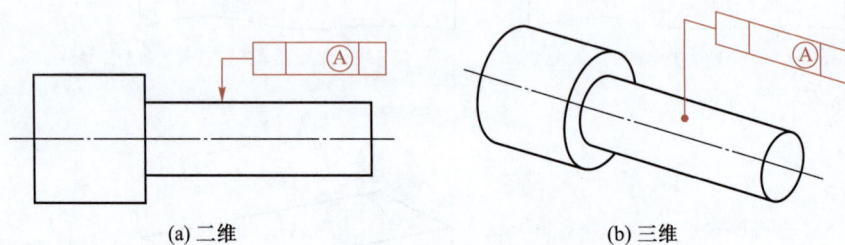

(a) 二维　　　　　　　　　　(b) 三维

图 3-12　采用修饰符的导出要素的几何公差标注

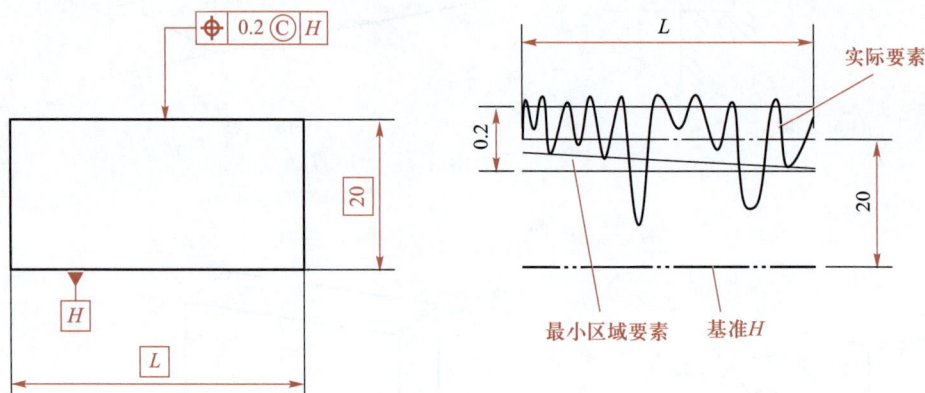

图 3-13　最小区域拟合被测要素的位置度公差的标注示例

公差带、要素与特征部分还包括滤波器的规范元素、导出要素的规范元素、参数规范元素等,这里不再详细介绍,可以参见国家标准 GB/T 1182—2018 中的详细说明。

（3）基准部分

基准是用来确定被测要素方向和位置的要素,用一个字母表示单个基准或用几个字母表示基准体系或公共基准,如图 3-14 所示。

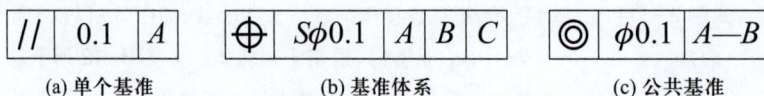

(a) 单个基准　　　　　　(b) 基准体系　　　　　　(c) 公共基准

图 3-14　基准的表示方法

48

GB/T 17851—2022 中规定,用带方框的大写字母表示基准,以细实线与涂黑的或空白的三角形相连(涂黑的或空白的三角形含义相同)。无论基准符号在图样上的方向如何,方框内的字母均应水平书写,如图 3-15 所示。

当基准要素为轮廓线或轮廓面时,基准符号应标注于该要素的轮廓线或其延长线上,并明显与尺寸线错开。标注在轮廓的延长线上时,可以放置在延长线的任一侧,但基准符号的三角形不能直接与公差框格相连,如图 3-16 所示。

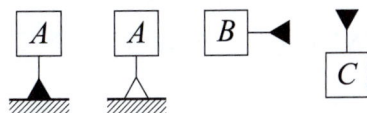

图 3-15 基准符号

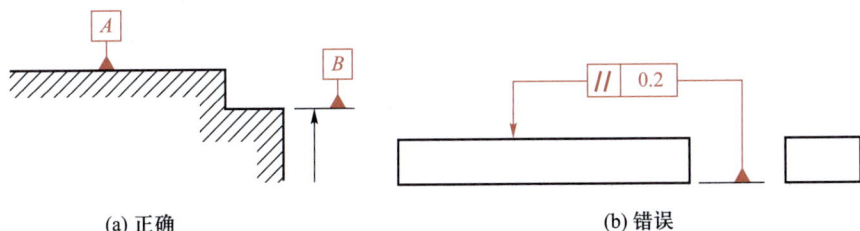

(a) 正确　　　　　　　　　(b) 错误

图 3-16 轮廓基准要素的标注

当基准要素是轴线、中心平面或由带尺寸的要素确定的点时,基准符号的连线应与该要素的尺寸线对齐,如图 3-17(a)、(b)所示。基准符号不允许直接标注在轴线或中心线上,如图 3-17(c)所示。

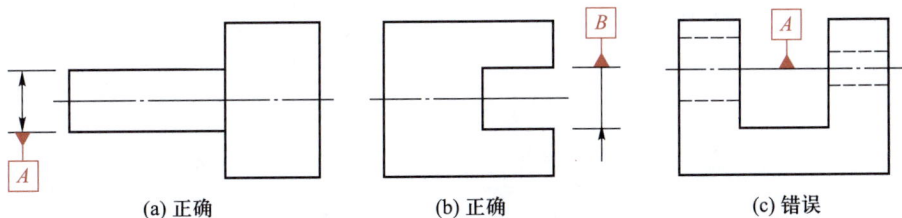

(a) 正确　　　　　(b) 正确　　　　　(c) 错误

图 3-17 中心基准要素的标注

当基准要素为中心孔或圆锥体轴线时,则按图 3-18 所示方法标注。

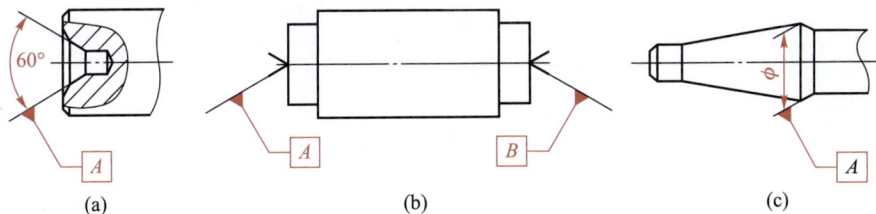

(a)　　　　　(b)　　　　　(c)

图 3-18 中心孔和圆锥体轴线为基准要素的标注

2. 辅助平面和要素框格

辅助平面和要素框格包括相交平面框格、定向平面框格、方向要素框格、组合平面框格。图 3-19 所示为采用相交平面框格标注的示例,该示例中公差框格指向工件上表面,但当被测

49

要素是该组成要素上的线要素时,此时应标注相交平面框格,以免产生误解。该示例中的线要素是与基准 C 平行的所有线要素。

如果需标注若干个辅助平面,相交平面框格应在最接近公差框格的位置标注,其次是定向平面框格或方向要素框格(两者不应一同标注),最后是组合平面框格,参照线可连接于公差框格的左侧或右侧,或最后一个可选框格的右侧。关于其余几个辅助平面的标注方法请参阅 GB/T 1182—2018。

3. 公差框格的相邻标注

有些补充的标注可标注在公差框格相邻的两个区域,上下相邻或水平相邻。图 3-20 所示为适用于螺纹大径的规范标注,如果不加注 MD 则默认是螺纹中径的导出轴线。如图 3-21 所示,加注 ACS 表示提取组成要素与横截面相交或提取中心线与横截面相交所得的交线或交点,不加注 ACS 则被测要素是被测孔的整个轴线。相邻区域其他规范的标注请参阅 GB/T 1182—2018。

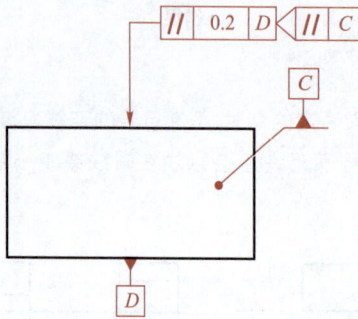

图 3-19　采用相交平面框格标注的示例　　　　图 3-20　适用于螺纹大径的规范标注

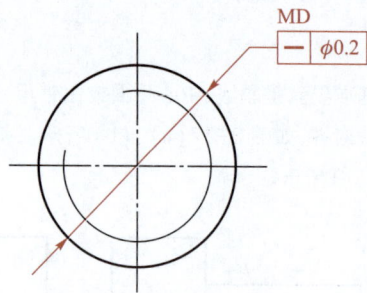

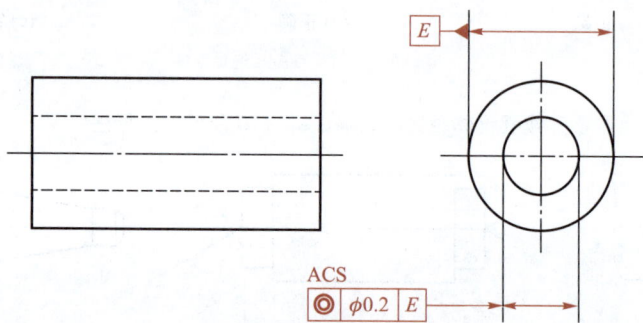

图 3-21　适用于任意横截面的规范标注

4. 几何公差的特殊标注

(1) 多层公差的标注

图 3-22 所示为多层公差的标注,当某一要素有多个几何特征时,为了标注方便,可在上下堆叠的公差框格中给出,推荐将公差框格按公差从上到下依次递减的顺序排布,参照线取决于

标注空间,应连接于公差框格左侧或右侧的中点,而非公差框格中间的延长线。

（2）采用全周符号的标注

如果将几何公差规范作为单独的要求应用到横截面的轮廓上,或应用到封闭轮廓所表示的所有要素上时,应使用"全周"符号〇标注,并放置在公差框格的指引线与参照线的交点上,如图 3-23 所示。使用全周符号标注时,应使用组合平面框格来标识组合平面。如果基准参照系不能锁定未受约束的自由度,则"全周"或"全表面"符号应与 SZ(独立公差带)、CZ(组合公差带)或 UF(联合要素)组合使用。

图 3-22　多层公差的标注

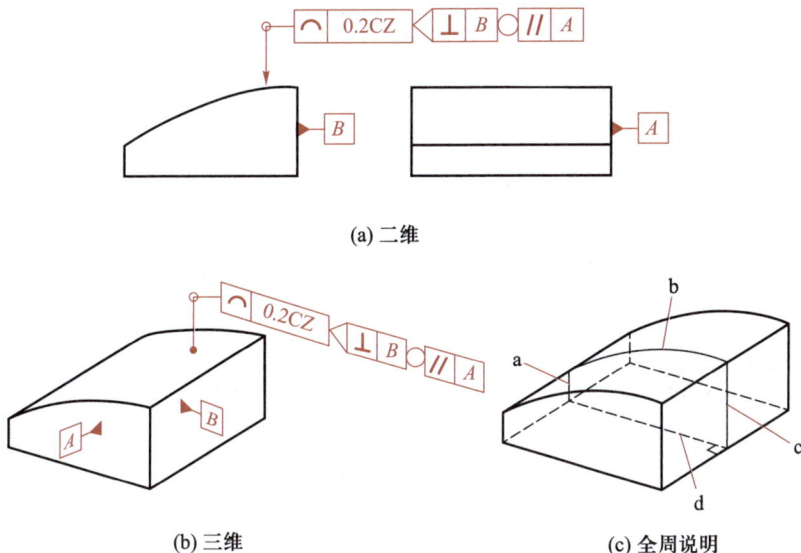

(a) 二维

(b) 三维　　(c) 全周说明

图 3-23　全周图样标注

图 3-23 所示的标注中,相交平面符号表示被测量要素是与 B 面垂直的截面与被测轮廓面相交而形成的线要素;组合平面符号表示与基准 A 平行的截面上封闭轮廓的组合,此时"全周"符号与组合平面符号组合使用;CZ 表示所标注的要求为组合公差带,适用于在所有横截面中的线 a、b、c、d,如图 3-23(c)所示。

（3）被测要素为局部区域时的标注

标注局部区域时用粗点画线定义部分表面,用理论正确尺寸定义其位置与尺寸,如图 3-24(a)所示;在三维标注中用粗点画线形成的阴影区域定义部分表面,如图 3-24(b)所示。也可以将局部区域的拐角点定义为组成要素的交点(拐角点的位置用理论正确尺寸定义),用大写字母及终端是箭头的指引线标注,如图 3-24(c)所示,并将相关字母标注在公差框格的上方,最后两个字母之间可布置"区间"符号。图 3-24(d)所示是用两条直的边界线、大写字母及终端是箭头的指引线标注,并与"区间"符号组合使用。

如果局部区域是指要素整体范围内任意一个局部长度时,则该局部长度的数值应添加在公差值后面,并用"/"分开。如图 3-25(a)所示,表示被测要素整体长度中任一长度为 200 mm

51

的局部长度上,其直线度公差为 0.05 mm;如图 3-25(b)所示,表示被测要素整体长度上的直线度公差为 0.01 mm,在任一长度为 200 mm 的局部长度上,其直线度公差为 0.05 mm。

(a) 二维　　　　　　　(b) 三维

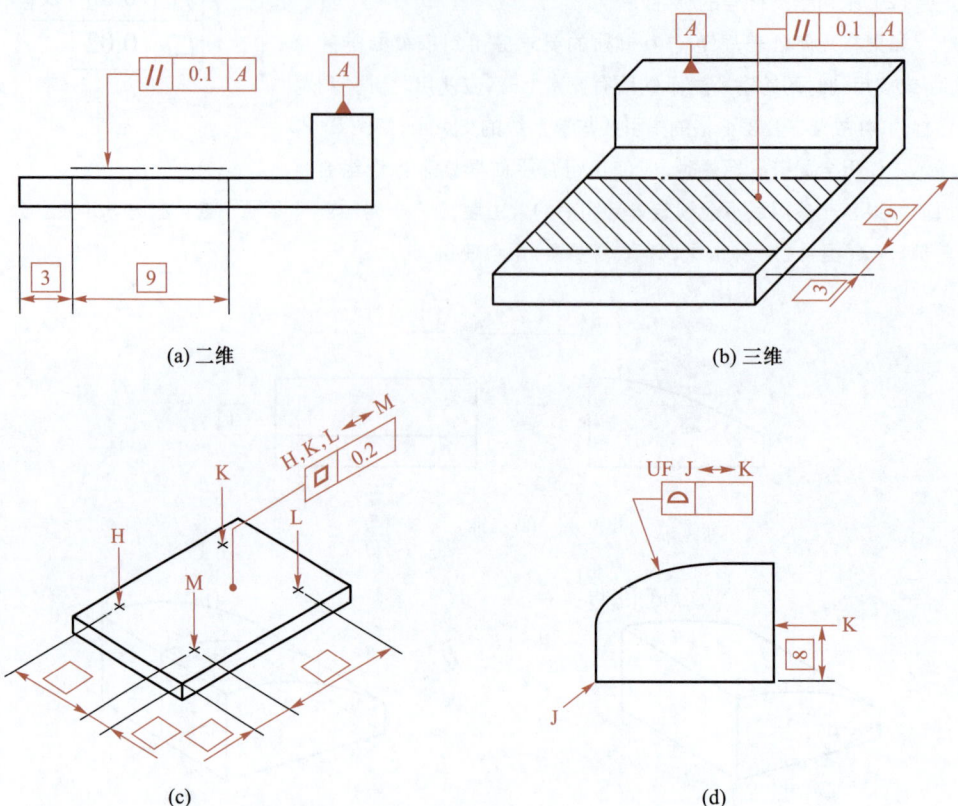

(c)　　　　　　　　(d)

图 3-24　局部区域标注

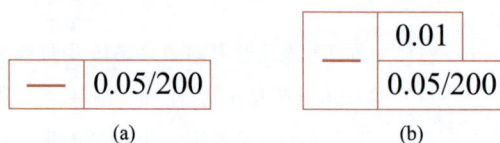

(a)　　　　　(b)

图 3-25　任意局部区域标注

3.1.4　几何公差带

几何公差是指实际被测要素对图样上给定的理想形状、理想位置的允许变动量。

几何公差带是用来限制实际被测要素变动的区域,是几何误差的最大允许值。只要被测要素全部落在给定的公差带内,就表示该被测要素合格。

几何公差带具有形状、大小、方向和位置 4 个要素。

1. 公差带的形状

公差带的形状是由要素本身的特征和设计要求确定的。常用的公差带有以下 11 种形状:

两平行直线之间的区域、两等距曲线之间的区域、两平行平面之间的区域、两等距曲面之间的区域、圆柱内区域、两同心圆之间的区域、圆内区域、圆球内区域、两同轴圆柱面之间的区域、一段圆柱面内的区域、一段圆锥面内的区域,如图3-26所示。

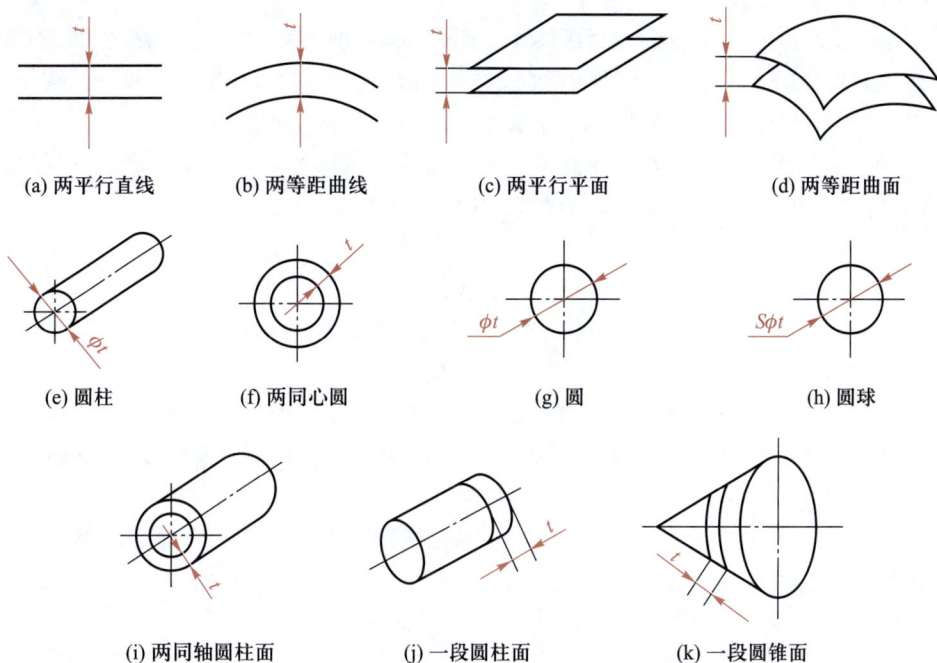

(a) 两平行直线	(b) 两等距曲线	(c) 两平行平面	(d) 两等距曲面
(e) 圆柱	(f) 两同心圆	(g) 圆	(h) 圆球
(i) 两同轴圆柱面	(j) 一段圆柱面	(k) 一段圆锥面	

图 3-26 公差带的形状

公差带呈何种形状,取决于被测要素的形状特征、公差项目和设计时表达的要求。

在某些情况下,被测要素的形状特征确定了公差带的形状。例如,被测要素是平面,则其公差带只能是两平行平面之间的区域;被测要素是非圆曲面或曲线,则其公差带只能是两等距曲面或两等距曲线之间的区域。必须指出,被测要素由所要求的公差项目确定,如在平面或圆柱面上要求其直线度公差,则需作一截面得到被测要素,此时被测要素为平面(截面)内的直线。

在多数情况下,除被测要素的特征外,设计要求对公差带的形状亦起着重要的决定作用。例如,对于轴线,其公差带可以是两平行直线、两平行平面之间的区域或圆柱内区域,最终形状需按设计给出的是给定平面内、给定方向上或是任意方向上的要求而定。

有时,形位公差的项目就已决定了形位公差带的形状。如同轴度公差,由于零件孔或轴的轴线是空间直线,同轴要求是指任意方向上的,故其公差带的形状只有圆柱形一种;圆度公差带只可能是两同心圆之间的区域;圆柱度公差带则只有两同轴圆柱面之间的区域一种。

2. 公差带的大小

公差带的大小指公差标注中公差的大小,是允许实际要素变动的全量,它的大小表明形状、位置精度的高低。按上述公差带的形状不同,公差带的大小可以是指公差带的宽度或直径值,这取决于被测要素的特征和设计的要求,设计时可通过在公差值前加或不加符号"ϕ"加以区别。

对于同轴度和任意方向上的轴线的直线度、平行度、垂直度、倾斜度和位置度等要求,所给出的公差值应是直径值,公差值前必须加符号"ϕ"。对于空间点的位置控制,有时要求任意方向控制,则用到圆球形公差带,符号为"$S\phi$"。

对于圆度、圆柱度、轮廓度(包括线和面)、平面度、对称度和跳动等几何特征,公差值只可能是宽度值。对于在一个方向上、两个方向上或一个给定平面内的直线度、平行度、垂直度、倾斜度和位置度所给出的一个或两个互相垂直方向的公差值也均为宽度值。

公差带的宽度或直径值是控制零件几何精度的重要指标。一般情况下,应根据GB/T 1184—1996 来选择标准数值,如有特殊需要,也可另行规定。

3. 公差带的方向

在评定几何误差时,形状公差带和方向公差带以及位置公差带的放置方向直接影响误差评定的正确性。

对于形状公差带,其放置方向应符合最小条件(见3.2.2)。对于方向公差带,由于控制的是正方向,故其放置方向要与基准要素成绝对理想的方向关系,即平行、垂直或理论准确的其他角度关系。

对于位置公差带,除点的位置度公差外,其他控制位置的公差带都有方向问题,其放置方向由相对于基准的理论正确尺寸来确定。

4. 公差带的位置

对于形状公差带,其只用于限制被测要素的形状误差,本身不做位置要求,如圆度公差带限制被测的截面圆实际轮廓的圆度误差,至于该圆轮廓在哪个位置上、直径多大都不属于圆度公差带控制之列,它们是由相应的尺寸公差控制的。实际上,只要求形状公差带在尺寸公差带内便可,允许在此范围内任意浮动。

对于方向公差带,强调的是相对于基准的方向关系,对实际要素的位置是不作控制的,而是由相对于基准的尺寸公差或理论正确尺寸控制。如机床导轨面对床脚底面的平行度要求,它只控制实际导轨面对床脚底面的平行性方向是否合格,至于导轨面离地面的高度,由其对床脚底面的尺寸公差控制,被测导轨面只要位于尺寸公差内,且不超过给定的平行度公差带,就视为合格。如果由理论正确尺寸定位,则几何公差带的位置由理论正确尺寸确定,其位置是固定不变的。

对于位置公差带,强调的是相对于基准的位置(其必包含方向)关系,公差带的位置由相对于基准的理论正确尺寸确定,公差带位置是完全固定的。其中同轴度、对称度的公差带位置与基准(或其延伸线)位置重合,即理论正确尺寸为 0,而对于位置度则应在 x、z 坐标上分别给出理论正确尺寸。

3.2　形状公差与检测

形状公差是被测实际要素的形状所允许的变动范围。形状公差带是限制单一实际被测要素变动的区域,零件的实际要素在该区域内为合格。

3.2.1 形状公差带的特点

形状公差有直线度、平面度、圆度、圆柱度、线轮廓度和面轮廓度。被测要素为直线、平面、圆、圆柱面、曲线和曲面。形状公差带的特点是不涉及基准,其方向和位置均是浮动的,因此,形状公差只需分析公差带的形状和大小。形状公差带的定义及标注示例见表 3-3。

表 3-3 形状公差带定义及标注示例

符号	公差带定义	标注和解释
直线度公差		
—	公差带为在给定平面内和给定方向上,间距等于公差值 t 的两平行直线所限定的区域 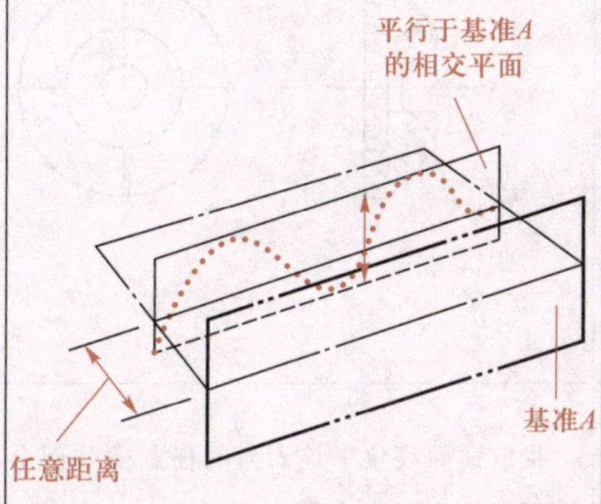	在任一平行于图示投影面的平面内,上平面的提取(实际)线应限定在间距等于 0.1 mm 的两平行直线之间 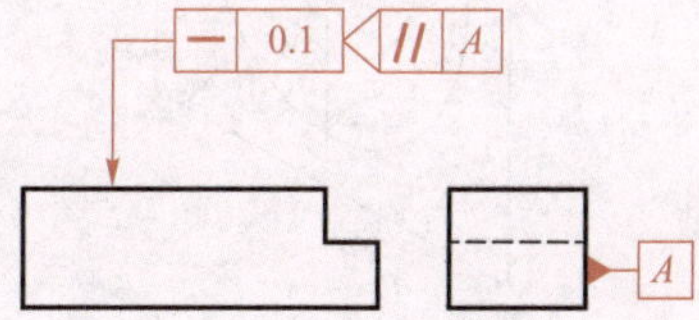 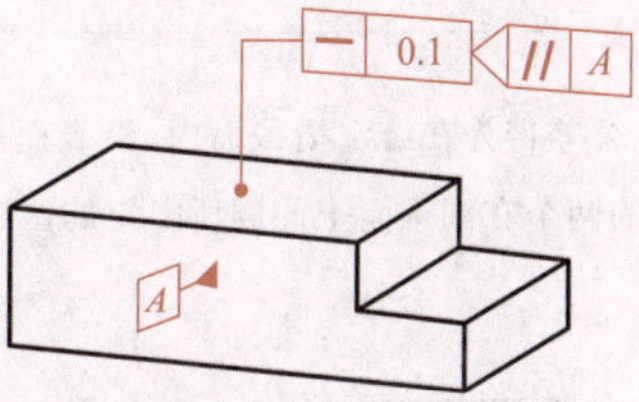
	当公差值前加注了符号"ϕ"时,公差带为直径等于公差值 ϕt 的圆柱面所限定的区域 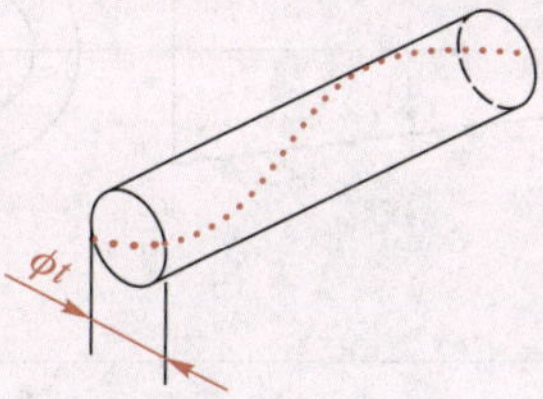	外圆柱面的提取(实际)中心线应限定在直径等于 $\phi0.08$ mm 的圆柱面内 
平面度公差		
▱	公差带为间距等于公差值 t 的两平行平面所限定的区域 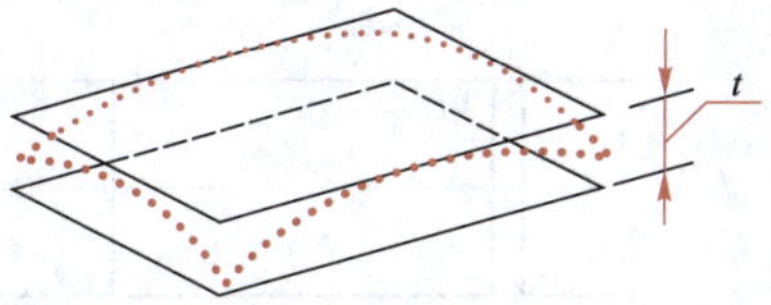	提取(实际)表面应限定在间距等于 0.08 mm 的两平行平面之间 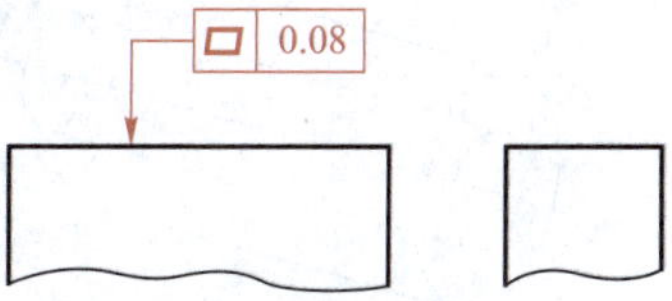

动画 给定平面内的直线度

动画 给定方向上的直线度

动画 任意方向上的直线度

动画 平面度公差带

55

续表

符号	公差带定义	标注和解释
⭕ 动画 圆度公差带	**圆度公差** 公差带为在给定横截面内、半径差等于公差值 t 的两同心圆所限定的区域 a—任一横截面	在圆柱面和圆锥面的任意横截面内，提取（实际）圆周应限定在半径差等于 0.03 mm 的两共面同心圆之间
	公差带为在给定横截面内、沿表面距离为 t 的两个在圆锥面上的圆所限定的区域 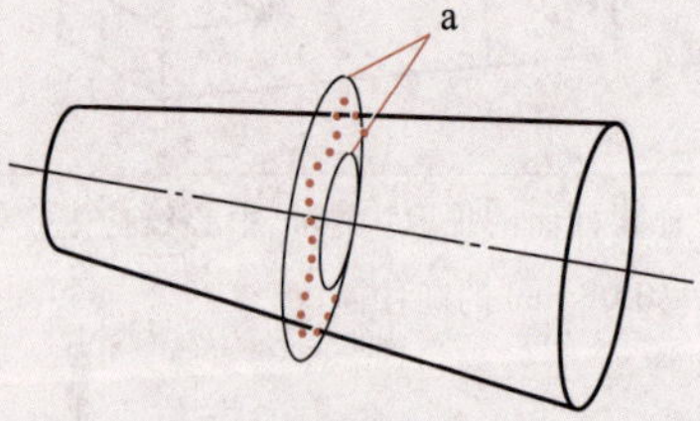 a—垂直于基准 C 的圆（被测要素的轴线，图中未标），在圆锥表面上且垂直于被测要素的表面	提取圆周线位于该表面的任意横截面上，该提取圆周线应限定在距离等于 0.1 mm 的两个圆之间，且这两个圆位于相交圆锥上。圆锥要素的圆度应标注方向要素框格 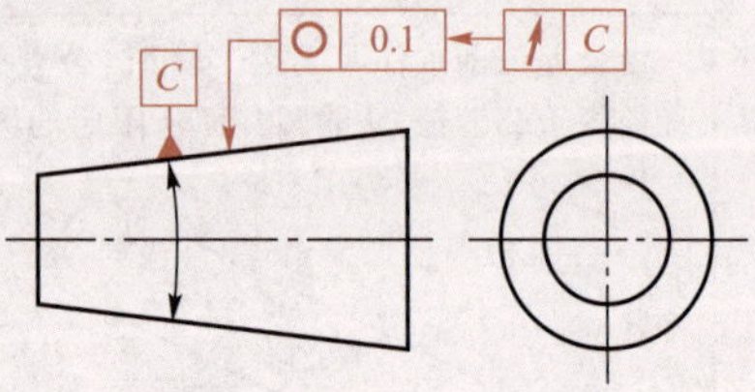
⌭ 动画 圆柱度公差带	**圆柱度公差** 公差带为半径差等于公差值 t 的两同轴圆柱面所限定的区域	提取（实际）圆柱面应限定在半径差等于 0.1 mm 的两同轴圆柱面之间

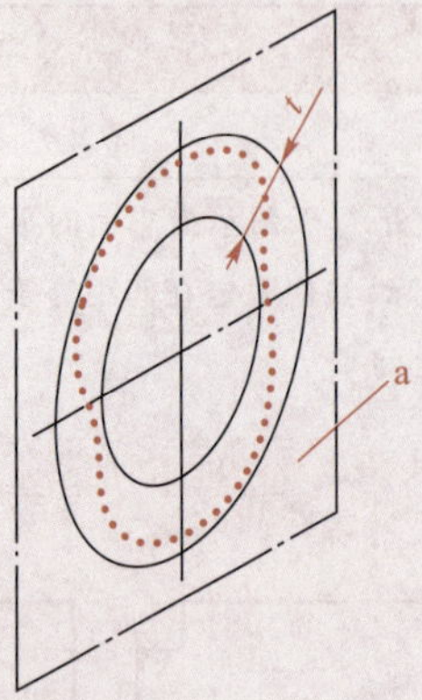

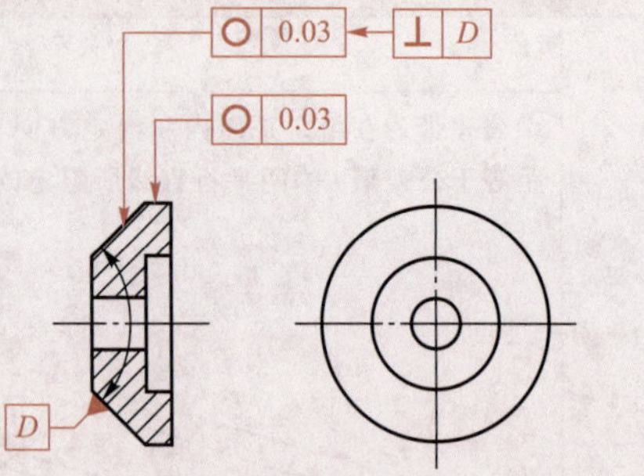

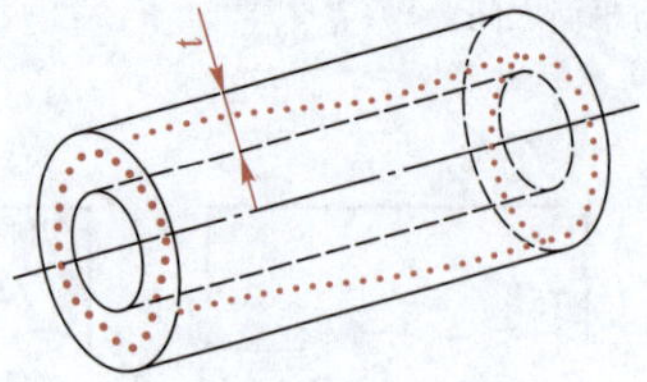

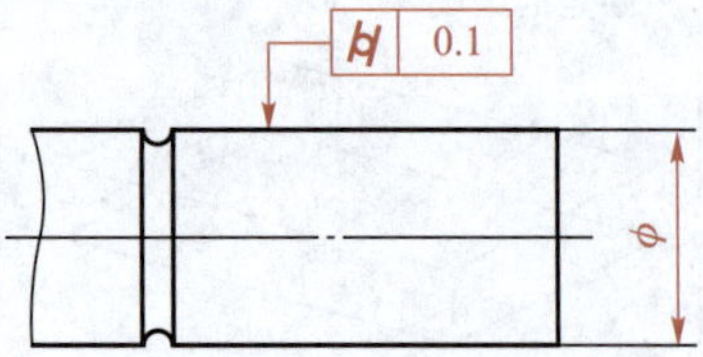

56

续表

符号	公差带定义	标注和解释
⌒	**无基准的线轮廓度公差**	
	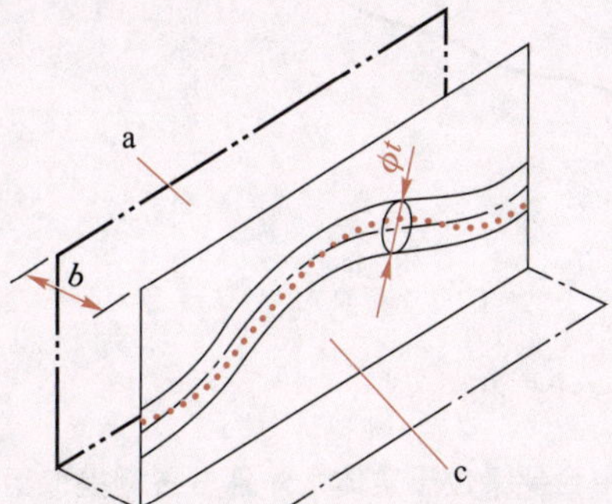 公差带为直径等于公差值 t、圆心位于具有理论正确几何形状上的一系列圆的两包络线所限定的区域	在任一平行于基准平面 A 的横截面内，提取（实际）轮廓线应限定在直径等于 0.04 mm、圆心位于被测要素理论正确几何形状上的一系列圆的两包络线之间。用 UF 表示组合要素上的三个圆弧部分应组成联合要素 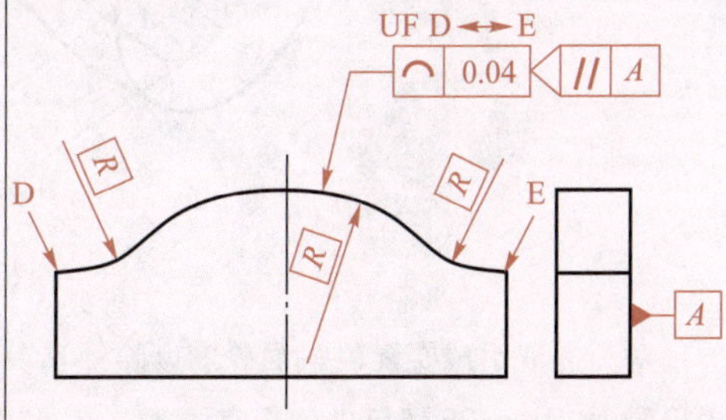
	a—基准平面 A； b—任一距离； c—平行于基准平面 A 的平面	
⌓	**无基准的面轮廓度公差**	
	公差带为直径等于公差值 t、球心位于被测要素理论正确形状上的一系列圆球的两包络面所限定的区域 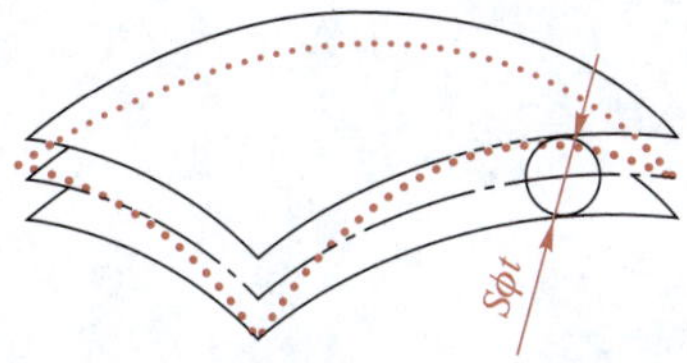	提取（实际）轮廓面应限定在直径等于 0.02 mm、球心位于被测要素理论正确几何形状上的一系列圆球的两等距包络面之间 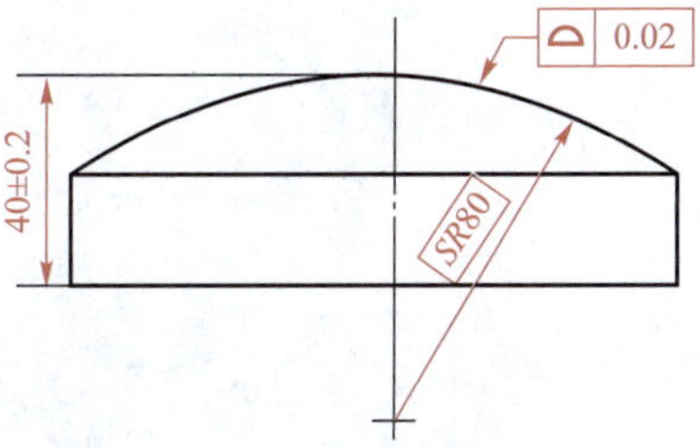

动画

线轮廓度
公差带

动画

面轮廓度
公差带

3.2.2 形状误差的评定

几何误差是指被测提取要素对其拟合要素的变动量，几何误差值位于几何公差带内为合格。

形状误差是指被测提取要素对其拟合要素的变动量，拟合要素的位置应符合最小条件。

对于提取导出要素（中心线、中心面等），其拟合要素位于被测提取导出要素之中，如图 3-27 所示的理想轴线 L_1。

图 3-27　提取导出要素的拟合要素

被测提取中心线

最小区域

L_2

L_1

$\phi d_1 = \phi f$

ϕd_2

$\phi d_1 < \phi d_2$

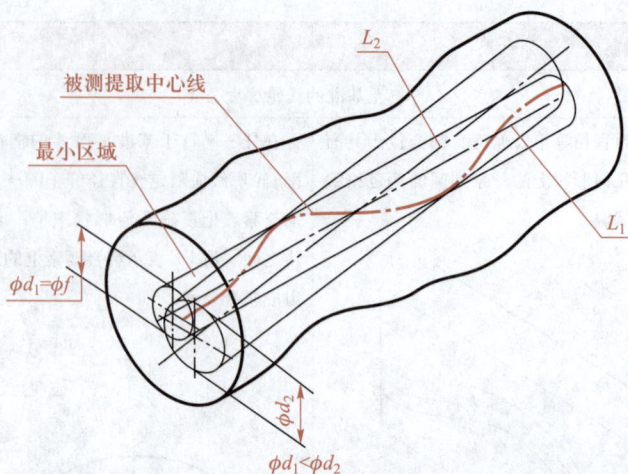

对于提取组成要素(线、面轮廓度除外),其拟合要素位于实体之外且与被测提取组成要素
相接触,如图 3-28 所示的理想直线 A_1—B_1 和图 3-29 所示的理想圆 C_1。

图 3-28　提取组成要素的拟合要素 1

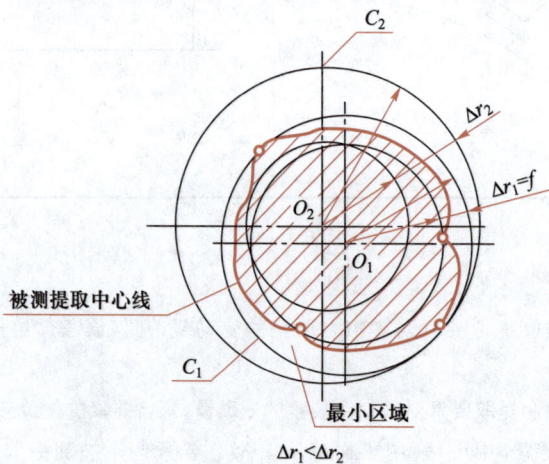

被测提取中心线

A_3　B_2

$h_1 = f$

B_1

最小区域

A_1

B_3

A_2

h_3

h_2

$h_1 < h_2 < h_3$

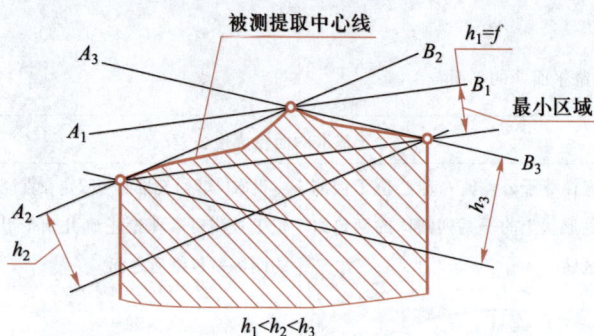

C_2

Δr_2

$\Delta r_1 = f$

O_2

O_1

被测提取中心线

C_1

最小区域

$\Delta r_1 < \Delta r_2$

图 3-29　提取组成要素的拟合要素 2

58

3.2.3 直线度误差的检测与评定

1. 直线度误差的检测

直线度误差的检测方法有间隙法、指示器法、干涉法、光轴法、钢丝法等直接测量方法,水平仪法、自准直仪法、平晶法等间接测量方法,以及组合方法等。这里主要介绍间隙法和水平仪法。

（1）间隙法

将被测直线和测量基线间形成的光隙与标准光隙相比较,可直接评定直线度误差,如图 3-30 所示。

测量步骤如下:

① 样板直尺与被测工件(直线)接触,并将其置于光源和眼睛之间的适当位置,如图3-30(a)所示;

② 调整样板直尺,使最大光隙尽可能最小,如图 3-30(b)所示;

③ 与标准光隙相比较,估读出所求直线度误差值[标准光隙由样板直尺、量块和平晶组合产生,如图 3-30(c)所示]。

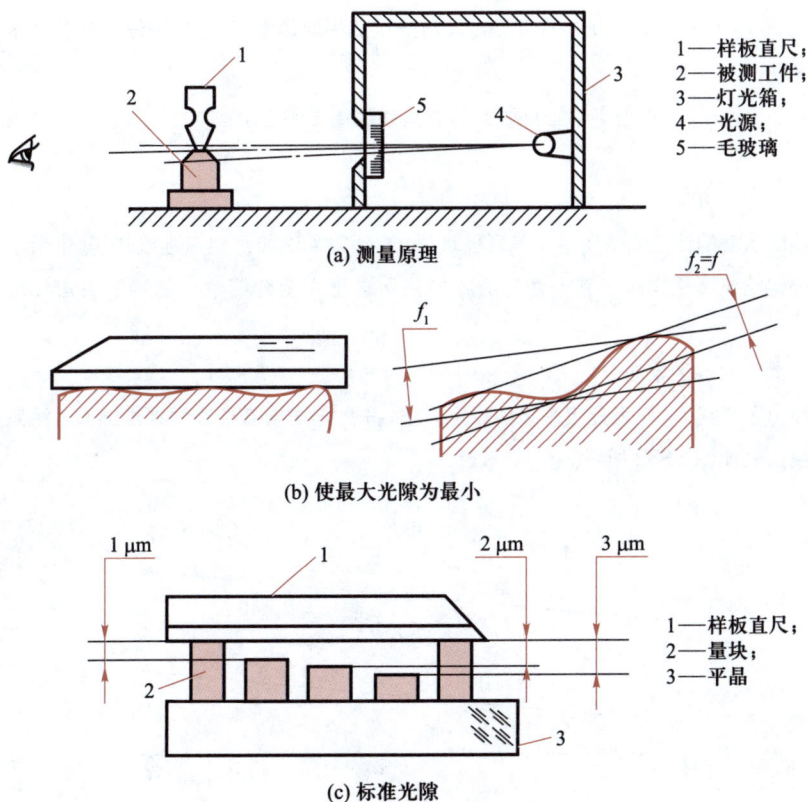

1—样板直尺;
2—被测工件;
3—灯光箱;
4—光源;
5—毛玻璃

(a) 测量原理

(b) 使最大光隙为最小

1—样板直尺;
2—量块;
3—平晶

(c) 标准光隙

图 3-30 间隙法测量直线度误差

该方法适用于磨削或研磨加工的小平面及短圆柱(锥)面等的直线度误差测量。

(2) 水平仪法

将固定有水平仪的桥板放置在被测工件(直线)上,等跨距首尾衔接地拖动桥板,测出被测直线各相邻两点连线相对水平面(或其垂面)的倾斜角,通过数据处理可求出直线度误差,如图 3-31 所示。

微课
水平仪的结构
与使用

动画
光学自准直仪
及其使用

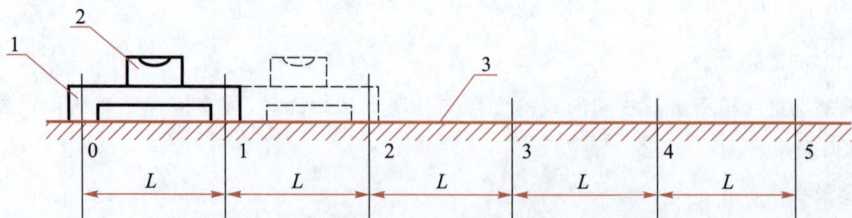

1—桥板;2—水平仪;3—被测工件

图 3-31　水平仪法测量直线度误差

测量步骤如下:

① 根据被测直线的长度 l,确定分段 n 和桥板跨距 L,并在被测直线上标出各测点的位置;

② 用水平仪将被测直线大致调成水平,沿被测直线等跨距首尾衔接地拖动桥板,同时记录各点示值 $a_i(i=1,2,\cdots,n)$,a_i 为各点相对其前一点的相对读数,可按作图法或计算法求出各点坐标值 Z_i。

该方法适用于大、中型零件垂直截面内的直线度误差测量。

2. 直线度误差的评定

直线度误差的评定方法有最小包容区域法、最小二乘法和两端点连线法,其中最小包容区域法的评定结果小于或等于其他两种评定方法。这里主要介绍最小包容区域法和两端点连线法。

(1) 最小包容区域法

以最小区域线 L_{MZ} 作为评定基线的评定方法,按此方法求得直线度误差值 f_{MZ},给定平面内的直线度误差如图 3-32 所示。

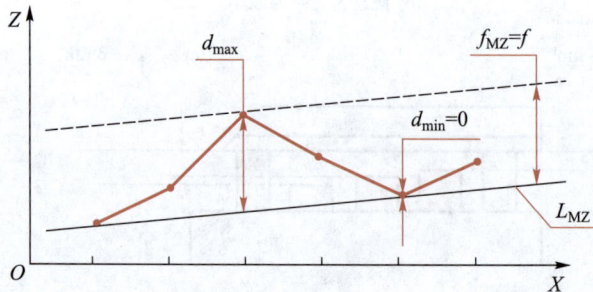

图 3-32　最小包容区域法评定直线度误差

60

直线度误差为

$$f_{MZ}=f=d_{max}-d_{min} \tag{3-1}$$

式中　d_{max}、d_{min}——各测得点中相对最小区域线 L_{MZ} 的最大、最小偏离值(d 在 L_{MZ} 上方取正值,下方取负值)。

最小包容区域的判别:在给定平面内,由两平行直线包容实际直线时,成高低高或低高低相间接触形式之一,如图 3-33 所示。

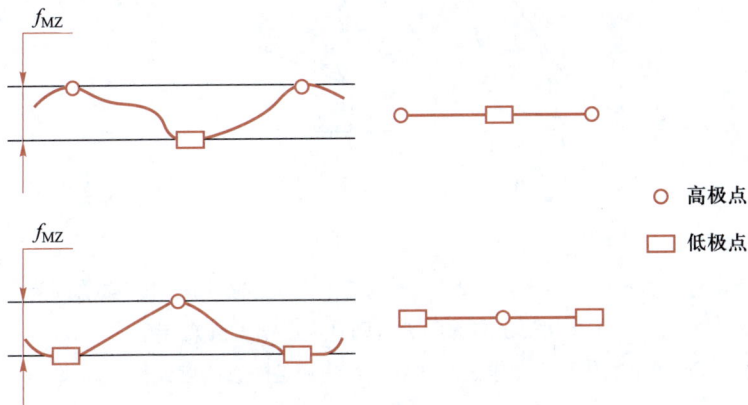

○ 高极点

□ 低极点

图 3-33　判定直线度最小包容区域的方法

（2）两端点连线法

以两端点连线 L_{BE} 作为评定基线(或基线方向)的评定方法,按此方法求得直线度误差值 f_{BE},给定平面内的直线度误差如图 3-34 所示。

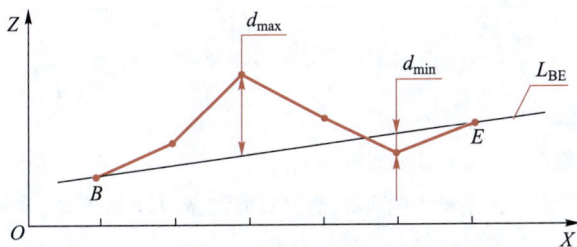

图 3-34　两端点连线法评定直线度误差

直线度误差为

$$f_{BE}=d_{max}-d_{min} \tag{3-2}$$

式中　d_{max}、d_{min}——各测得点中相对两端点连线 L_{BE} 的最大、最小偏离值(d 在 L_{BE} 上方取正值,下方取负值)。

3. 数据处理

获得被测点坐标值后,根据需要选用不同的评定方法,按作图法或计算法进行数据处理,求出相应的直线度误差值。

（1）作图法

将各测得点坐标值按一定比例绘制在坐标图上，并顺序连接各测得点，得到测得直线图形。再用图 3-35 所示的作图方法求出最小包容区域法评定的直线度误差值。

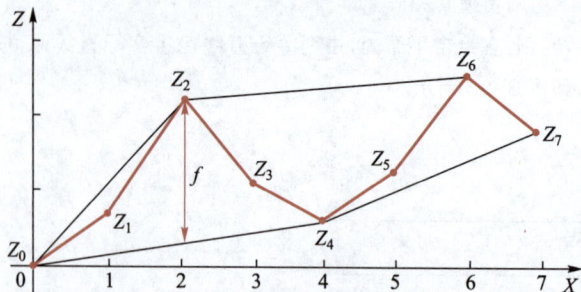

图 3-35　最小包容区域法评定直线度误差值的作图方法

作图步骤如下：

① 作测得直线图形的外接多边形，多边形的任一内角必须小于 180°或必须为凸边形；

② 沿 Z 轴方向量取该多边形的最大距离 f，则直线度误差值 $f_{MZ}=f$。

或用图 3-36 所示的作图方法求出两端点连线法评定的直线度误差值。

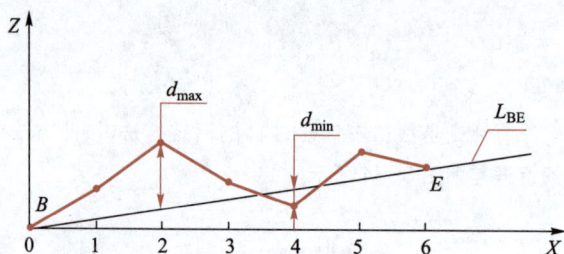

图 3-36　两端点连线法评定直线度误差值的作图方法

作图步骤如下：

① 在测得直线图形上作首尾两端点连线 L_{BE}；

② 找出连线上方和下方的最大偏离点，量出其最大、最小偏离值 d_{max} 和 d_{min}，则直线度误差值 $f_{BE}=d_{max}-d_{min}$。

（2）计算法

计算法可参考有关国家标准规定。

微课
平面度误差的检测

3.2.4　平面度误差的检测与评定

1. 平面度误差的检测

平面度误差的检测可采用直接、间接或组合等多种方法实现，下面介绍几种典型的常用方法。

（1）平晶干涉法

如图 3-37 所示，将平晶贴合在被测平面上，观察它们之间的干涉条纹。被测平面的平面度误差值为封闭的干涉条纹数乘以光波波长的一半;对于不封闭的干涉条纹,为条纹的弯曲度与相邻两条纹间距之比再乘以光波波长的一半。此法为以平晶表面为测量基准的直接测量法,适用于高精度的精研小平面。

（2）平板测微法（指示表法）

将被测工件和带指示表的表架放在平板上,调整被测平面与平板大致平行,然后按一定的布点移动表架测量被测实际表面。此法为以平板为测量基准的直接测量法,多用于中等尺寸零件的测量,如图3-38所示。

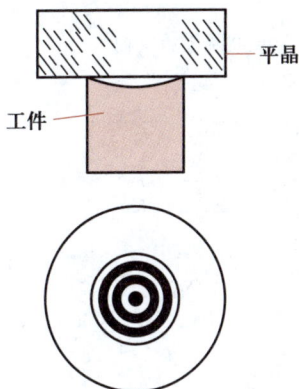

操作视频

百分表测量平面度

图3-37　平晶干涉法测量平面度误差

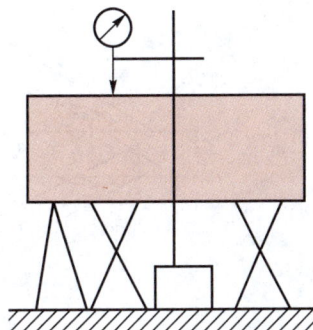

图3-38　指示表法测量平面度误差

（3）水平仪法

如图3-39所示,调整被测平面大致水平位置,将固定有水平仪的桥板放在被测工件（平面）上,按一定的布点和方向,等跨距首尾相接地移动桥板,通过水平仪刻度测出各相邻两点相对水平面的高度差,再通过数据处理求平面度误差。此法为以水平面为测量基准的间接测量法,适用于中大平面的测量。

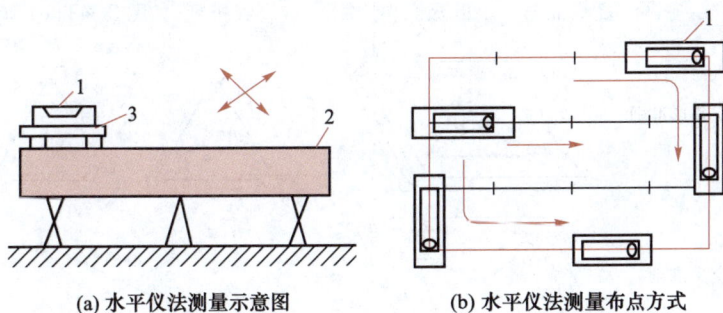

(a) 水平仪法测量示意图　　　(b) 水平仪法测量布点方式

1—水平仪;2—被测工件;3—桥板

图3-39　水平仪法测量平面度误差

微课

平面度误差定义

2. 平面度误差的评定及数据处理

用直接测量法测量平面度误差时,所测得的数据在同一坐标系中,是被测平面上各测得点相对于同一测量基准面的绝对偏差,可直接利用这些数据作图或计算,求出被测平面的平面度误差值。而用水平仪等间接测量方法测量平面度误差时,是以水平面为测量基准,所测得的数据是被测平面上相邻测得点的高度差。这些数据需要换算到统一的坐标系上才能用于计算,从而求出被测平面的平面度误差值。

平面度误差的评定方法主要有最小区域法、对角线法和三远点法等。

(1) 最小区域法

以最小区域面(构成平面度最小包容区域的两平行理想平面之一)S_{MZ} 作为评定基面的评定方法,如图 3-40 所示。按此方法求得的平面度误差为

$$f_{MZ} = f = d_{max} - d_{min} \qquad\qquad (3-3)$$

式中　d_{max}、d_{min}——各测得点相对最小区域面 S_{MZ} 的最大、最小偏离值。

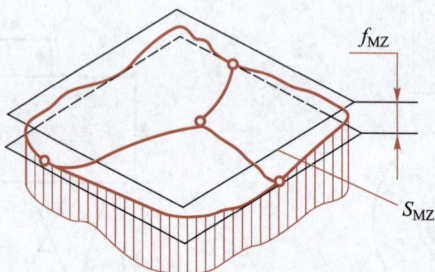

图 3-40　最小区域法评定平面度误差

按最小区域法评定平面度误差时,被测实际平面应全部位于两平行平面之间,且至少有三点或四点与之接触。最小区域的判定准则有以下三种。

① 三角形准则:实际平面有三个高极点(或三个低极点)与两平行平面之一接触,一个低极点(或高极点)与另一平面接触,且低极点(或高极点)位于三个高极点(或三个低极点)构成的三角形之内或位于三角形的一条连线上,如图 3-41(a)所示。

② 交叉准则:两个高极点与两个低极点成相互交叉的形式,如图 3-41(b)所示。

③ 直线准则:两个高极点与一个低极点(或相反)成直线排列,如图 3-41(c)所示。

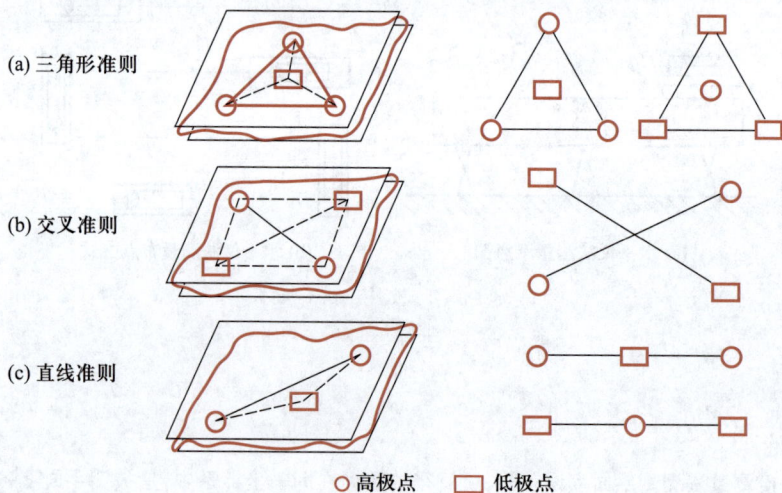

(a) 三角形准则

(b) 交叉准则

(c) 直线准则

○ 高极点　　□ 低极点

图 3-41　平面度误差最小区域判定准则

用最小区域法评定平面度误差时,首先要确定符合最小条件的评定平面,再将实际平面各点的测得值换算成该评定平面的坐标值,即可求出平面度误差。

不论平面度误差的测量数据是相对同一测量基面得到的,还是通过处理后转换为相对某一基面的数据,它们一般是不符合最小区域判定准则的,不能直接得到符合最小条件的平面度误差值,因而需要将数据的基准转换为符合最小条件的评定基准。通常,评定平面可采用基面旋转法得到。

（2）对角线法

以对角线平面(通过实际平面一条对角线上的两个对角点,且平行于另一条对角线的理想平面)S_{DL}作为评定基面的评定方法,按此方法求得平面度误差值f_{DL},如图3-42所示。一条对角线上两个角点的测得值相等,另一条对角线上两个角点的测得值也相等,则测得的各点坐标值中最大值与最小值之差即为平面度误差值,有

$$f_{DL} = d_{max} - d_{min} \tag{3-4}$$

式中 d_{max}、d_{min}——各测得点相对对角线平面S_{DL}的最大、最小偏离值。d在S_{DL}上方取正值,下方取负值。

（3）三远点法

以三远点平面(通过实际平面上相距较远的三个点的理想平面)S_{TP}作为评定基面的评定方法,按此方法求得平面度误差值f_{TP},如图3-43所示。将较远的三点A、D、C调成等高,测得的各点坐标值中最大值与最小值之差即为平面度误差值,即

$$f_{TP} = d_{max} - d_{min} \tag{3-5}$$

式中 d_{max}、d_{min}——各测得点相对三远点平面S_{TP}的最大、最小偏离值。d在S_{TP}上方取正值,下方取负值。

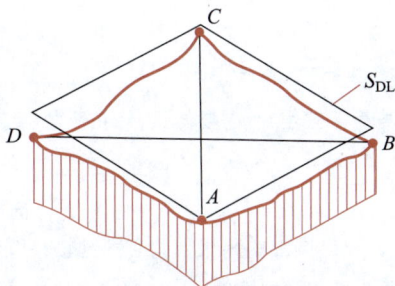

图3-42 对角线法评定平面度误差　　　　图3-43 三远点法评定平面度误差

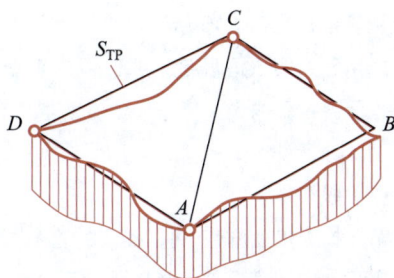

根据实际零件的功能需求,平面度误差的评定方法有多种。这些评定方法中,对同一被测平面按最小区域法所评定的平面度误差值最小,能最大限度地通过合格条件,同时也具有唯一性。因而,最小区域法是判定平面度合格的最后仲裁依据。

3.2.5 圆度及圆柱度误差的检测与评定

1. 圆度误差的检测

圆度误差的检测方法主要有回转轴法、三点法、两点法、投影法和坐标法。

（1）回转轴法

用圆度仪或类似仪器测量横截面内轮廓的半径变化量，然后按需要用最小区域法、最小二乘圆法等评定圆度误差，如图 3-44 所示。

操作视频

百分表测量内
径圆度

（2）三点法

常将被测工件置于 V 形块中进行测量，如图 3-45 所示。测量时，使被测工件在 V 形块中回转一周，由测微仪读出最大示值和最小示值，两示值差的一半即为被测工件外圆的圆度误差值。此法适用于测量具有奇数棱边形状误差的外圆或内圆，常用 α 角为 90°、120° 或 72°、108°的两块 V 形块分别测量。

操作视频

百分表测量外
径圆度

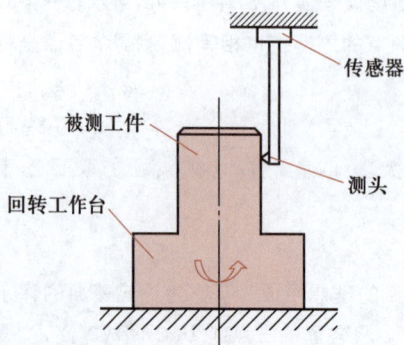

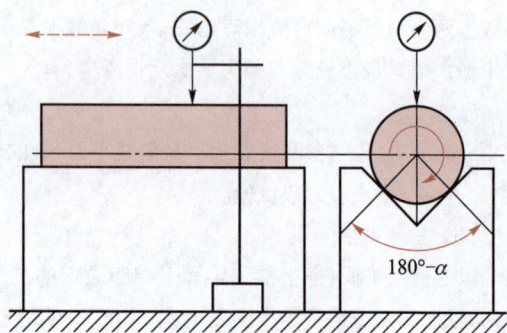

图 3-44　回转轴法测量圆度误差　　　　　　图 3-45　三点法测量圆度误差

（3）两点法

常用千分尺、比较仪等计量器具来测量，以被测圆某一横截面上各直径间最大差值的一半作为此横截面的圆度误差值。此法适用于测量具有偶数棱边形状误差的外圆或内圆，也称为直径测量法，如图 3-46 所示。

采用三点法还是两点法评定，与被测量零件的棱数是否已知有关。

操作视频

圆度误差的
检测

指示器指示的最大值与最小值之差和实际圆度误差存在差异，需要修正，修正系数可查有关手册。

（4）投影法

常在投影仪上测量，将被测圆的轮廓影像与绘制在投影屏上的两极限同心圆比较，从而得到被测工件的圆度误差。此法适用于测量具有刃口形边缘的小型工件。

（5）坐标法

一般在带有计算机的三坐标测量机上测量。按预先选择的直角坐标系统测量出被测圆上若干点的坐标值 x、y，通过计算机按所选择的圆度误差评定方法计算出被测圆的圆度误差，如图 3-47 所示。

2. 圆度误差的评定

圆度误差的评定方法有最小区域法、最小二乘圆法、最小外接圆法、最大内接圆法等。

（1）最小区域法

以包容被测圆轮廓的半径差为最小的两同心圆的半径差作为圆度误差，如图 3-48 所示。两同心圆包容被测提取轮廓时，至少有 4 个实测点内外相间地在两个圆周上。

66

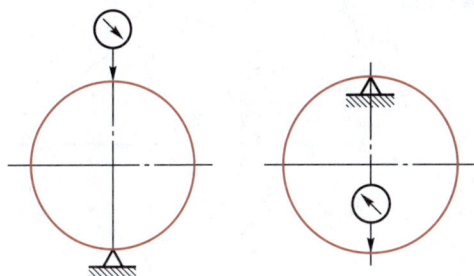

图 3-46 两点法测量圆度误差

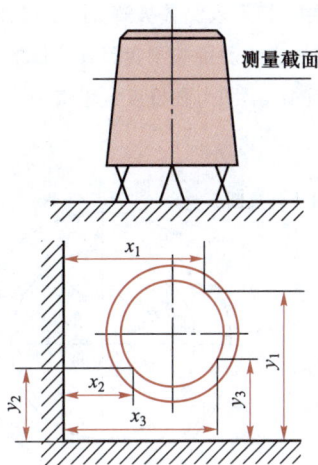

图 3-47 坐标法测量圆度误差

（2）最小二乘圆法

最小二乘圆是指被测实际圆轮廓到该圆的距离的平方和为最小的圆,以最小二乘圆的圆心为圆心,所作包容被测圆轮廓的两同心圆的半径差即为圆度误差值,如图 3-49 所示。圆度误差为

$$f_{圆度} = R_{max} - R_{min} \qquad (3-6)$$

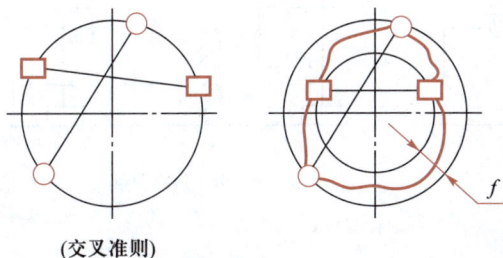

（交叉准则）

图 3-48 最小区域法评定圆度误差

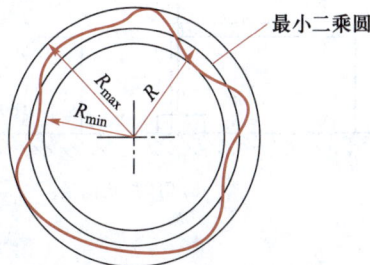

图 3-49 最小二乘圆法评定圆度误差

（3）最小外接圆法

以包容被测圆轮廓且半径为最小的外接圆圆心为圆心,所作包容被测圆轮廓两同心圆的半径差即为圆度误差值,如图 3-50 所示。最小外接圆位于被测圆之外且有三个点与实际圆接触。

最小外接圆法主要用于外圆表面圆度误差的评定。

（4）最大内接圆法

以内接于被测圆轮廓且半径为最大的内接圆圆心为圆心,所作包容被测圆轮廓两同心圆的半径差即为圆度误差值,如图 3-51 所示。

最大内接圆法主要用于内圆表面圆度误差的评定。

3. 圆柱度误差的检测

（1）用平板、V 形块（或直角座）和指示表测量

将被测实际圆柱体放置在平板上的 V 形块或直角座上,如图 3-52 所示,回转被测实际圆

67

柱体,并由指示表测量被测实际圆柱体回转一周时一个横截面上的最大值与最小值,然后用同样的方法连续测量被测实际圆柱体的若干个横截面,各横截面所有示值中最大示值与最小示值之差的一半即为圆柱度误差值。

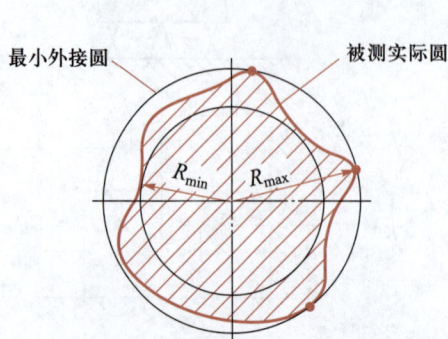

图 3-50 最小外接圆法评定圆度误差

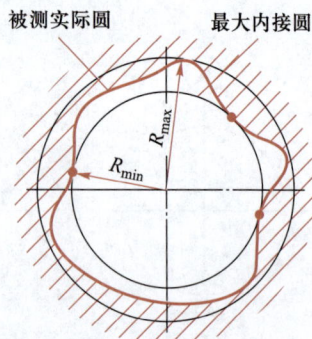

图 3-51 最大内接圆法评定圆度误差

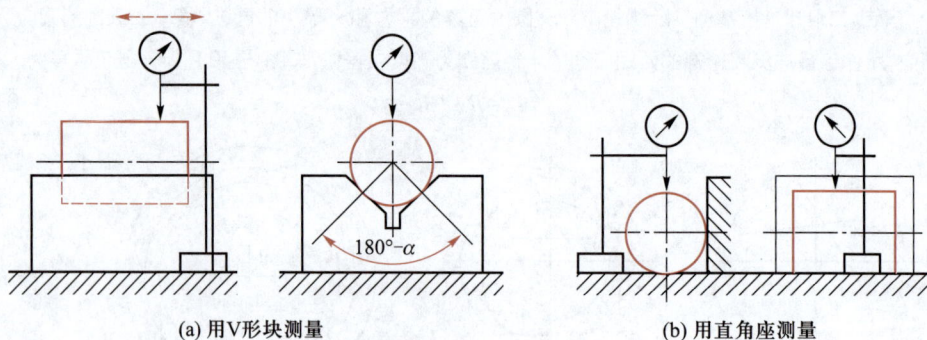

(a) 用V形块测量

(b) 用直角座测量

图 3-52 用平板、V 形块(或直角座)和指示表测量圆柱度误差

其中,V 形块适用于测量奇数棱圆柱体表面,通常使用夹角为 90°和 120°的 V 形块分别测量;直角座适用于测量偶数棱圆柱体表面。这类方法适用于精度要求不高的圆柱体表面的现场测量及评定。

(2)用圆度仪测量

在圆度仪上测量圆柱度误差的方法与测量圆度误差一样,如图 3-44 所示。测量圆柱度误差时,由圆度仪通过测头及传感器记录被测实际圆柱体一个横截面上各测得点相对工件回转轴的半径差,然后测头在被测表面上做无径向偏移的间断移动,分别测量若干个横截面(测头也可按螺旋线移动),从而获得被测实际圆柱体表面各测得点相对工件回转轴的半径差。

4. 圆柱度误差的评定及数据处理

由于圆柱面为三维非线性曲面,所以圆柱度误差的评定及数据处理要比前述形状误差的复杂,一般需要靠计算机及相应的处理评定软件来完成。现代圆度仪上通常配有按最小二乘圆法或多种优化方法来处理评定圆柱度误差的软件。

在没有采用计算机评定的条件下,圆柱度误差也可在精度要求许可的情况下近似评定。

3.3 方向公差与检测

3.3.1 方向公差带的特点

方向公差是指实际要素对基准在方向上允许的变动全量。方向公差包括平行度、垂直度、倾斜度、线轮廓度和面轮廓度。平行度、垂直度和倾斜度的被测要素和基准要素有可能是直线或平面,因此,这三类公差的被测要素相对基准要素有线对线、线对面、线对基准体系、面对线、面对面等多种情况。线轮廓度有方向要求时,需要用基准体系来限制被测要素的方向。面轮廓度用一个或多个基准要素来限制被测要素的方向和位置。

方向公差带定义及标注示例见表3-4。

表3-4 方向公差带定义及标注示例

符号	公差带定义	标注和解释
	平行度公差	
	线对线的平行度公差	
//	若公差值前加注了符号"ϕ",公差带为平行于基准轴线、直径等于公差值 ϕt 的圆柱面所限定的区域 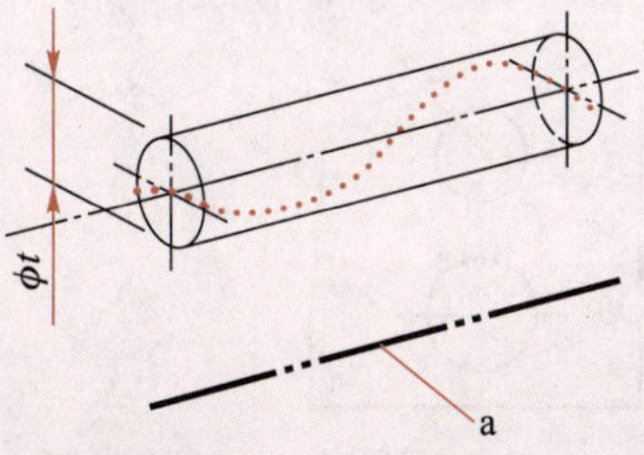 a—基准轴线	提取(实际)中心线应限定在平行于基准轴线 A、直径等于 $\phi0.03$ mm 的圆柱面内 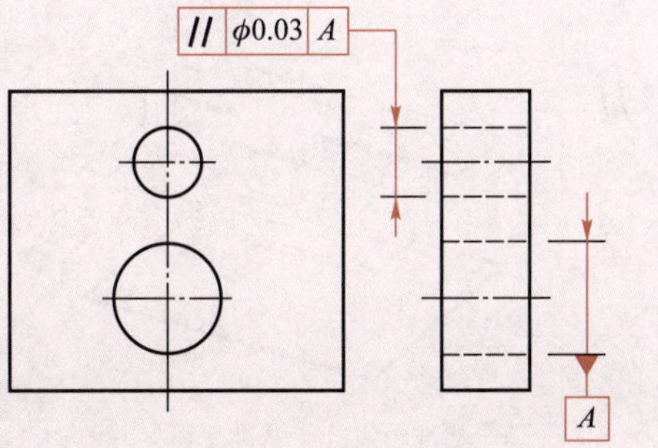
	线对面的平行度公差	
	公差带为平行于基准平面、间距等于公差值 t 的两平行平面所限定的区域 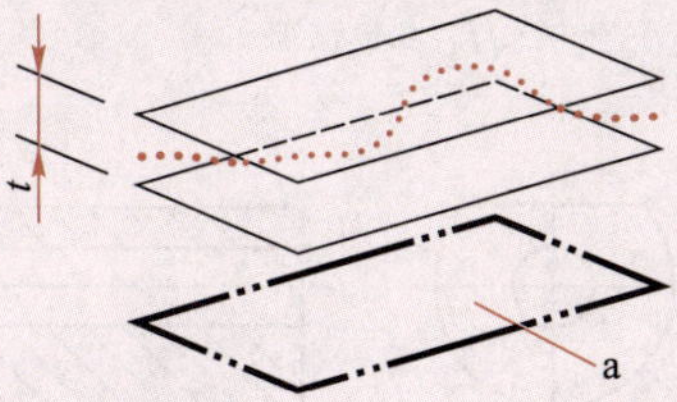 a—基准平面	提取(实际)中心线应限定在平行于基准平面 B、间距等于 0.01 mm 的两平行平面之间 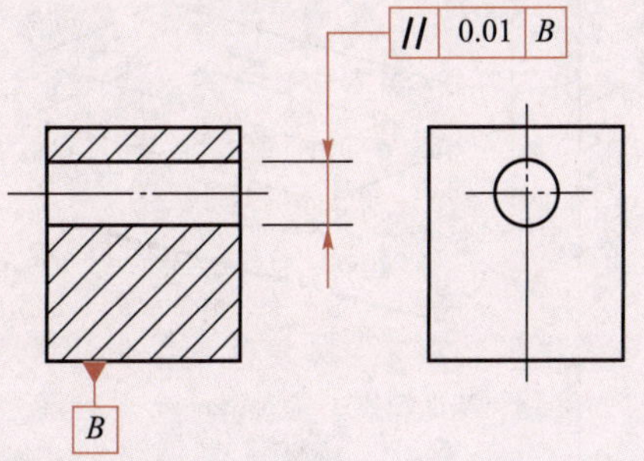

续表

符号	公差带定义	标注和解释
‖	**平行度公差**	

平行度公差

线对基准体系的平行度公差

公差带为间距等于公差值 t、平行于两基准且沿规定方向的两平行平面所限定的区域

a—基准轴线;b—基准平面

提取(实际)中心线应限定在间距等于 0.1 mm、平行于基准轴线 A 的两平行平面之间。且限定公差带的平面均平行于由定向平面框格规定的基准平面 B。基准平面 B 是基准轴线 A 的辅助基准

| ‖ | 0.1 | A | ‖ | B |

公差带为两对间距分别等于公差值 t_1 和 t_2、且平行于基准轴线 A 的平行平面所限定的区域,同时,定向平面框格规定了 t_1 的公差带应平行于基准平面 B,t_2 的公差带应垂直于基准平面 B

a—基准轴线;b—基准平面

提取(实际)中心线应限定在两对间距分别等于 0.1 mm 和 0.2 mm、且平行于基准轴线 A 的平行平面之间。定向平面框格规定了公差带宽度相对于基准平面 B 的方向。基准平面 B 为基准轴线 A 的辅助基准

| ‖ | 0.1 | A | ‖ | B |
| ‖ | 0.2 | A | ⊥ | B |

面对线的平行度公差

公差带为平行于基准轴线、间距等于公差值 t 的两平行平面所限定的区域

a—基准轴线

提取(实际)表面应限定在平行于基准轴线 C、间距等于 0.1 mm 的两平行平面之间

| ‖ | 0.1 | C |

动画
面对线的平行度公差

70

续表

符号	公差带定义	标注和解释

平行度公差

面对面的平行度公差

‖

公差带为平行于基准平面、间距等于公差值 t 的两平行平面所限定的区域

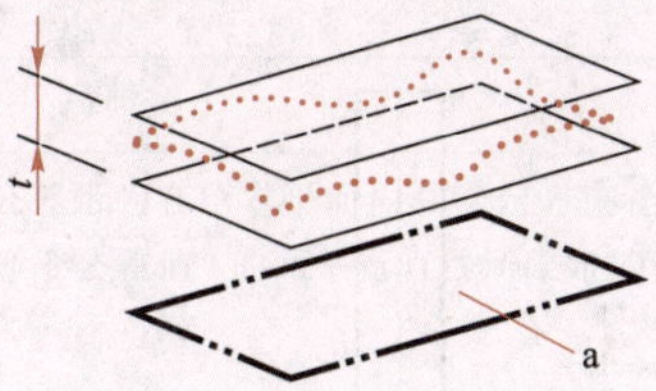

a—基准平面

提取(实际)表面应限定在平行于基准平面 D、间距等于 0.01 mm 的两平行平面之间

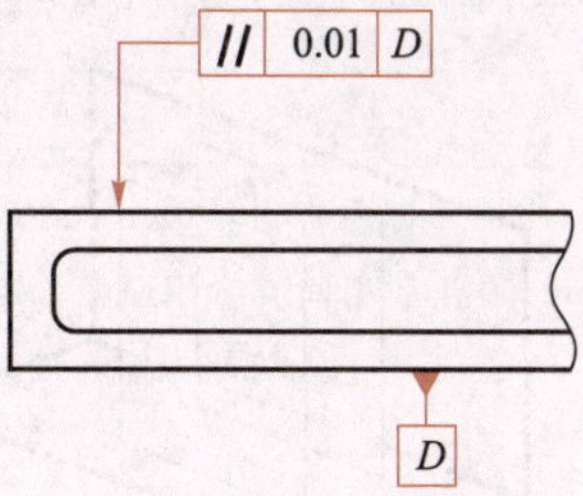

‖ | 0.01 | D

垂直度公差

线对线的垂直度公差

⊥

公差带为间距等于公差值 t、垂直于基准线的两平行平面所限定的区域

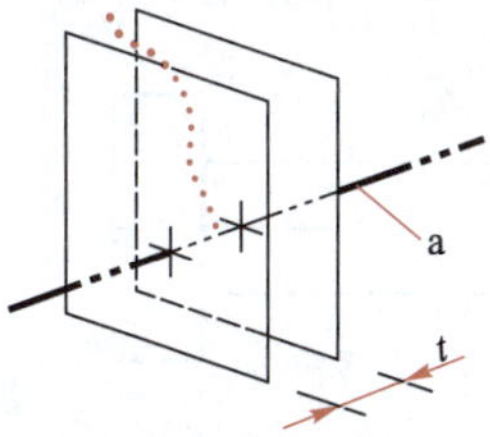

a—基准轴线

提取(实际)中心线应限定在间距等于0.06 mm、垂直于基准轴线 A 的两平行平面之间

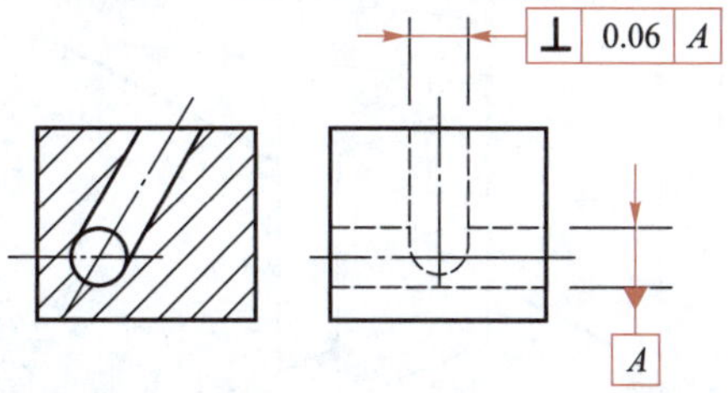

⊥ | 0.06 | A

线对面的垂直度公差

若公差值前加注符号"ϕ",公差带为直径等于公差值 ϕt、轴线垂直于基准平面的圆柱面所限定的区域

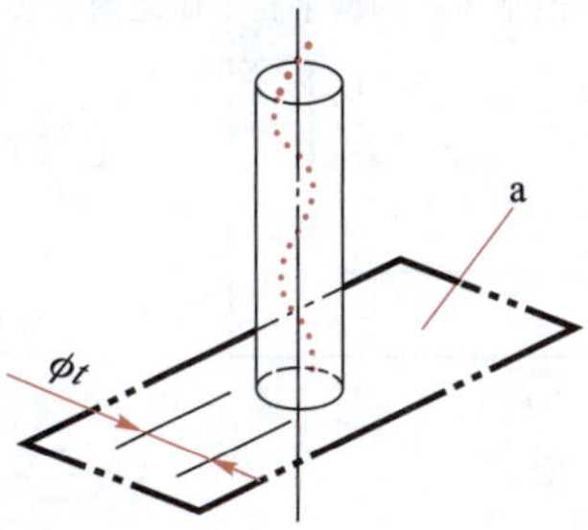

a—基准平面

圆柱面的提取(实际)中心线应限定在直径等于 $\phi0.01$ mm、垂直于基准平面 A 的圆柱面内

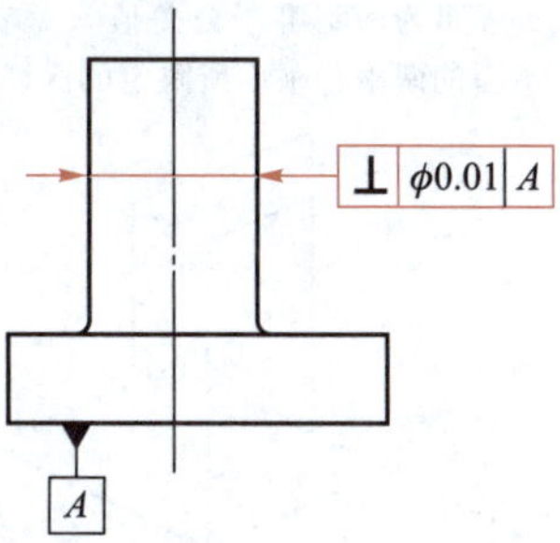

⊥ | $\phi0.01$ | A

续表

符号	公差带定义	标注和解释
	垂直度公差	

线对基准体系的垂直度公差

公差带为间距等于公差值 t 的两平行平面所限定的区域,该两平行平面垂直于基准平面 A 且平行于基准平面 B

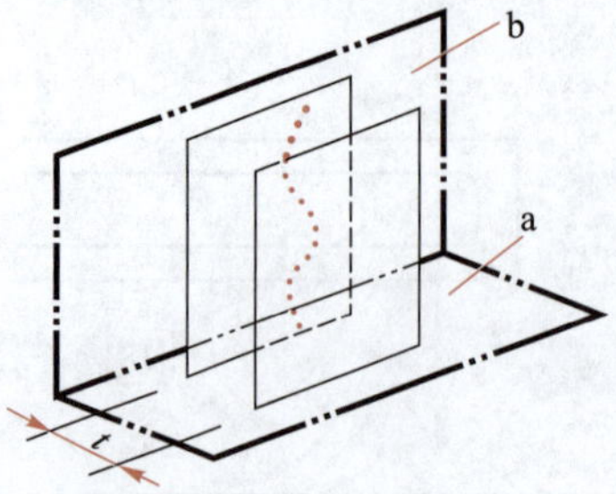

圆柱面的提取(实际)中心线应限定在间距等于 0.1 mm 的两平行平面之间,该两平行平面垂直于基准平面 A,且方向由基准平面 B 规定

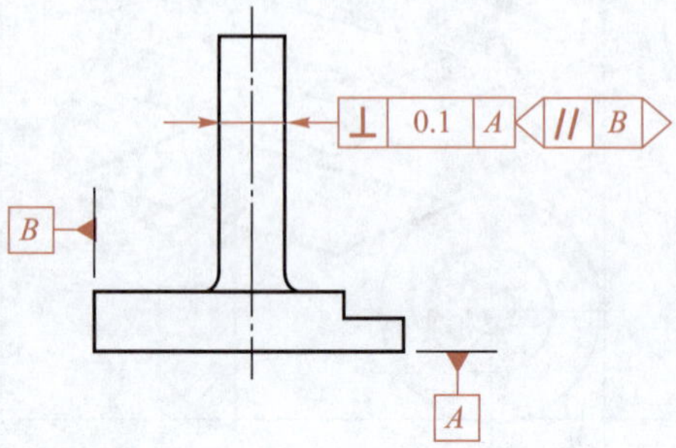

a—基准平面 A;b—基准平面 B

面对线的垂直度公差

公差带为间距等于公差值 t、垂直于基准轴线的两平行平面所限定的区域

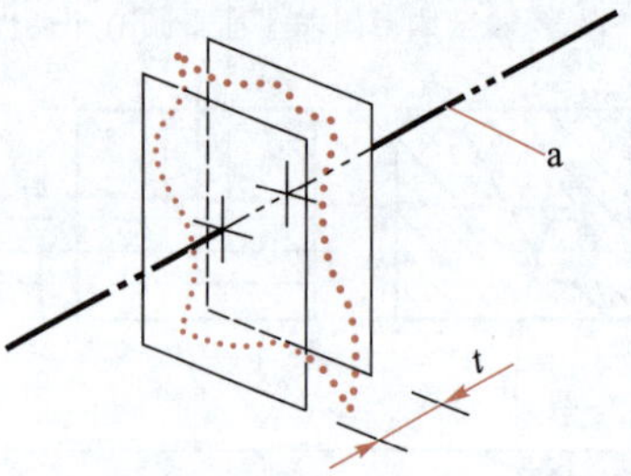

提取(实际)表面应限定在间距等于 0.08 mm、垂直于基准轴线 A 的两平行平面之间

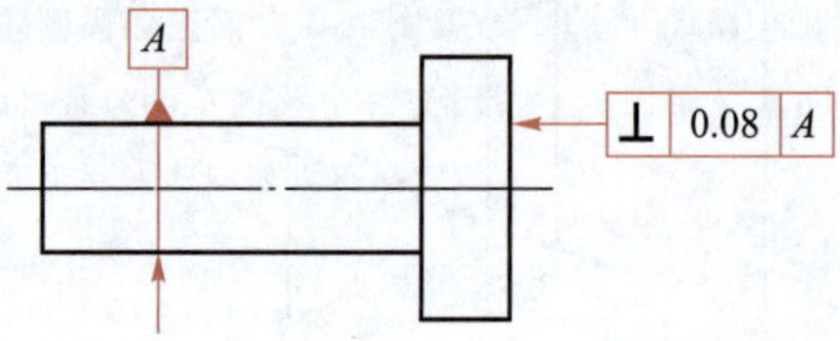

⊥

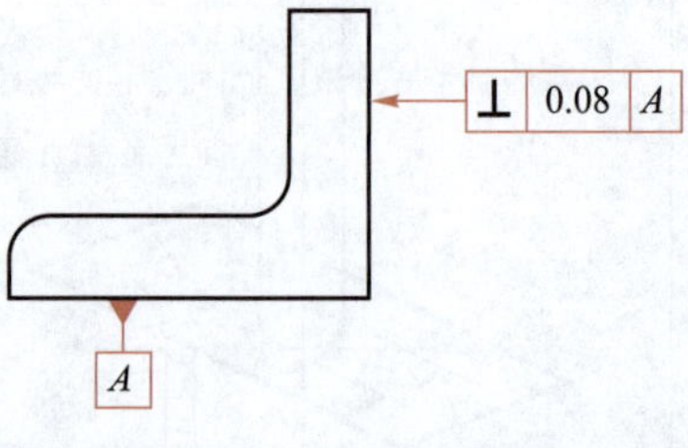

动画
面对线的垂直度公差

a—基准轴线

面对面的垂直度公差

公差带为间距等于公差值 t、垂直于基准平面的两平行平面所限定的区域

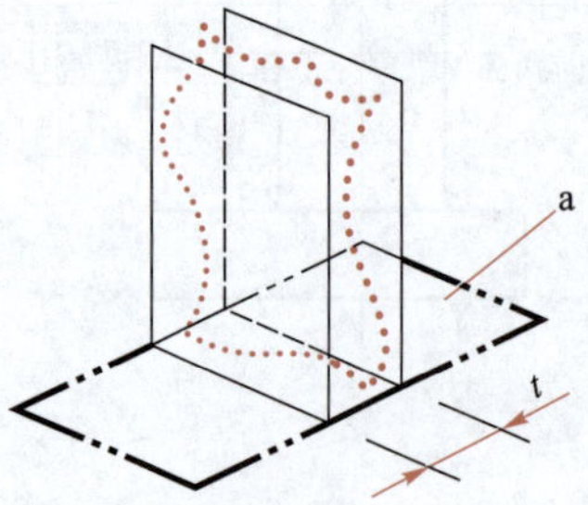

提取(实际)表面应限定在间距等于 0.08 mm、垂直于基准平面 A 的两平行平面之间

a—基准平面

符号	公差带定义	标注和解释
	倾斜度公差	
	线对线的倾斜度公差	
	（a）被测线与基准轴线在同一平面上 公差带为间距等于公差值 t 的两平行平面所限定的区域，该两平行平面按给定角度倾斜于基准轴线	提取（实际）中心线应限定在间距等于0.08 mm的两平行平面之间。该两平行平面按理论正确角度60°倾斜于公共基准轴线 A—B
∠	（b）被测线与基准轴线在不同平面内 公差带为间距等于公差值 t 的两平行平面所限定的区域，该两平行平面按给定角度倾斜于基准轴线 a—基准轴线	提取（实际）中心线应限定在间距等于0.08 mm的两平行平面之间。该两平行平面按理论正确角度60°倾斜于公共基准轴线 A—B
	线对面的倾斜度公差	
	公差带为间距等于公差值 t 的两平行平面所限定的区域，该两平行平面按给定角度倾斜于基准平面 a—基准平面	提取（实际）中心线应限定在间距等于0.08 mm的两平行平面之间。该两平行平面按理论正确角度60°倾斜于基准平面 A

动画
线对面的倾斜度公差

续表

符号	公差带定义	标注和解释
∠	**倾斜度公差**	

<table>
<tr><td colspan="2" align="center">线对基准体系的倾斜度公差</td></tr>
</table>

公差带为直径等于公差值 ϕt 的圆柱面所限定的区域。该圆柱面公差带的轴线按给定角度倾斜于基准平面 A 且平行于基准平面 B

提取（实际）中心线应限定在直径等于 $\phi 0.1$ mm 的圆柱面内。该圆柱面的中心线按理论正确角度 $60°$ 倾斜于公共基准平面 A 且平行于基准平面 B

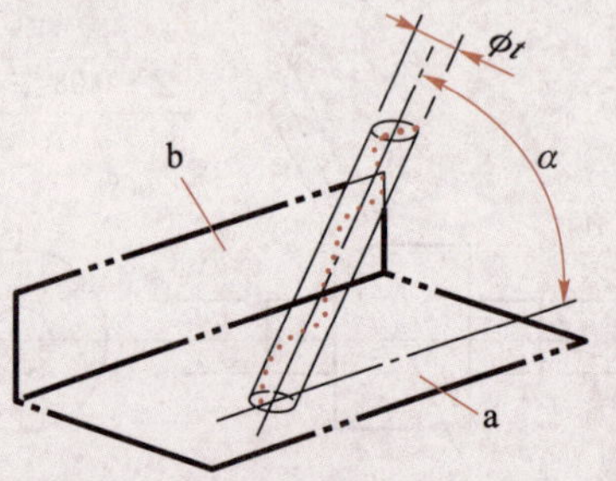

a—基准平面 A；b—基准平面 B

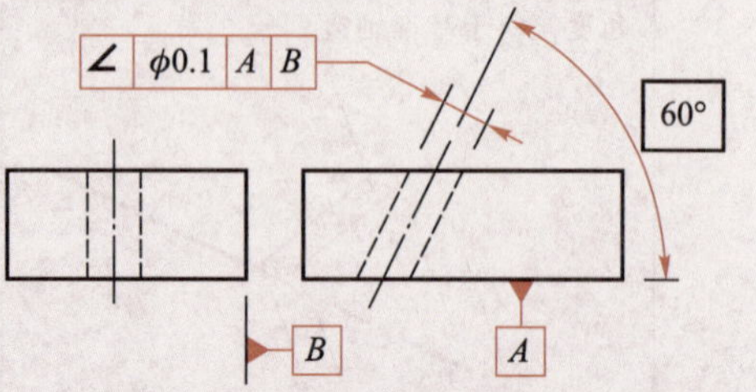

面对线的倾斜度公差

公差带为间距等于公差值 t 的两平行平面所限定的区域。该两平行平面按规定的理论正确角度倾斜于基准轴线

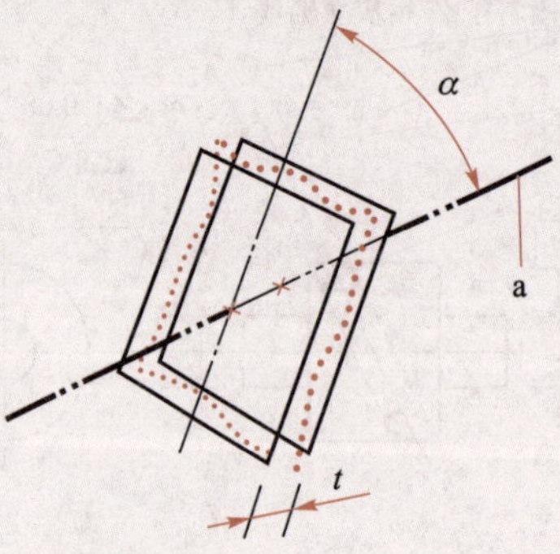

提取（实际）表面应限定在间距等于 0.1 mm 的两平行平面之间。该两平行平面按理论正确角度 $75°$ 倾斜于基准轴线 A

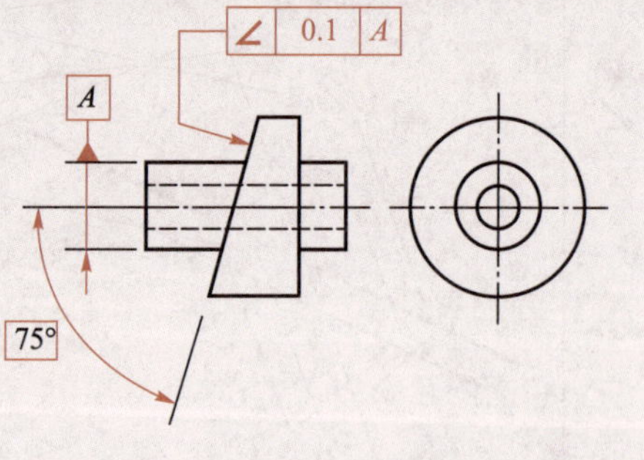

a—基准轴线

面对面的倾斜度公差

公差带为间距等于公差值 t 的两平行平面所限定的区域，该两平行平面按给定角度倾斜于基准平面

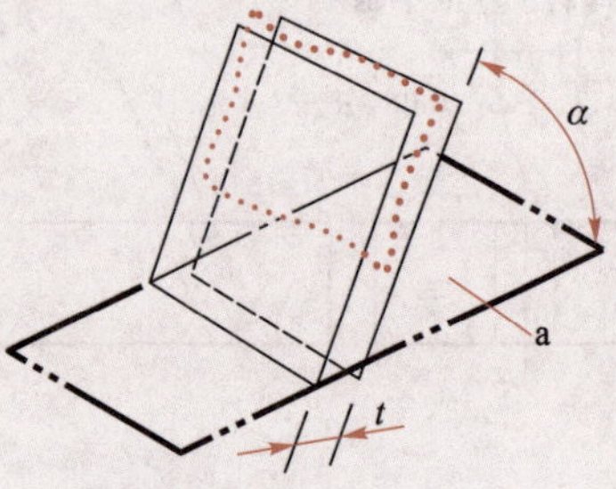

提取（实际）表面应限定在间距等于 0.08 mm 的两平行平面之间。该两平行平面按理论正确角度 $40°$ 倾斜于基准平面 A

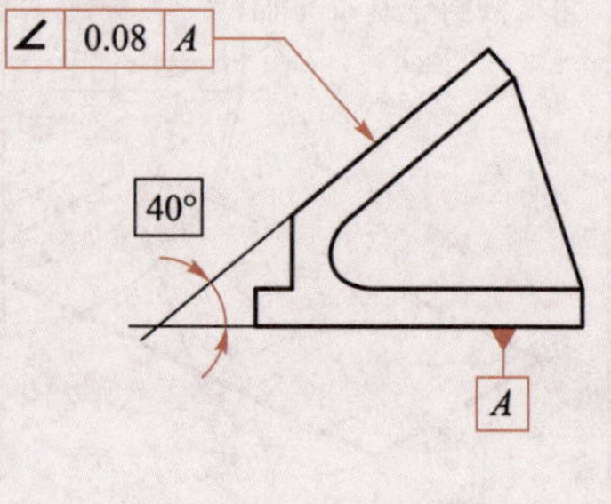

a—基准平面

符号	公差带定义	标注和解释

线轮廓度公差

公差带为直径等于公差值 ϕt、圆心位于由基准平面 A 与基准平面 B 确定的被测要素理论正确几何形状上的一系列圆的两包络线所限定的区域

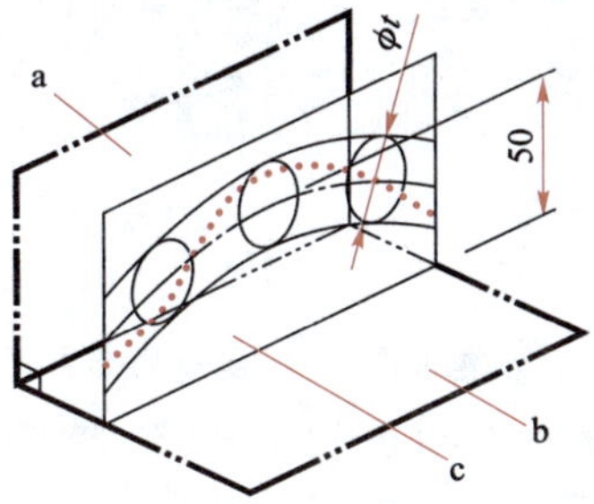

a—基准平面 A；b—基准平面 B；
c—平行于基准平面 A 的平面

被测要素是由半径为 R 的圆弧面与任一平行于基准平面 A 的截面相交所得的圆弧线，该线要与基准平面 A 平行，其理论正确几何形状和位置由图中理论正确尺寸确定

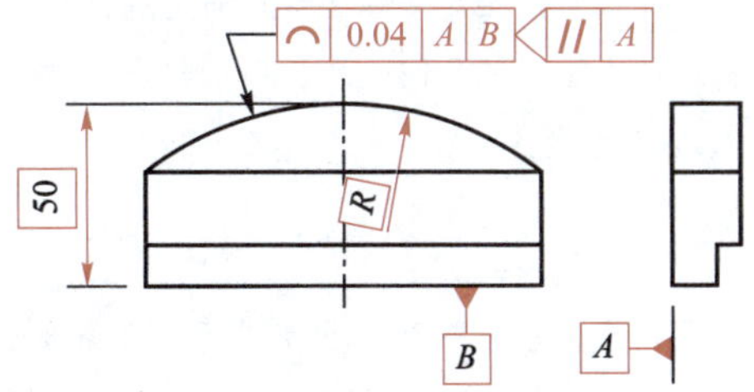

⫽ A —相交平面符号，按照几何公差标注规则，当被测要素是面上的线要素时，应标注相交平面，以免产生误解。该相交平面符号的含义为与基准平面 A 平行的相交平面

面轮廓度公差

公差带为直径等于公差值 ϕt、球心位于由基准平面 E、D、B 确定的被测要素理论正确几何形状上的一系列圆球的两包络面所限定的区域

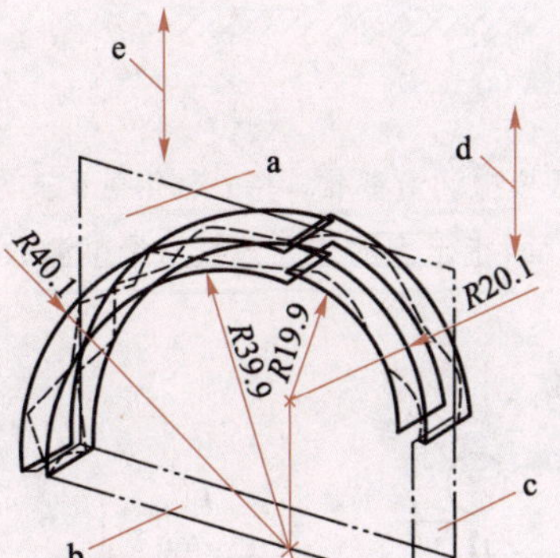

a—第一基准 E；
b—第二基准 D；
c—第三基准 B；
d—公差带 $R20$ 可在此方向上不受约束地移动；
e—公差带 $R40$ 可在此方向上不受约束地移动

被测要素为两个独立的圆弧面 $R20$ 和 $R40$，其方向和位置由基准体系 E、D、B 共同限定。如果仅限定方向而不限定位置时，需在公差框格中第二格或公差框格中基准符号之后加注"仅方向"修饰符"><"；如果是位置规范，则在标注中至少要有一个基准，且不需加注"><"修饰符

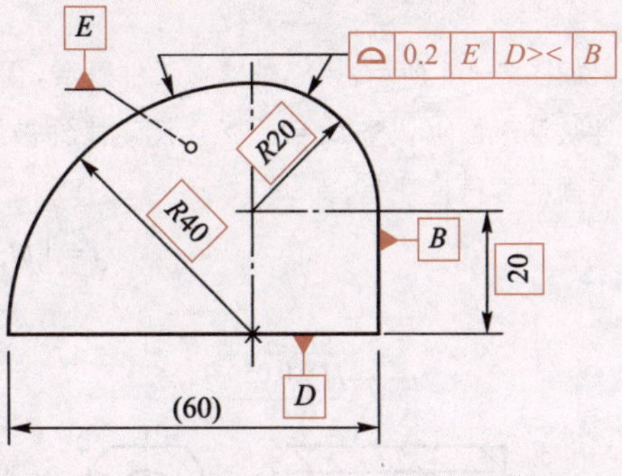

>< —仅用于限定方向，图中表示基准 D 只限定被测要素的方向，而不限定被测要素相对基准 D 的位置，即可以沿基准 D 的法向无约束地移动

3.3.2　方向误差的评定

方向误差是指被测提取要素对具有确定方向的拟合要素的变动量,拟合要素的方向由基准确定。

方向误差值用定向最小包容区域的宽度或直径表示。定向最小包容区域是按拟合要素的方向来包容被测提取要素,且具有最小宽度 f 或直径 ϕf 的包容区域。各误差项目定向最小区域的形状分别和各自的公差带形状一致,但宽度(或直径)由被测提取要素本身决定。

方向误差是相对于基准要素确定的,因此,评定方向误差时,在拟合要素相对于基准方向保持图样上给定的几何关系(平行、垂直、倾斜)的前提下,应使被测提取要素对拟合要素的最大变动量为最小。

操作视频

平行度误差的检测

3.3.3　平行度误差的检测与评定

平行度误差可采用平板、带指示表的表架、水平仪、自准直仪、坐标测量机等装置测量。实际工程中,特别是现场检测时,多采用平板和带指示表的表架(也称打表法)测量平行度误差。

1. 面对面平行度误差检测

图3-53 所示为用打表法测量面对面平行度误差。被测工件放置在平板表面上,以平板表面模拟工件的基准平面并作为测量基准,通过表架在平板上的移动,使指示表测量工件的整个上表面,指示表的最大读数与最小读数之差为被测表面的平行度误差,即

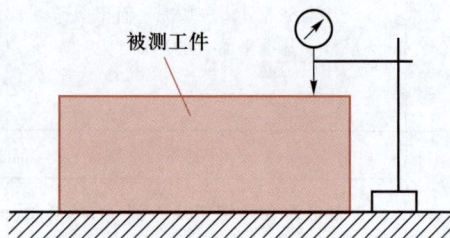

图 3-53　面对面平行度误差检测

$$f = \left| M_{max} - M_{min} \right| \tag{3-7}$$

2. 面对线平行度误差检测

如图3-54 所示,用心轴模拟工件基准,用平板模拟测量基准。将心轴用可调支承调平,在工件被测表面上调整 $L_3 = L_4$,然后测量工件被测表面,指示表的最大读数与最小读数之差为被测表面的平行度误差,即

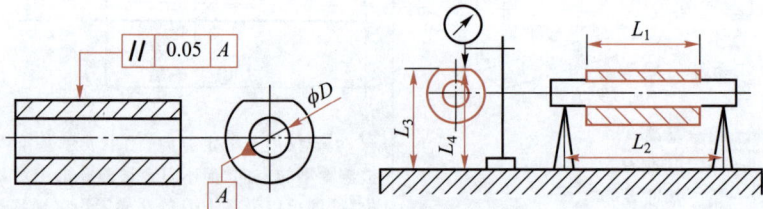

$$f = \left| M_{max} - M_{min} \right| \tag{3-8}$$

图 3-54　面对线平行度误差检测

3. 线对面平行度误差检测

如图3-55 所示,被测孔轴线用心轴模拟,平板为模拟基准和测量基准。测量时用指示表

76

测量心轴上部两端的高度 M_A 和 M_B,则被测孔轴线的平行度误差为

$$f=\frac{L_1}{L_2}\,|\,M_A-M_B\,| \qquad (3-9)$$

式中 L_1——被测孔全长;

       L_2——心轴上两测点 A、B 之间的距离。

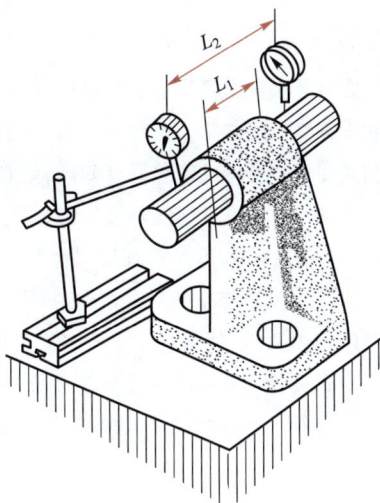

4. 线对线平行度误差检测

如图 3-56 所示,测量被测孔轴线对基准孔轴线的平行度误差。图 3-56(a)所示为限制两孔轴线在竖直方向的平行度误差,将被测孔轴线和基准孔轴线分别用心轴模拟,将基准心轴用两个 V 形块支撑,测量被测心轴两端 A、B 处的高度差,则平行度误差为

图 3-55 线对面平行度误差检测

$$f_x=\frac{L_1}{L_2}\,|\,M_A-M_B\,| \qquad (3-10)$$

当需要限制水平方向的平行度误差时,将被测工件放平,用指示表测量被测心轴两端的高度差,如图 3-56(b)所示,则平行度误差为

$$f_y=\frac{L_1}{L_2}\,|\,M_A'-M_B'\,| \qquad (3-11)$$

当被测孔轴线需要限制任意方向的平行度误差时,可在竖直方向测出两端点的高度差,再在水平方向测出两端点的高度差,该被测轴线的平行度误差为

$$f=\sqrt{f_x^2+f_y^2} \qquad (3-12)$$

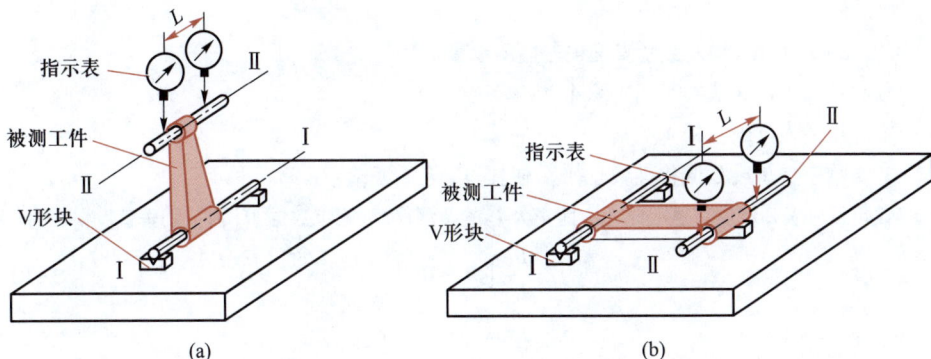

(a)   (b)

图 3-56 线对线平行度误差检测

操作视频

垂直度误差的检测

3.3.4 垂直度误差的检测与评定

垂直度误差可采用平板、直角座、带指示表的表架、水平仪、坐标测量机等装置测量。实际工程中,特别是现场检测时,多采用打表法测量垂直度误差。

1. 面对面垂直度误差检测

面对面垂直度误差检测有塞尺法、打表法、水平仪法等多种。塞尺法如图 3-57(a) 所示，借助于直角尺或方箱作为辅助工具，将直角尺放置在平板上，工件被测面与直角尺靠紧，工件被测面如果与直角尺基准面有间隙，则存在垂直度误差，往间隙处塞入塞尺，塞入塞尺的厚度即为被测工件的垂直度误差值。该方法一般用于对垂直度精度要求不高的零件的测量。

图 3-57(b) 所示为打表法测量垂直度误差，其测量步骤为：

① 固定支承与直角尺接触时，指示表调零；

② 测量工件：使固定支承与被测表面接触，记录指示表的读数；

③ 改变指示表在表架上的高度位置，对不同点进行测量；

④ 取指示表读数的最大值与最小值之差作为被测表面对基准平面的垂直度误差。

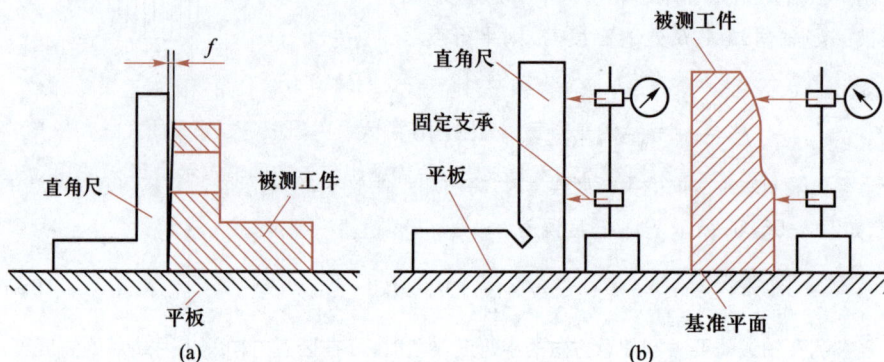

(a)　(b)

图 3-57　面对面垂直度误差检测

2. 线对线垂直度误差检测

如图 3-58 所示，线对线垂直度误差检测步骤如下：

① 将被测工件 3 放在可调支承 4 上；

② 孔中插入可胀心轴 1、7；

③ 用精密直角尺 6 调整可胀心轴 7，使其与平台 5 垂直；

④ 用百分表 2 测量可胀心轴 1 上距离为 L_2 的两测得点，记录数据 M_A、M_B，则垂直度误差为

$$f=\frac{L_1}{L_2}\left|M_A-M_B\right| \tag{3-13}$$

3. 线对面垂直度误差检测

如图 3-59 所示，线对面垂直度误差检测步骤如下：

① 将被测工件 2 放在转台 4 上，使被测轮廓要素轴线与转台中心对正；

② 将百分表在被测工件的外圆柱面调零，按需要测量若干个轴向截面轮廓要素上的读数 M_i，则垂直度误差为

$$f=\frac{1}{2}\left|M_{max}-M_{min}\right| \tag{3-14}$$

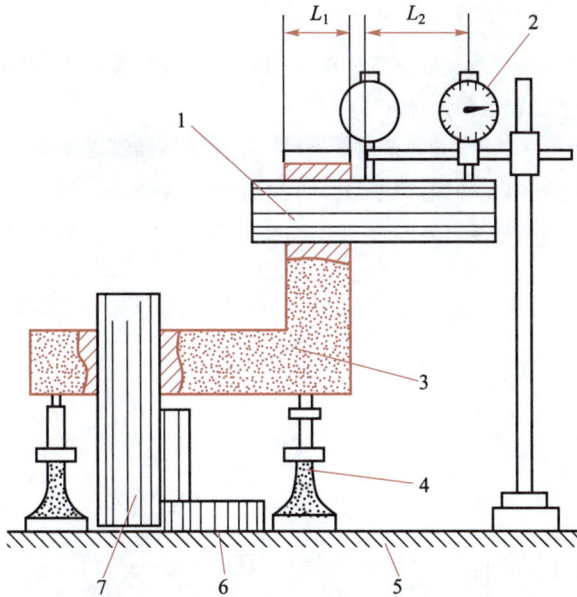

1、7—可胀心轴;2—百分表;3—被测工件;

4—可调支承;5—平台;6—精密直角尺

图 3-58　线对线垂直度误差检测

4. 面对线垂直度误差检测

如图 3-60 所示,面对线垂直度误差检测步骤如下:

① 将被测工件放在导向块内,基准轴线由导向块模拟;

② 将百分表测头与被测表面接触并保持垂直,指针调零;

③ 测量整个表面,记录读数,则垂直度误差为

$$f = \left| M_{max} - M_{min} \right| \tag{3-15}$$

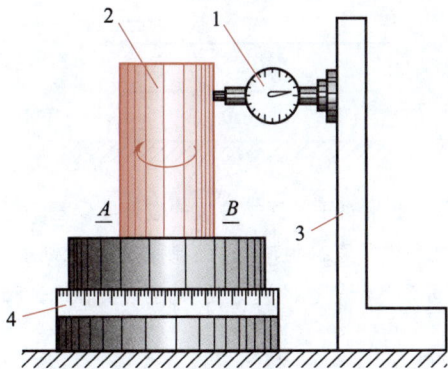

1—百分表;2—被测工件;3—精密直角尺;4—转台

图 3-59　线对面垂直度误差检测

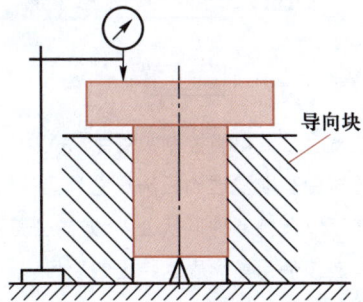

图 3-60　面对线垂直度误差检测

3.3.5　倾斜度误差的检测与评定

由于倾斜度误差为平行度及垂直度误差的一般情况,因而从测量方法上讲三种测量十分类似,不同之处在于各自基准的体现方式。

图 3-61 所示为用打表法测量被测斜孔轴线对基准轴线倾斜度误差的示例。用支承套模拟基准轴线,用心轴模拟被测轴线,调整(转动)被测工件,使心轴在 M_A 点处于最低位置或在 M_B 点处于最高位置,在测量距离为 L_2 的两个位置上,测得的数值分别为 M_A 和 M_B,则倾斜度误差为

$$f=\frac{L_1}{L_2}\,\left|\,M_A-M_B\,\right| \tag{3-16}$$

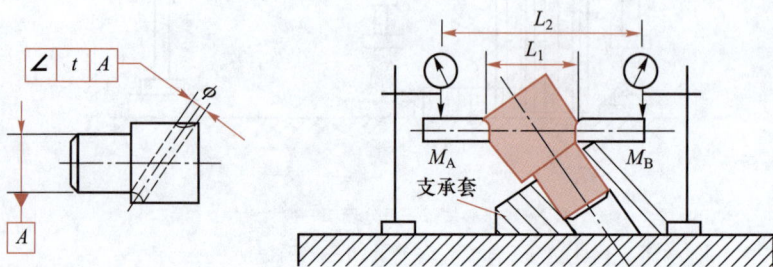

图 3-61　线对线倾斜度误差检测

3.4　位置公差与检测

位置公差是关联实际要素对基准在位置上允许的变动全量,它包括位置度、对称度、同轴度、同心度、线轮廓度和面轮廓度。

标注基准的线轮廓度和面轮廓度公差用于控制空间曲线或空间曲面相对于基准的方向或位置误差。其公差带定义及标注示例见表 3-4,这里不再赘述。

标注基准的面轮廓度公差用于控制空间曲面的方向或位置误差。

动画
点的位置度公差

3.4.1　位置度公差及其误差检测

1. 位置度公差带的特点

位置度公差用于控制被测点、线、面的实际位置相对于其理想位置的位置度误差。理想要素的位置由基准及理论正确尺寸确定。位置度公差具有极为广泛的控制功能。原则上,位置度公差可以代替各种形状公差、方向公差和位置公差所表达的设计要求,但在实际设计和检测中还是应该使用最能表达特征的项目。

动画
线的位置度公差

位置度公差带定义及标注示例见表 3-5。

表 3-5　位置度公差带定义及标注示例

符号	公差带定义	标注和解释
	位置度公差	
	点的位置度公差	
⊕	公差值前加注符号"ϕ"(平面点)或"$S\phi$"(空间点),公差带为直径等于公差值 ϕt 或 $S\phi t$ 的圆或圆球面所限定的区域。该圆或圆球面中心的理论正确位置由基准平面 A、B、C 和理论正确尺寸确定 a—基准平面 A;b—基准平面 B;c—基准平面 C	提取(实际)球心应限定在直径等于 $S\phi 0.3$ mm 的圆球内。该圆球面的中心由基准平面 A、B、C 和理论正确尺寸 30 mm、25 mm 确定
	线的位置度公差	
	(a)给定一个方向的位置度公差 给定一个方向的公差时,公差带为间距等于公差值 t、对称于线的理论正确位置的两平行平面所限定的区域。线的理论正确位置由基准平面 A、B 和理论正确尺寸确定 a—基准平面 A;b—基准平面 B	各条刻线的提取(实际)中心线应限定在间距等于 0.1 mm,对称于基准平面 A、B 和理论正确尺寸 15 mm、10 mm 确定的理论正确位置的两平行平面之间
	(b)给定两个互相垂直方向的位置度公差 公差带为间距分别等于公差值 t_1 和 t_2、对称于理论正确位置的平行平面所限定的区域。该理论正确位置由相对于基准 C、A、B 的理论正确尺寸确定	各孔的提取(实际)中心线在给定方向上应各自限定在间距分别等于 0.05 mm 及 0.2 mm、且相互垂直的两对平行平面内。每对平行平面的方向由基准体系确定,且对称于由基准 C、A、B 及理论正确尺寸所确定的理论正确位置

81

符号	公差带定义	标注和解释
	线的位置度公差	

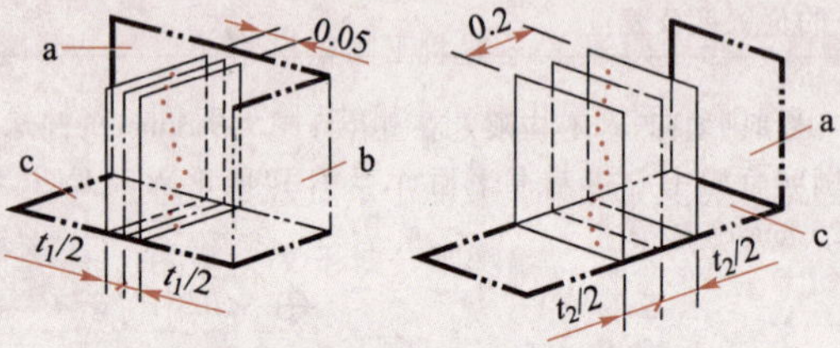

a—第二基准 A，与基准 C 垂直；
b—第三基准 B，与基准 C 及第二基准 A 垂直；
c—基准 C

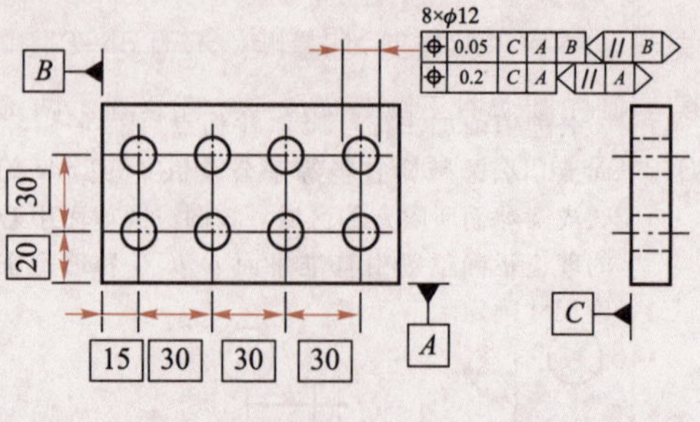

（c）任意方向的位置度公差

公差值前加注符号"ϕ"，公差带为直径等于公差值 ϕt 的圆柱面所限定的区域。该圆柱面轴线的位置由基准平面 A、B、C 和理论正确尺寸确定

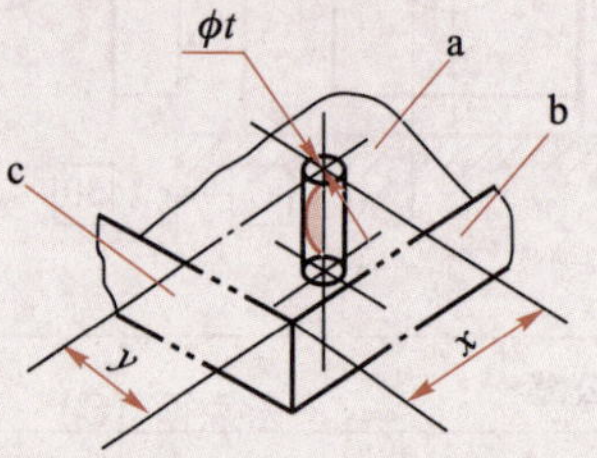

a—基准平面 A；b—基准平面 B；c—基准平面 C

提取（实际）中心线应限定在直径等于 $\phi 0.08$ mm 的圆柱面内，该圆柱面轴线的位置应处于由基准平面 A、B、C 和理论正确尺寸 100 mm、68 mm 确定的理论正确位置上

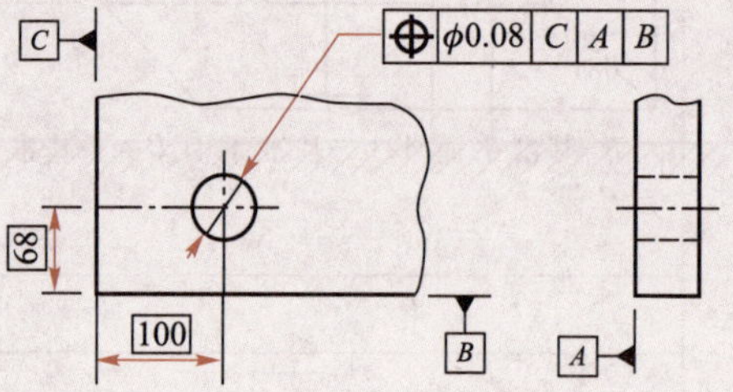

| | 面的位置度公差 | |

公差带为间距等于公差值 t，且对称于被测面理论正确位置的两平行平面所限定的区域。面的理论正确位置由基准平面、基准轴线和理论正确尺寸确定

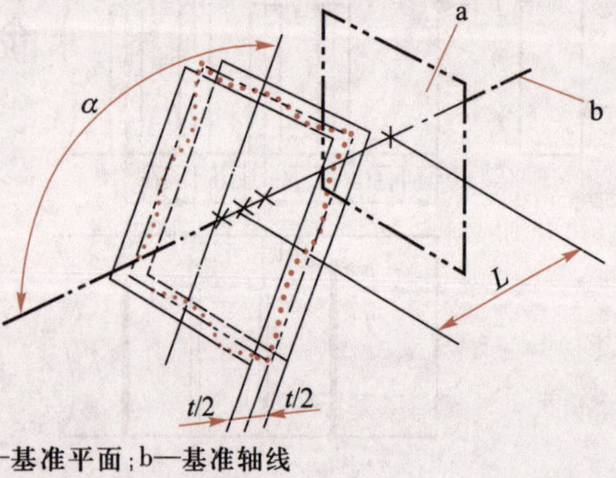

a—基准平面；b—基准轴线

提取（实际）表面应限定在间距等于 0.05 mm，且对称于被测面的理论正确位置的两平行平面之间。该两平行平面对称于由基准平面 A、基准轴线 B 和理论正确尺寸 15 mm、105° 确定的被测面的理论正确位置

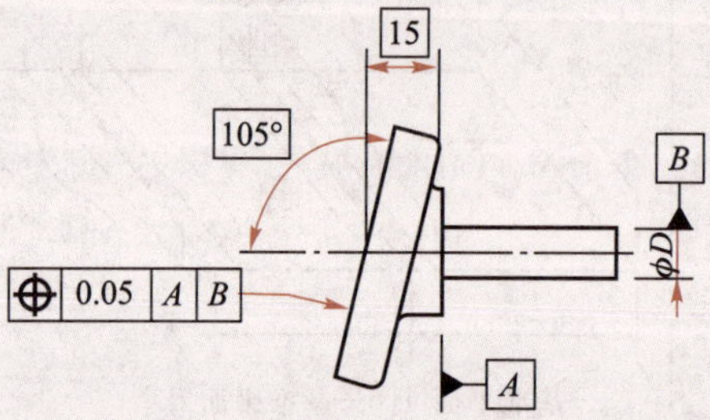

2. 位置度误差检测

位置度误差常采用坐标测量法和使用位置度量规的综合测量法测量。

（1）坐标测量法

用三坐标测量机或高度仪测量被测孔轴线到基准平面 C 和 B 的距离 x 和 y，则相对理论正

确尺寸的偏离值为 f_x 和 f_y，位置度误差 x 方向为 $2f_x$，y 方向为 $2f_y$。

如果要求任意方向线的位置度误差，则位置度误差为

$$f=2\sqrt{f_x^2+f_y^2} \tag{3-17}$$

注意：如果孔比较深，测量时应在孔的两端分别进行测量，取误差较大者为其位置度误差。

（2）综合测量法

为了便于测量，常常可以采取控制实效边界的方法，使用位置度量规测量位置度误差。要求量规应通过被测工件，并与其基准面相接触，量规销的直径为被测孔的实效尺寸，量规各销的位置与被测孔的理想位置相同。对小型薄壁型零件，可以使用投影仪测量其位置度误差，其原理与使用位置度量规相同。

3.4.2　对称度公差及其误差检测

1. 对称度公差带的特点

对称度公差是指被测实际要素对具有确定位置的理想要素所允许的变动全量，用于控制被测要素对基准的对称性变动。理想要素的位置由基准确定。对称度公差带定义及标注示例见表 3-6。

表 3-6　对称度公差带定义及标注示例

符号	公差带定义	标注和解释
	对称度公差	
	中心平面的对称度公差	
⌖	公差带为间距等于公差值 t，对称于基准中心平面的两平行平面所限定的区域 t　$t/2$ a—基准中心平面	提取（实际）中心面应限定在间距等于 0.08 mm、对称于基准中心平面 A 的两平行平面之间 A ⌖ 0.08 A

动画
对称度公差

2. 对称度误差检测

（1）采用千分尺测量

如图 3-62（a）所示，因为 $F-E=(C-B)-(D-A)$，且 $D=C$，所以 $F-E=A-B$。因此，槽两侧面对基准中心平面的对称度误差可以用千分尺测量槽上侧面到工件上表面的距离 A 和槽下侧面到工件下表面的距离 B 这两个参数得到，如图 3-62（b）所示。其对称度误差为

$$f=A-B \tag{3-18}$$

操作视频
对称度误差检测

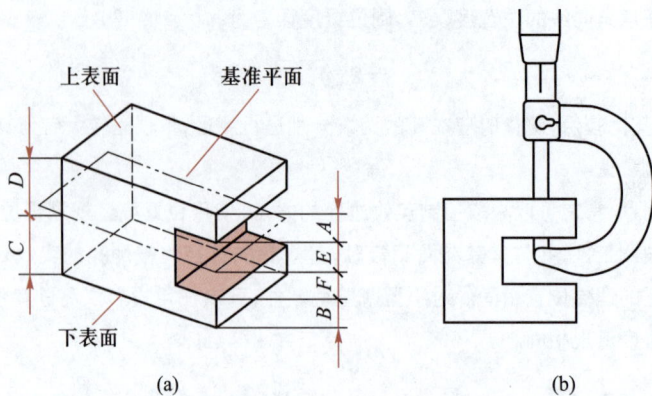

图 3-62　采用千分尺测量对称度误差

（2）采用高度尺测量

如图 3-63 所示，用高度尺测量被测槽一侧面的高度，然后将被测工件翻转 180°，用高度尺测量被测槽另一侧面的高度，两高度之差即为被测槽的对称度误差。

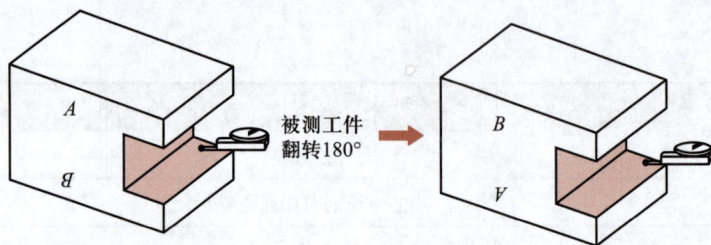

图 3-63　采用高度尺测量对称度误差

动画
同轴度公差

3.4.3　同轴度公差及其误差检测

1. 同轴（心）度公差带的特点

同轴（心）度公差是指被测实际要素对具有确定位置的理想要素所允许的变动全量，用于控制被测实际轴线（中心点）相对于基准轴线（基准中心点）的同轴（心）度误差。理想要素的位置由基准确定。同轴（心）度公差带定义及标注示例见表 3-7。

操作视频
同轴度误差检测

2. 同轴度误差检测

同轴度误差检测方法有回转轴线法、准直法（瞄靶法）、坐标法、顶尖法、V 形架法、模拟法、量规检验法等。各种检测方法的测量精度由所用计量器具的精度、基准轴线的确定方法及数据处理方法决定。下面介绍顶尖法测量同轴度的示例。

表 3-7 同轴(心)度公差带定义及标注示例

符号	公差带定义	标注和解释
◎	**同轴度和同心度公差**	
	轴线的同轴度公差	
	公差值前加注符号"ϕ",公差带为直径等于公差值 ϕt 的圆柱面所限定的区域。该圆柱面的轴线与基准轴线重合 ϕt a—基准轴线	大圆柱面的提取(实际)中心线应限定在直径等于 $\phi 0.08$ mm、以公共基准轴线 $A—B$ 为轴线的圆柱面内 ◎ $\phi 0.08$ $A—B$
	点的同心度公差	
	公差值前加注符号"ϕ",公差带为直径等于公差值 ϕt 的圆周所限定的区域。该圆周的圆心与基准点重合 ϕt a—基准点	在任意横截面内,内圆的提取(实际)中心应限定在直径等于 $\phi 0.1$ mm、以基准点 A 为圆心的圆周内 ACS ◎ $\phi 0.1$ A

顶尖法适用于轴类零件及盘套类零件的同轴度误差测量。如图 3-64 所示,将被测工件安置在两顶尖之间,把两指示表分别在铅垂轴截面调零,取指示表在垂直基准轴线的正截面上测得各对应点的读数差值 $|M_A - M_B|$ 作为在该截面上的同轴度误差,转动被测工件,按上述方法测量若干个截面,取各截面测得的读数差值中的最大值(绝对值)作为该被测工件的同轴度误差。

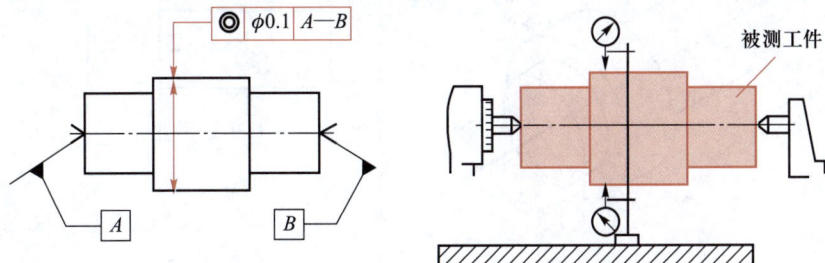

图 3-64 同轴度误差测量

3.5 跳动公差与检测

3.5.1 跳动公差带的特点

跳动公差为被测关联提取(实际)要素绕基准轴线回转时,对基准轴线所允许的最大变动量。跳动公差是以测量方法定义的一种几何公差,分为圆跳动公差和全跳动公差。根据被测工件功能对跳动方向限制的需求,圆跳动可分为径向圆跳动、轴向(端面)圆跳动和斜向圆跳动三种;全跳动可分为径向全跳动、轴向(端面)全跳动两种。跳动公差带定义及标注示例见表 3-8。

表 3-8 跳动公差带定义及标注示例

符号	公差带定义	标注和解释
	圆跳动公差	
	径向圆跳动公差	
	公差带为在任一垂直于基准轴线的横截面内、半径差等于公差值 t、圆心在基准轴线上的两共面同心圆所限定的区域 a—基准轴线;b—横截面	图(a)为在任意垂直于基准轴线 A 的横截面内,提取(实际)圆应限定在半径差等于 0.8 mm、圆心在基准轴线 A 上的两共面同心圆之间。图(b)为在任一平行于基准平面 B、垂直于基准轴线 A 的横截面上,提取(实际)圆应限定在半径差等于 0.1 mm、圆心在基准轴线 A 上的两共面同心圆之间 (a)　　　　(b)
	轴向(端面)圆跳动公差	
	公差带为在与基准轴线同轴的任一半径的圆柱截面上、间距等于公差值 t 的两圆所限定的圆柱面区域 a—基准轴线;b—公差带;c—任一直径	在与基准轴线 D 同轴的任一圆柱截面上,提取(实际)圆应限定在轴向距离等于 0.1 mm 的两个等圆之间

符号	公差带定义	标注和解释
	斜向圆跳动公差	

（a）没有方向要素限定的斜向圆跳动公差

公差带为与基准轴线同轴的任一圆锥截面上、间距等于公差值 t 的两圆所限定的圆锥面区域，除非另有规定，公差带宽度应沿规定几何要素的法向

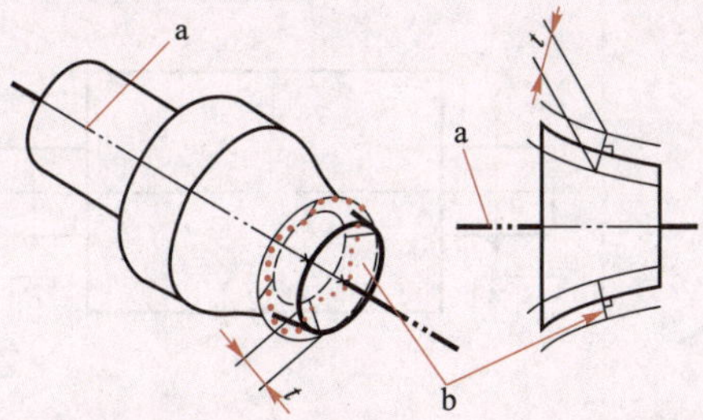

a—基准轴线；b—公差带

在与基准轴线 C 同轴的任一圆锥截面上，提取（实际）线应限定在素线方向间距等于 0.1 mm 的两不等圆之间，且截面的锥角与被测要素垂直。

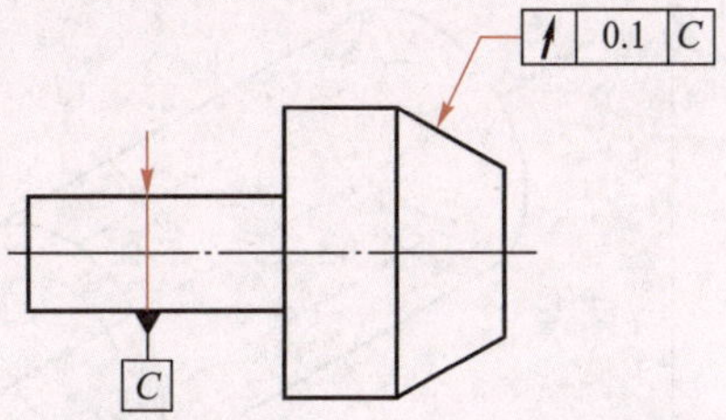

当被测要素的素线不是直线时，圆锥截面的锥角会随所测圆的实际位置改变，以保持与被测要素垂直

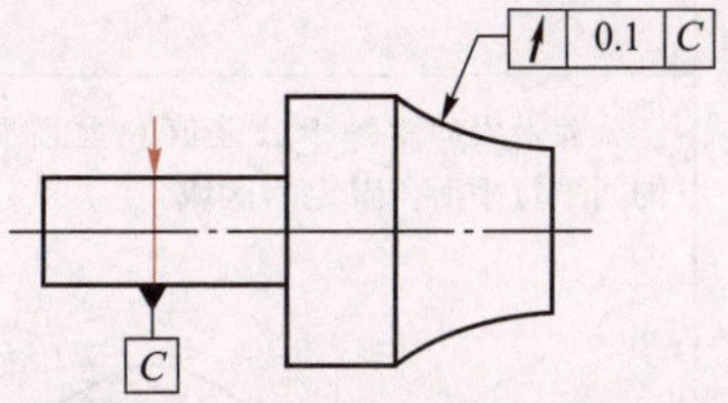

动画
斜向圆跳动
公差

（b）给定方向的斜向圆跳动公差

公差带为轴线与基准轴线同轴的、具有给定锥角的任一圆锥截面上，间距等于公差值 t 的两圆所限定的圆锥面区域

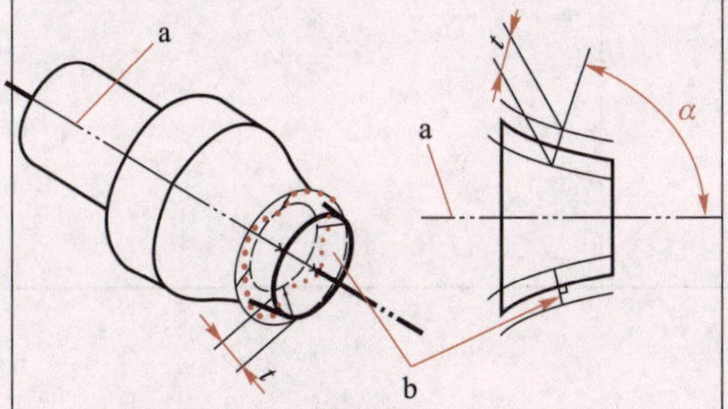

a—基准轴线；b—公差带

在相对于方向要素（给定角度 α）的任一圆锥截面上，提取（实际）线应限定在圆锥面内间距等于0.1 mm 的两圆之间

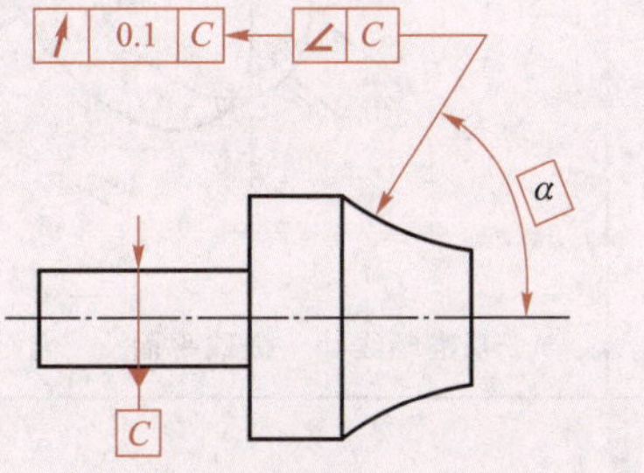

(a) 二维

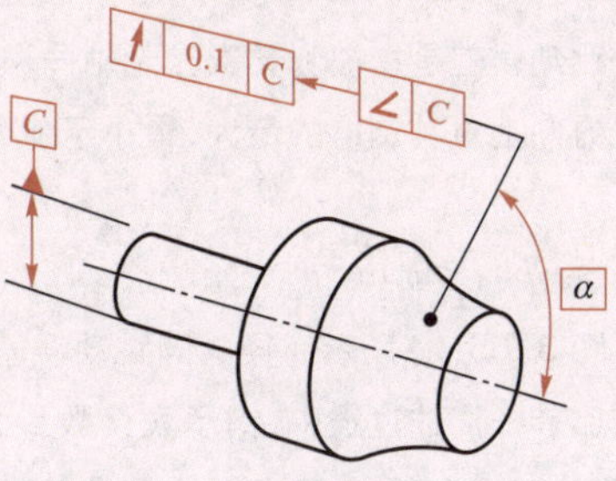

(b) 三维

87

动画
径向全跳动
公差

动画
轴向全跳动
公差

操作视频
圆跳动误差
检测

动画
径向圆跳动误
差测量

符号	公差带定义	标注和解释
	全跳动公差	
	径向全跳动公差	
	公差带为半径差等于公差值 t、与基准轴线同轴的两圆柱面所限定的区域 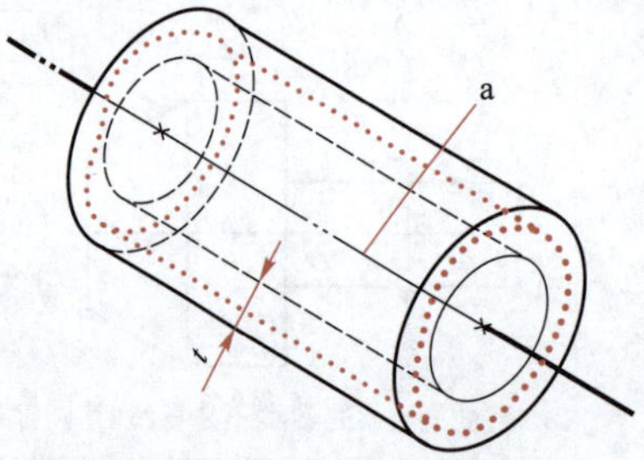 a—基准轴线	提取(实际)表面应限定在半径差等于 0.1 mm、与公共基准轴线 $A—B$ 同轴的两圆柱面之间 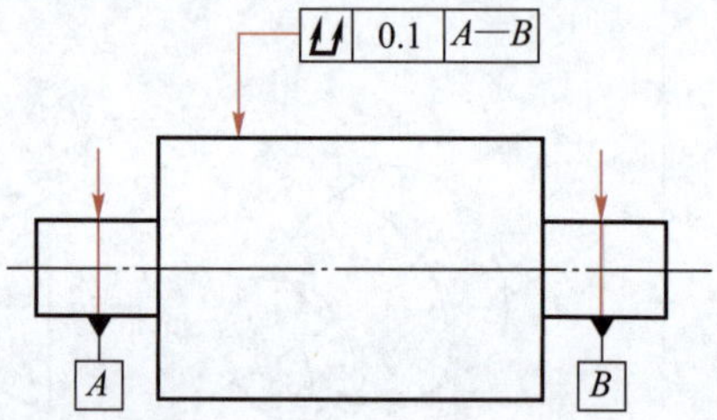
↗↗	轴向全跳动公差	
	公差带为间距等于公差值 t、垂直于基准轴线的两平行平面所限定的区域 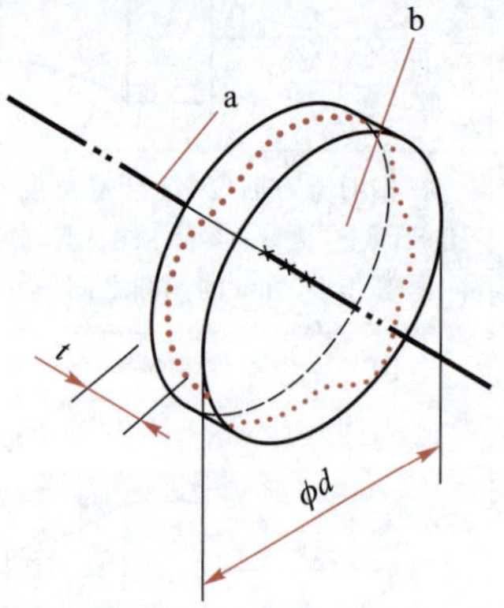  a—基准轴线;b—提取平面	提取(实际)表面应限定在间距等于 0.1 mm、垂直于基准轴线 D 的两平行平面之间 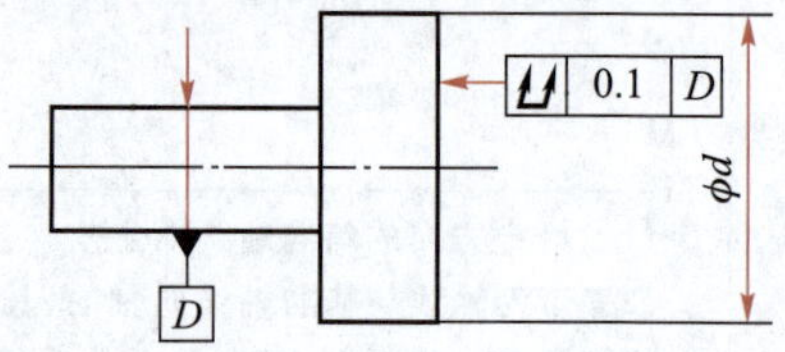 

3.5.2　跳动误差的检测与评定

跳动误差是指被测要素在无轴向移动的条件下绕基准轴回转的过程中,指示表在给定的测量方向上对其测得的最大、最小示值之差。

1. 圆跳动误差检测

图 3-65(a)所示为径向圆跳动误差检测的示意图,将被测工件安装在两顶尖之间,在被测工件回转一周的过程中,指示表读数最大差值即为单个测量平面上的径向跳动。按照上述方法,测量若干个截面,取各截面测得的跳动量中的最大值,作为该被测工件的径向跳动误差值。图 3-65(b)所示为测量轴向跳动误差的示意图,将被测工件装在 V 形块上,指示表沿轴线方向

在任一半径处测量被测端面,指示表读数最大差值即为该半径处的轴向跳动。按上述方法测量不同半径处,取各半径处测得的跳动量的最大值作为该被测工件的轴向跳动误差值。

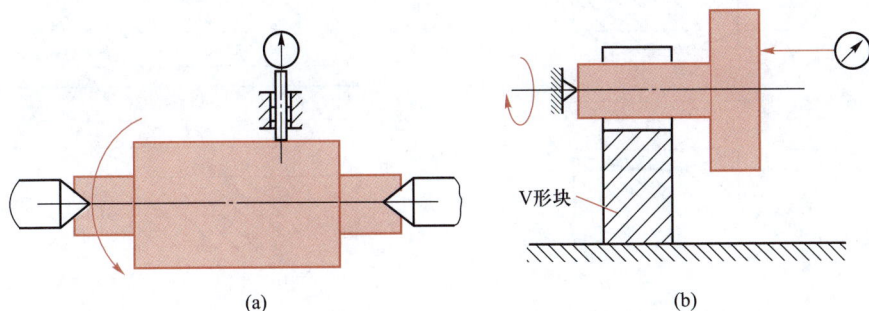

图 3-65 圆跳动误差检测

2. 全跳动误差检测

径向全跳动误差是被测表面绕基准轴线做无轴向移动的连续回转时,指示表沿平行于基准轴线的方向做直线移动的整个过程中指示表的最大读数差。端面全跳动误差是被测表面绕基准轴线做无轴向移动的连续回转时,指示表做垂直于基准轴线直线移动的整个过程中指示表的最大读数差。

3.6 公差原则

任何一个制件都是由多个不同的几何要素构成的,设计者会对这些几何要素规定尺寸和(或)几何公差以限制加工误差,从而满足制件的不同功能需求。由于在使用中制件是以一个整体参与工作,因而对制件几何要素规定的各类公差之间会存在一定的联系。公差原则就是处理尺寸公差与几何公差之间关系的原则。根据国家标准 GB/T 4249—2018 规定,公差原则分为独立原则和相关要求两大类,其中相关要求又分为包容要求、最大实体要求和最小实体要求(包括附加于最大、最小实体要求的可逆要求)三种。

3.6.1 有关术语及定义

(1)尺寸要素

由一定大小的线性尺寸或角度尺寸确定的几何形状,它可以是圆柱形、球形、两平行对应面、圆锥形或楔形。

(2)作用尺寸

① 体外作用尺寸:在被测要素的给定长度上,与提取(实际)内表面(孔类零件)体外相接的最大理想面或与提取(实际)外表面(轴类零件)体外相接的最小理想面的直径或宽度,分别用 D_{fe} 和 d_{fe} 表示。

② 体内作用尺寸:在被测要素的给定长度上,与提取(实际)内表面(孔类零件)体内相接的最小理想面或与提取(实际)外表面(轴类零件)体内相接的最大理想面的直径或宽度,分别用 D_{fi} 和 d_{fi} 表示。

体外作用尺寸与体内作用尺寸如图 3-66 所示。

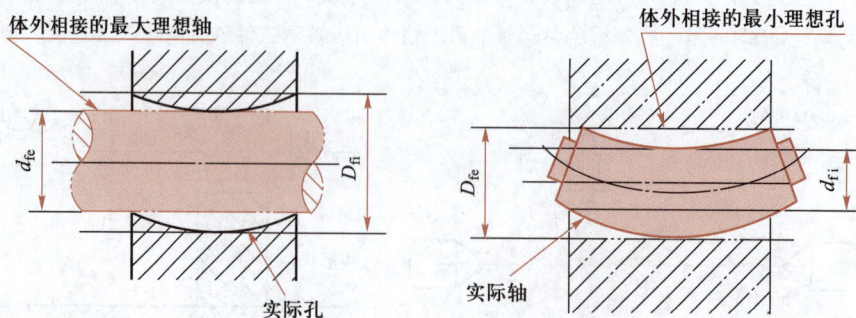

图 3-66　体外作用尺寸与体内作用尺寸

（3）最大实体状态、尺寸

① 最大实体状态（MMC）：假定提取组成要素的局部尺寸处处位于极限尺寸且使其具有实体最大时的状态。

② 最大实体尺寸（MMS）：确定要素最大实体状态的尺寸，即外尺寸要素的上极限尺寸、内尺寸要素的下极限尺寸。最大实体尺寸用 $D_M(d_M)$ 表示，即

$$d_M = d_{max} \tag{3-19}$$

$$D_M = D_{min} \tag{3-20}$$

（4）最小实体状态、尺寸

① 最小实体状态（LMC）：假定提取组成要素的局部尺寸处处位于极限尺寸且使其具有实体最小时的状态。

② 最小实体尺寸（LMS）：确定要素最小实体状态的尺寸，即外尺寸要素的下极限尺寸、内尺寸要素的上极限尺寸。最小实体尺寸用 $D_L(d_L)$ 表示，即

$$d_L = d_{min} \tag{3-21}$$

$$D_L = D_{max} \tag{3-22}$$

（5）最大实体实效尺寸、状态

① 最大实体实效尺寸（MMVS）：尺寸要素的最大实体尺寸与其导出要素的几何公差（形状、方向或位置）共同作用产生的尺寸。对于外尺寸要素，等于最大实体尺寸与几何公差之和；对于内尺寸要素，等于最大实体尺寸与几何公差之差。最大实体实效尺寸用 $D_{MV}(d_{MV})$ 表示，即

$$d_{MV} = d_M + t \tag{3-23}$$

$$D_{MV} = D_M - t \tag{3-24}$$

② 最大实体实效状态（MMVC）：拟合要素的尺寸为其最大实体实效尺寸时的状态。

（6）最小实体实效尺寸、状态

① 最小实体实效尺寸（LMVS）：尺寸要素的最小实体尺寸与其导出要素的几何公差（形状、方向或位置）共同作用产生的尺寸。对于外尺寸要素，等于最小实体尺寸与几何公差之差；对于内尺寸要素，等于最小实体尺寸与几何公差之和。最小实体实效尺寸用 $D_{LV}(d_{LV})$ 表示，即

$$d_{LV} = d_L - t \tag{3-25}$$

$$D_{LV} = D_L + t \tag{3-26}$$

② 最小实体实效状态（LMVC）：拟合要素的尺寸为其最小实体实效尺寸时的状态。

（7）边界

边界是由设计给定的具有理想形状的极限包容面。

① 最大实体边界（MMB）：最大实体状态的理想形状的极限包容面。

② 最小实体边界（LMB）：最小实体状态的理想形状的极限包容面。

③ 最大实体实效边界（MMVB）：最大实体实效状态的理想形状的极限包容面。

④ 最小实体实效边界（LMVB）：最小实体实效状态的理想形状的极限包容面。

3.6.2　独立原则

独立原则是指图样上给定的尺寸公差与几何公差相互无关，应分别满足要求的公差原则。它是尺寸公差和几何公差相互关系所遵循的基本原则。

独立原则的适用范围较广，各种组成要素和导出要素均可采用，其具有以下特点：

① 尺寸公差仅控制提取要素的局部尺寸，不控制其几何误差。

② 给出的几何公差为定值，不随要素的实际尺寸变化而变化。

③ 采用独立原则时，在图样上不附加任何标注。

图 3-67 所示为独立原则标注示例，该轴的提取要素的局部尺寸应位于 $\phi19.967\sim20$ mm，且不论轴的提取要素的局部尺寸为何值，其轴线的直线度误差都不允许大于 $\phi0.02$ mm。

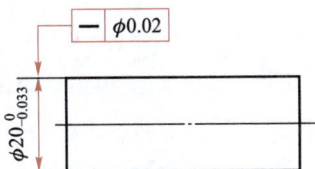

图 3-67　独立原则标注示例

3.6.3　相关要求

图样上给定的尺寸公差和几何公差相互有关的公差要求，含包容要求、最大实体要求和最小实体要求。

1. 包容要求

尺寸要素的非理想要素不得违反其最大实体边界的一种尺寸要素要求。当采用包容要求时，应在被测要素的尺寸极限偏差或公差带代号后加注符号"Ⓔ"，如图 3-68（a）所示。

包容要求适用于圆柱表面或两平行对应面，表示提取组成要素不得超越其最大实体边界，其局部尺寸不得超出最小实体尺寸。当零件采用包容要求标注时，其合格条件为

对于外表面：

$$d_{fe}=d_a+f\leqslant d_M=d_{max} \tag{3-27}$$

$$d_a\geqslant d_L=d_{min} \tag{3-28}$$

对于内表面：

$$D_{fe}=D_a-f\geqslant D_M=D_{min} \tag{3-29}$$

$$D_a\leqslant D_L=D_{max} \tag{3-30}$$

采用包容要求标注的图样解释，如图 3-68（b）所示。

① 该轴的提取（实际）外圆柱面不能超出最大实体边界，即其尺寸误差与形状误差共同作用产生的体外作用尺寸 d_{fe} 应小于最大实体边界尺寸 $d_M=\phi30$ mm。若提取（实际）外圆柱面的实际尺寸处处为最大实体尺寸 $\phi30$ mm，则不允许外圆柱轴线有形状误差。

91

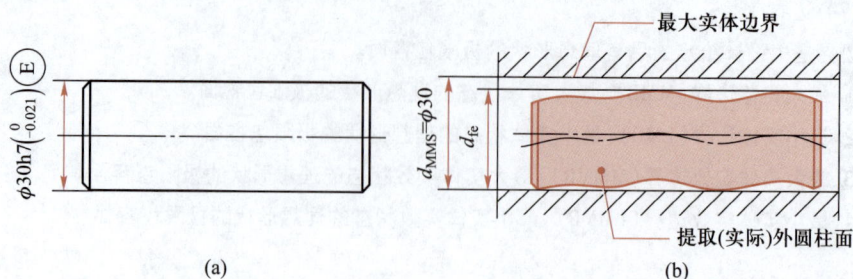

图 3-68　包容要求

② 当该轴的提取(实际)外圆柱面的局部尺寸偏离最大实体尺寸且大于或等于最小实体尺寸时,该偏离值为 $\Delta = \left| d_a - d_M \right|$ 时,允许外圆柱体有不大于 Δ 的形状误差,且 Δ 的最大允许值等于尺寸公差。

③ 该轴提取(实际)外圆柱面任意部位的局部尺寸不得小于最小实体尺寸 $\phi 29.979$ mm。

2. 最大实体要求(MMR)

尺寸要素的非理想要素不得违反其最大实体实效状态的一种尺寸要素要求,即尺寸要素的非理想要素不得超越其最大实体实效边界的一种尺寸要素要求。

最大实体要求既可用于被测要素,也可用于基准要素。应用时,前者应在被测要素几何公差框格中的公差值后加注符号Ⓜ,后者应在几何公差框格内的基准字母代号后加注符号Ⓜ。最大实体要求的特点如下:

① 被测要素遵守最大实体实效边界,即被测要素的体外作用尺寸不超过最大实体实效尺寸。

② 当被测要素的提取要素的局部尺寸处处均为最大实体尺寸时,允许的几何误差为图样上给定的几何公差值。

③ 当被测要素的实际尺寸偏离最大实体尺寸时,其偏离值可补偿给几何公差,允许的几何误差为图样上给定的几何公差值与偏离值之和。

④ 实际尺寸必须在最大实体尺寸和最小实体尺寸之间变化。

下面举例说明最大实体要求用于被测要素:

如图 3-69(a)所示,轴 $\phi 20_{-0.3}^{\ 0}$ mm 的轴线直线度公差采用最大实体要求给出,即当被测要素处于最大实体状态时,其轴线直线度公差为 $\phi 0.1$ mm,则轴的最大实体实效尺寸为

$$d_{MV} = d_{max} + t = \phi(20 + 0.1)\,\text{mm} = \phi 20.1\,\text{mm}$$

d_{MV} 可确定的最大实体实效边界是一个直径为 $\phi 20.1$ mm 的理想圆柱面(孔),如图 3-69(b)所示。该轴应满足下列要求:

① 当轴处于最大实体状态($d_M = \phi 20$ mm)时,允许轴线的直线度误差为给定的公差值 $\phi 0.1$ mm,如图 3-69(b)所示。

② 当轴的尺寸偏离最大实体尺寸(计算偏离值的基准),如均为 $\phi 19.9$ mm 时,这时偏离值 0.1 mm 可补偿给直线度公差,即允许轴线的直线度误差为 $\phi 0.2$ mm,为给定的直线度公差 $\phi 0.1$ mm 与偏离值 0.1 mm 之和。

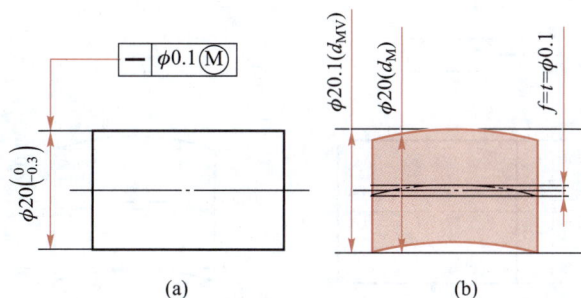

图 3-69　最大实体要求用于被测要素

③ 当轴的尺寸为最小实体尺寸 ϕ19.7 mm 时,偏离值达到最大值(等于尺寸公差 0.3 mm),这时允许轴线的直线度误差为给定的直线度公差 ϕ0.1 mm 与尺寸公差 0.3 mm 之和,即为 ϕ0.4 mm。

④ 轴的实际尺寸必须在 ϕ19.7~20 mm 之间变化。

最大实体要求与包容要求相比,由于实际要素的几何公差可以不分割尺寸公差值,因而在相同尺寸公差值的前提下,采用最大实体要求的实际尺寸精度更低些;对于几何公差而言,尺寸公差可以补偿几何公差,允许的最大几何误差等于图样给定的几何公差与尺寸公差之和。总之,与包容要求相比,可以得到较大的尺寸制造公差和几何制造公差,具有良好的工艺性和经济性。因此,最大实体要求主要用于保证装配的互换性的场合,一方面可用于零件尺寸精度和几何精度较低、配合性质要求不严的情况,另一方面也可用于要求保证自由装配的情况。

应注意的是,最大实体要求仅用于导出要素。对于平面、直线等组成要素,由于不存在尺寸公差对几何公差的补偿问题,因而不具备应用条件。

最大实体要求用于基准要素的方法可参见国家标准,这里不再赘述。

3. 最小实体要求(LMR)

最小实体要求是要求被测要素的实际轮廓应遵守其最小实体实效边界,当其实际尺寸偏离最小实体尺寸时,允许其几何误差值超出在最小实体状态下给出的公差值的一种公差要求。

采用最小实体要求时,要求被测要素的体内作用尺寸不超出最小实体实效尺寸;实际尺寸必须在最小实体尺寸和最大实体尺寸之间变化;当被测要素处于最小实体状态时,几何误差的允许值为图样上给定的几何公差值;当被测要素的实际尺寸偏离最小实体尺寸后,其偏离值可补偿给几何公差。补偿量为

$$t_{补} = \left| d_L(D_L) - d_a(D_a) \right| \tag{3-31}$$

动画

最小实体要求

当被测要素处于最大实体状态时,几何误差达到最大值,等于给定的几何公差和尺寸公差之和。

最小实体要求可应用于被测要素(在几何公差框格内的几何公差值后加注符号Ⓛ),也可用于基准要素(在几何公差框格内的基准字母代号后加注符号Ⓛ)。

图 3-70(a)所示的轴采用了最小实体要求,当轴的实体尺寸为最小实体尺寸 ϕ19.7 mm 时,轴心线的直线度公差为给定值 ϕ0.1 mm,如图 3-70(b)所示。轴的最小实体实效尺寸为

$$d_{LV} = d_{min} - t = \phi(19.7-0.1)\ mm = \phi 19.6\ mm$$

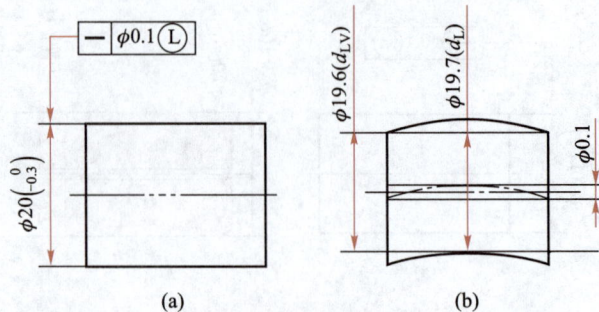

图 3-70　最小实体要求用于被测要素

当轴的实际尺寸偏离最小实体尺寸时,直线度误差允许增大,即尺寸公差补偿给几何公差。当轴的实际尺寸为最大实体尺寸 $\phi 20$ mm 时,直线度误差允许达到的最大值为 $\phi(0.1+0.3)$ mm $=\phi 0.4$ mm。

最小实体要求仅用于导出要素,主要用于保证零件强度和最小壁厚尺寸。由于最小实体要求的被测要素不得超越最小实体实效边界,因而应用最小实体要求可以保证零件强度和最小壁厚尺寸。另外,当被测要素偏离最小实体状态时,可以扩大几何误差的允许值,以增加几何误差的合格范围,获得良好的经济效益。

3.7　几何公差的选用

3.7.1　几何公差项目的选择

选择几何公差项目时,通常考虑以下因素:

(1) 零件的功能需求及现有设备的加工制造能力

选择几何公差项目时,首先应对零件使用功能进行分析,以确定因几何误差的出现将影响零件功能的各组成要素,并根据这些要素的几何特征及要素间的相互关联来选择相应的几何公差项目,以限制零件的制造误差。

同时,考虑功能许可的几何误差大小及可行的加工手段,决定是否通过图样标注提出几何公差要求。若确定常用设备和工艺方法可能导致的几何误差小于欲规定的公差,则可不在图样上标注出相应的公差要求。

(2) 现有的检测条件

实际要素是否满足所规定的几何公差要求是要通过检测来验证的,因此在规定公差时,要考虑是否有经济可行的检测条件。例如,在车间条件下,只要能满足零件的功能要求,往往圆跳动误差比同轴度误差更为方便检测,亦可用圆度、素线直线度及平行度代替圆柱度,或用全跳动代替圆柱度。

3.7.2　基准的选择

基准的选择包括零件上基准部位的选择、基准数量的确定、基准顺序的安排等。

1. 基准部位的选择

选择基准部位时,主要应根据设计和使用要求、零件的结构特征,并兼顾基准统一等原则进行选择。具体应考虑以下几点:

① 选用零件在机器中定位的结合面作为基准部位。例如,箱体的底平面和侧面、盘类零件的轴线、回转零件的支承轴颈或支承孔等。

② 基准要素应具有足够的刚度和尺寸,以保证定位稳定可靠。

③ 选用加工精度较高的表面作为基准部位。

④ 尽量统一装配、加工和检验基准。这样,一是可以消除因基准不统一而产生的误差;二是可以简化夹具、量具的设计与制造,并使测量方便。

2. 基准数量的确定

一般来说,应根据公差项目的定向、定位几何功能要求来确定基准数量。方向公差大多只需要一个基准,而位置公差则需要一个或多个基准。例如,平行度、垂直度、同轴度和对称度等,一般只用一个平面或一条轴线作为基准要素;对于位置度,就可能要用到两个或三个基准要素。

3. 基准顺序的安排

当选用两个或三个基准要素时,就要明确基准要素的次序,并按顺序填入公差框格中。安排基准顺序时,必须考虑零件的结构特点以及装配和使用要求。所选基准顺序正确与否,将直接影响零件的装配质量和使用性能,还会影响零件的加工工艺以及工艺装备的设计等。

3.7.3 几何公差等级(公差值)的选用

几何公差等级的选用原则与尺寸公差选用原则相同,即在满足零件使用要求的前提下,尽量选用低的公差等级。

选用方法常采用类比法,主要考虑以下几个问题:

(1) 几何公差和尺寸公差的关系

通常,同一要素所给出的形状公差、位置公差和尺寸公差应满足关系式(3-32),即

$$T_{形状} < T_{位置} < T_{尺寸} \qquad (3-32)$$

如同一平面上,平面度公差值应小于该平面对基准的平行度公差值,平行度公差值应小于其相应的距离公差值。

(2) 有配合要求时形状公差与尺寸公差的关系

对于有配合要求并要严格保证其配合性质的要素,应采用包容要求。在工艺上,其形状公差大多按分割尺寸公差的百分比来确定,即

$$T_{形状} = KT_{尺寸} \qquad (3-33)$$

在常用尺寸公差等级 IT5~IT8 的范围内,通常取 $K = 25\% \sim 65\%$。K 值过小,会对工艺设备的精度要求过高;K 值过大,则会使尺寸的实际公差过小,给加工带来困难。

(3) 形状公差与表面粗糙度的关系

一般情况下,表面粗糙度的 Ra 值占形状公差值的 20%~25%。

（4）考虑零件的结构特点

对于结构复杂、刚性较差（如细长轴、薄壁件等）或不易加工和测量的零件，在满足零件功能要求的前提下，可适当选用低一些的公差等级。下列情况，可适当降低 1~2 级选用。

① 孔相对于轴。

② 长径比（长度与直径之比）较大的轴或孔。

③ 距离较大的轴或孔。

④ 宽度较大（一般大于 1/2 长度）的零件表面。

⑤ 线对线和线对面相对于面对面的平行度或垂直度。

（5）遵循国家标准

凡有关国家标准已对几何公差作出规定的，如与滚动轴承相配的轴和壳体孔的圆柱度公差、机床导轨的直线度公差、齿轮箱体孔轴线的平行度公差等，都应按相应的国家标准确定。

几何精度的高低是用公差等级数字的大小来表示的。按国家标准规定，除线轮廓度、面轮廓度以及位置度未规定公差等级外，其余几何公差项目均有规定。一般划分为 12 级，即 1~12 级，精度依次降低，仅圆度和圆柱度划分为 13 级，即增加了一个 0 级，以便适应精密零件的需要，见表 3-9~表 3-12（摘自 GB/T 1184—1996 附录 B）。

表 3-9　直线度、平面度的公差值（摘自 GB/T 1184—1996）

主参数 L/mm	公差等级											
	1	2	3	4	5	6	7	8	9	10	11	12
	公差值/μm											
≤10	0.2	0.4	0.8	1.2	2	3	5	8	12	20	30	60
>10~16	0.25	0.5	1	1.5	2.5	4	6	10	15	25	40	80
>16~25	0.3	0.6	1.2	2	3	5	8	12	20	30	50	100
>25~40	0.4	0.8	1.5	2.5	4	6	10	15	25	40	60	120
>40~63	0.5	1	2	3	5	8	12	20	30	50	80	150
>63~100	0.6	1.2	2.5	4	6	10	15	25	40	60	100	200
>100~160	0.8	1.5	3	5	8	12	20	30	50	80	120	250
>160~250	1	2	4	6	10	15	25	40	60	100	150	300

注：主参数 L 为轴、直线、平面的长度。

表 3-10　圆度、圆柱度的公差值（摘自 GB/T 1184—1996）

主参数 d(D)/mm	公差等级												
	0	1	2	3	4	5	6	7	8	9	10	11	12
	公差值/μm												
≤3	0.1	0.2	0.3	0.5	0.8	1.2	2	3	4	6	10	14	25
>3~6	0.1	0.2	0.4	0.6	1	1.5	2.5	4	5	8	12	18	30
>6~10	0.12	0.25	0.4	0.6	1	1.5	2.5	4	6	9	15	22	36
>10~18	0.15	0.25	0.5	0.8	1.2	2	3	5	8	11	18	27	43

续表

主参数 $d(D)$/mm	公差等级												
	0	1	2	3	4	5	6	7	8	9	10	11	12
	公差值/μm												
>18~30	0.2	0.3	0.6	1	1.5	2.5	4	6	9	13	21	33	52
>30~50	0.25	0.4	0.6	1	1.5	2.5	4	7	11	16	25	39	62
>50~80	0.3	0.5	0.8	1.2	2	3	5	8	13	19	30	46	74
>80~120	0.4	0.6	1	1.5	2.5	4	6	10	15	22	35	54	87

注:主参数 $d(D)$ 为轴(孔)的直径。

表 3-11 平行度、垂直度、倾斜度的公差值(摘自 GB/T 1184—1996)

主参数 $L,d(D)$/mm	公差等级											
	1	2	3	4	5	6	7	8	9	10	11	12
	公差值/μm											
≤10	0.4	0.8	1.5	3	5	8	12	20	30	50	80	120
>10~16	0.5	1	2	4	6	10	15	25	40	60	100	150
>16~25	0.6	1.2	2.5	5	8	12	20	30	50	80	120	200
>25~40	0.8	1.5	3	6	10	15	25	40	60	100	150	250
>40~63	1	2	4	8	12	20	30	50	80	120	200	300
>63~100	1.2	2.5	5	10	15	25	40	60	100	150	250	400
>100~160	1.5	3	6	12	20	30	50	80	120	200	300	500
>160~250	2	4	8	15	25	40	60	100	150	250	400	600

注:1. 主参数 L 为给定平面度时轴线或平面的长度,或给定垂直度、倾斜度时被测要素的长度。
　　2. 主参数 $d(D)$ 为给定面对线垂直度时,被测要素的轴(孔)的直径。

表 3-12 同轴度、对称度、圆跳动、全跳动的公差值(摘自 GB/T 1184—1996)

主参数 $d(D),B,L$/mm	公差等级											
	1	2	3	4	5	6	7	8	9	10	11	12
	公差值/μm											
≤1	0.4	0.6	1	1.5	2.5	4	6	10	15	25	40	60
>1~3	0.4	0.6	1	1.5	2.5	4	6	10	20	40	60	120
>3~6	0.5	0.8	1.2	2	3	5	8	12	25	50	80	150
>6~10	0.6	1	1.5	2.5	4	6	10	15	30	60	100	200
>10~18	0.8	1.2	2	3	5	8	12	20	40	80	120	250

主参数 $d(D)$, B, L/mm	公差等级											
	1	2	3	4	5	6	7	8	9	10	11	12
	公差值/μm											
>18~30	1	1.5	2.5	4	6	10	15	25	50	100	150	300
>30~50	1.2	2	3	5	8	12	20	30	60	120	200	400
>50~120	1.5	2.5	4	6	10	15	25	40	80	150	250	500
>120~250	2	3	5	8	12	20	30	50	100	200	300	600

注：1. 主参数 $d(D)$ 为给定同轴度的直径，或给定圆跳动、全跳动的轴(孔)直径。

2. 圆锥体斜向圆跳动公差的主参数为平均直径。

3. 主参数 B 为给定对称度的槽的宽度。

4. 主参数 L 为给定两孔对称度的孔心距。

对于位置度，国家标准只规定了公差值数系，而未规定公差等级，见表 3-13。

表 3-13　位置度公差值数系(摘自 GB/T 1184—1996)　　　　　　　　　　μm

优先 数系	1	1.2	1.5	2	2.5	3	4	5	6	8
	1×10^n	1.2×10^n	1.5×10^n	2×10^n	2.5×10^n	3×10^n	4×10^n	5×10^n	6×10^n	8×10^n

注：n 为正整数。

位置度的公差值一般与被测要素的类型、连接方式等有关。

位置度常用于控制螺栓或螺钉连接中孔距的位置精度要求，其公差值取决于螺栓与光孔之间的间隙。位置度公差值 T(公差带的直径或宽度)按式(3-34)、式(3-35)计算。

螺栓连接：　　　　　　　　　　　　$T \leqslant KZ$　　　　　　　　　　　　(3-34)

螺钉连接：　　　　　　　　　　　　$T \leqslant 0.5KZ$　　　　　　　　　　(3-35)

式中　Z——孔与螺纹紧固件之间的间隙，$Z = D_{min} - d_{max}$；

　　　D_{min}——最小孔径(光孔的最小直径)；

　　　d_{max}——最大轴径(螺栓或螺钉的最大直径)；

　　　K——间隙利用系数。推荐值：不需调整的固定连接，$K=1$；需要调整的固定连接，$K=0.6~0.8$。

按式(3-34)和式(3-35)算出的公差值，经圆整后应符合国家标准推荐的公差值数系，见表 3-13。

3.7.4　公差原则的选择

公差原则的选择应根据被测要素功能要求，充分发挥公差的职能和采取该公差原则的可行性和经济性。

独立原则主要用于尺寸精度和几何精度要求都较严，且需要分别满足要求或尺寸精度与几何精度要求相差较大的场合。例如，平板的尺寸精度要求较低，但平面度要求较高，应分别提出要求;或用于保证运动精度、密封性等特殊要求,常提出与尺寸精度无关的几何公差要求,如气缸套内孔,为保证活塞环在直径方面的密封性,其圆度或圆柱度公差要求严,需单独保证。

对重要的配合常采用包容要求。

对于仅需保证零件的可装配性的要求,为了便于零件的加工制造,可以采用最大实体要求和可逆要求等。

为保证最小壁厚可选用最小实体要求。

3.7.5　未注几何公差的规定

公差值在图样上的表示方法有两种:一种是在公差框格内注出几何公差的公差值(如前所述);另一种是不注出几何公差值,用未注公差的规定来控制,两种都是设计要求。国家标准GB/T 1184—1996中规定了不注公差时仍然必须遵守的几何公差值。应用未注公差的总原则是:实际要素的功能允许几何公差等于或大于未注公差值时,一般不需要单独注出,而采用未注公差标注。如功能要求允许大于未注公差值,而这个较大的公差值会给工厂带来经济效益时,则可将这个较大的公差值单独标注在要素上,如金属薄壁件、挠性材质零件(如橡胶件、塑料件)等。因此,未注公差值是一般机床或中等制造精度就能保证的几何精度,为了简化标注,不必在图样上注出的几何公差。

采用未注几何公差的要素,其几何精度应按下列规定执行:

① 对直线度、平面度、垂直度、对称度和圆跳动的未注公差各规定了 H、K、L 三个公差等级,见表 3-14~表 3-17,供各行业根据实际情况选用。确定了未注公差等级后,应在图样标题栏附近或在技术要求、技术文件(如企业标准)中注出标准号及公差等级代号,如 GB/T 1184-K。

表 3-14　直线度和平面度的未注公差值(摘自 GB/T 1184—1996)　　　mm

公差等级	基本长度范围					
	~10	>10~30	>30~100	>100~300	>300~1 000	>1 000~3 000
H	0.02	0.05	0.1	0.2	0.3	0.4
K	0.05	0.1	0.2	0.4	0.6	0.8
L	0.1	0.2	0.4	0.8	1.2	1.6

注:1. 确定直线度未注公差时,应按其相应线的长度选择未注公差值。
　　2. 确定平面度未注公差时,应以被测表面上较长的边长或圆表面的直径选择未注公差值。
　　3. 已用平面度未注公差控制的要素,不再考虑其直线度未注公差。

表 3-15　垂直度未注公差值(摘自 GB/T 1184—1996)　　　mm

公差等级	基本长度范围			
	~100	>100~300	>300~1 000	>1 000~3 000
H	0.2	0.3	0.4	0.5
K	0.4	0.6	0.8	1
L	0.6	1	1.5	2

表 3-16　对称度未注公差值(摘自 GB/T 1184—1996)　　　　　　mm

公差等级	基本长度范围			
	~100	>100~300	>300~1 000	>1 000~3 000
H	0.5			
K	0.6		0.8	1
L	0.6	1	1.5	2

表 3-17　圆跳动未注公差值(摘自 GB/P 1184—1996)　　　　　　mm

公差等级	圆跳动公差值
H	0.1
K	0.2
L	0.5

② 圆度是自身尺寸公差能控制几何误差的项目。圆度的未注公差值等于给出的直径公差值,但不能大于表 3-12 中的径向圆跳动量。

③ 圆柱度的未注公差值不做规定。圆柱度误差包括圆度、直线度和相对素线的平行度误差三部分,其中每项误差均由各自的注出公差或未注公差控制。

④ 平行度未注公差值等于给出的尺寸公差值或为直线度和平面度未注公差值的相应公差值中的较大者。

⑤ 未注公差的倾斜度误差可由角度尺寸的公差(若定向角未注公差时,按角度未注公差)和要素自身的形状未注公差分别控制。

⑥ 同轴度未注公差值未作规定。在极限状况下,同轴度未注公差值可以和表 3-17 中规定的径向圆跳动的未注公差值相等。

⑦ 全跳动的未注公差值由被测要素的形状和位置未注公差所产生的综合结果来控制,其跳动误差的最大值不应超过被测要素的形状和位置未注公差的总和。

⑧ 位置度和线、面轮廓度未注公差值均由各要素相应的定位尺寸和定形尺寸的注出和未注出的尺寸公差来控制。

3.8　先进测量技术介绍

3.8.1　圆度仪的工作原理及使用

圆度仪是一种利用回转轴法测量工件圆度误差的计量器具。图 3-71 所示为圆度仪结构图,由工作台、传感器、测头、操作机构和测量软件构成。圆度仪分为传感器回转式和工作台回转式两种形式。

1. 圆度仪的工作原理

图 3-72(a)所示为传感器回转式圆度仪,其工作原理为主轴垂直地安装在头架上,主轴的下

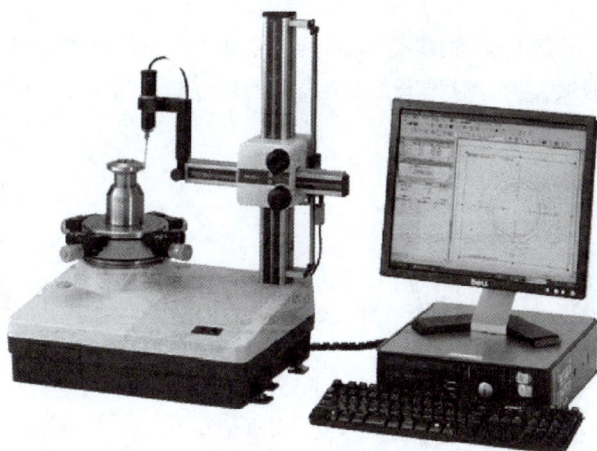

图 3-71 圆度仪结构图

端安装一个可以径向调节的传感器,用同步电机驱动主轴旋转,这样就使安装在主轴下端的传感器测头形成接近于理想圆的轨迹。被测工件安装在中心可做精确调整的微动定心台上,利用电感放大器的对中表可以相对精确地找正主轴中心。测量时传感器测头与被测工件截面接触,被测工件截面实际轮廓引起的径向尺寸的变化由传感器转化成电信号,通过放大器、滤波器输入极坐标记录器中,把工件被测截面实际轮廓在半径方向上的变化量加以放大,画在记录纸上。再用刻有同心圆的透明样板或采用作图法可评定出圆度误差,或通过计算机直接显示测量结果。对传感器回转式圆度仪,由于主轴工作时不受被测工件重量的影响,因而比较容易保证较高的主轴回转精度。

图 3-72(b) 所示为工作台回转式圆度仪,其工作原理为测量时,被测工件安置在工作台上,随工作台一起转动,传感器在支架上固定不动,传感器感受的被测工件轮廓的变化经放大器放大,并做相应的信号处理,然后送到极坐标记录器记录或由计算机显示结果。工作台回转式圆度仪具有能使测头很方便地调整到被测工件任一截面进行测量的优点,但受旋转工作台承载能力的限制,只适用于测量小型零件的圆度误差。

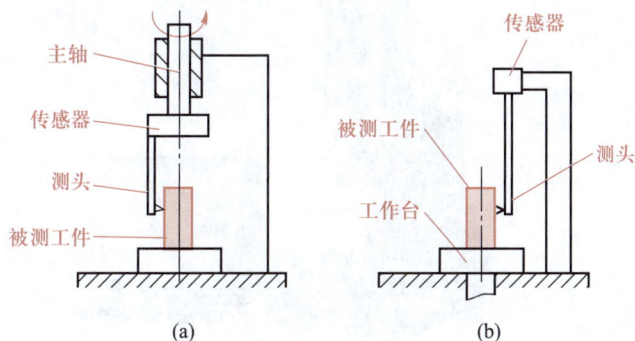

(a) (b)

图 3-72 圆度仪工作示意图

101

2. 圆度仪的使用

圆度仪是一种工艺范围较广的精密计量器具,可测量各种环形零件的圆度、圆柱度、同轴度、同心度、平行度、垂直度、跳动,圆柱体母线的直线度,圆柱体端面的跳动、平面度等。圆度仪测量工件示意图如图 3-73 所示。

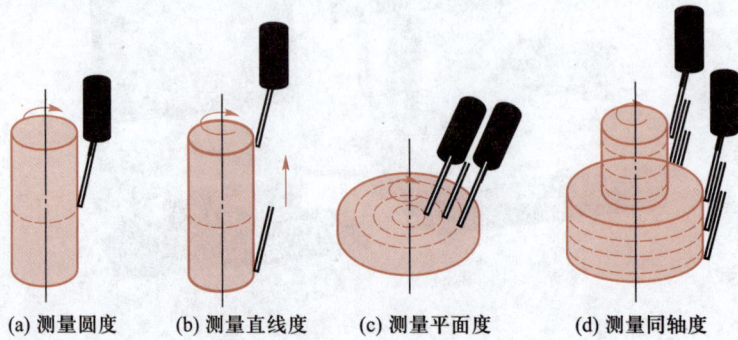

(a) 测量圆度　　(b) 测量直线度　　(c) 测量平面度　　(d) 测量同轴度

图 3-73　圆底仪测量工件示意图

3.8.2　影像仪的工作原理及使用

1. 影像仪的工作原理

影像仪使用本身的硬件(CCD,目镜、物镜数据线)将所能捕捉到的图像通过数据线传输到计算机的数据采集卡中,由软件在计算机显示器上成像,是操作员用鼠标在计算机上进行快速测量的一种设备(图 3-74)。以上的工序基本可在几万分之一秒内完成,所以可以将其看作实时检测设备,或者狭隘一点可以称其为动态测量设备。如果配置合乎要求,设备绝对不会产生图像滞后现象。因被测工件大小而异,工作台可以选择不同行程。光源亮度可调,可以在各种光线条件下选择最合适的光源亮度。

影像仪装配有轮廓光源和表面光源两个可调的光源系统,不仅可以观测工件轮廓,也可以测量不透明工件的表面形状。

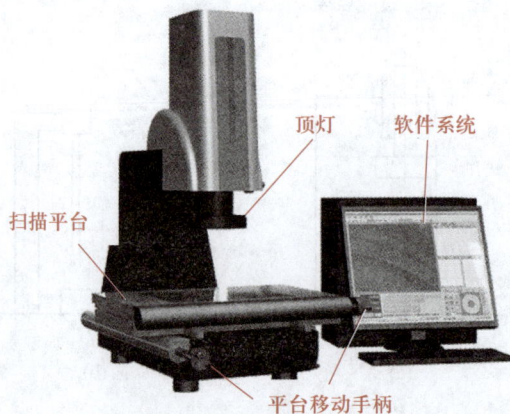

图 3-74　影像仪结构图

① 轮廓光影像量测：当被测工件有透孔时，使用轮廓光影像量测。

② 表面光影像量测：当被测工件没有透孔时，使用表面光影像量测。

影像量测窗口显示被测工件的实时实际影像（图 3-75），根据工件的不同，可以用轮廓光或表面光影响量测来达到最佳的量测效果。测量时首选轮廓光影像量测，当用此种方法无法达到测量要求时，再用表面光影像量测。

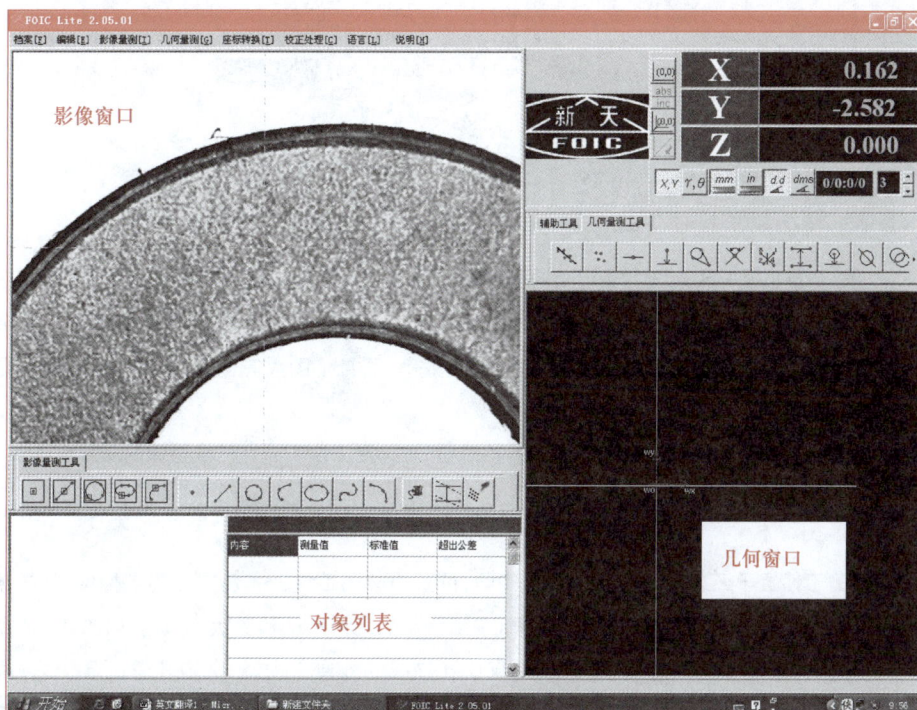

图 3-75 影像量测窗口

不同厂家所使用的系统软件不同，图 3-75 所示为 FOIC Lite 系统影像量测窗口，共有 4 个区域：影像窗口、对象列表、DRO 坐标显示区、几何窗口。影像窗口用以显示被测工件实际影像，可通过调节焦距、灯光的明暗以使其显示清晰。对象列表用以显示被测工件上需测量的各被测要素，如内圆 1、外圆 2 等。DRO 坐标显示区用以建立坐标系并调整设备坐标零位。

2. 影像仪的使用

影像仪的测量范围很广，除可测量距离尺寸外，还可测量二维的误差，如同心度、圆度、直线度、平行度、垂直度等。由于技术的发展，目前大多数公司已研发出三维测量的影像设备及相应的数据处理软件。使用时，用鼠标在影像窗口对工件影像的边缘点进行采集，影像仪在几何窗口形成该影像的数字图形并存储，在对象列表中选择要测量的几何要素，系统将自动计算出该要素在坐标系中的坐标位置、尺寸及其几何误差值，如图 3-76 所示。

影像仪适合与 CAD/CAM 或 Microsoft Word、Excel 结合进行文书处理，如导入 CAD 模型、生成检验报告等。

103

内容	测量值	标准值	超出公差
圆心 X	0.353	0.353	
圆心 Y	-3.832	-3.832	
直径	10.418	10.418	
半径	5.209	5.209	

图 3-76　对象列表

3.8.3　三坐标测量机的工作原理及使用

三坐标测量机是一种高效的新型精密测量设备,目前广泛应用于机械、电子、汽车、飞机等工业部门,常用于测量各种机械零件、模具等的尺寸、形状、位置、孔中心距等,特别适用于带有空间曲面的工件。由于三坐标测量机具有高准确度、高效率、测量范围大等优点,已成为几何量测量的一个主要发展方向。

三坐标测量机是通过测头系统与工件的相对移动,探测工件表面点三维坐标的测量系统。

1. 三坐标测量机的工作原理

微课

三坐标测量平面度误差 1

将被测工件置于三坐标测量机的测量空间,可获得被测工件上各测得点的坐标位置,根据这些点的空间坐标值,由软件进行数学运算,求出待测的几何尺寸和形状、位置。如图 3-77 所示,要测量工件上圆柱孔的直径,可以在垂直于孔轴线的截面 I 内,触测内孔壁上三个点(点1、2、3),则根据这三点的坐标值就可计算出孔的直径及圆心坐标 O_1;如果在该截面内触测更多的点(点 1、2、…、n,n 为点数),则可根据最小二乘法或最小条件法计算出该截面圆的圆度误差;如果对多个垂直于孔轴线的截面圆(I、II、…、m,m 为测量的截面圆数)进行测量,则根据测得点的坐标值可计算出孔的圆柱度误差;如果再在孔端面 A 上触测三点,则可计算出孔轴线

微课

三坐标测量平面度误差 2

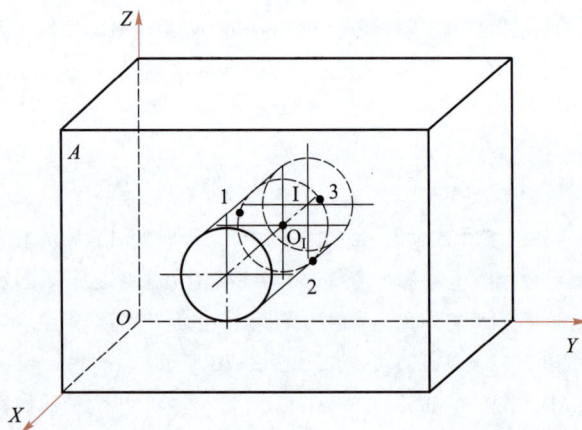

图 3-77　三坐标测量机的工作原理

对端面的位置度误差。由此可见,三坐标测量机的工作原理使其具有很大的通用性与柔性。从原理上说,它可以测量任何工件的任何几何元素的任何参数。

2. 三坐标测量机的种类

三坐标测量机按操作模式可分为接触式和非接触式两种,按结构可分为移动桥式、固定桥式、龙门式、水平臂式和关节臂式等,如图 3-78 所示。

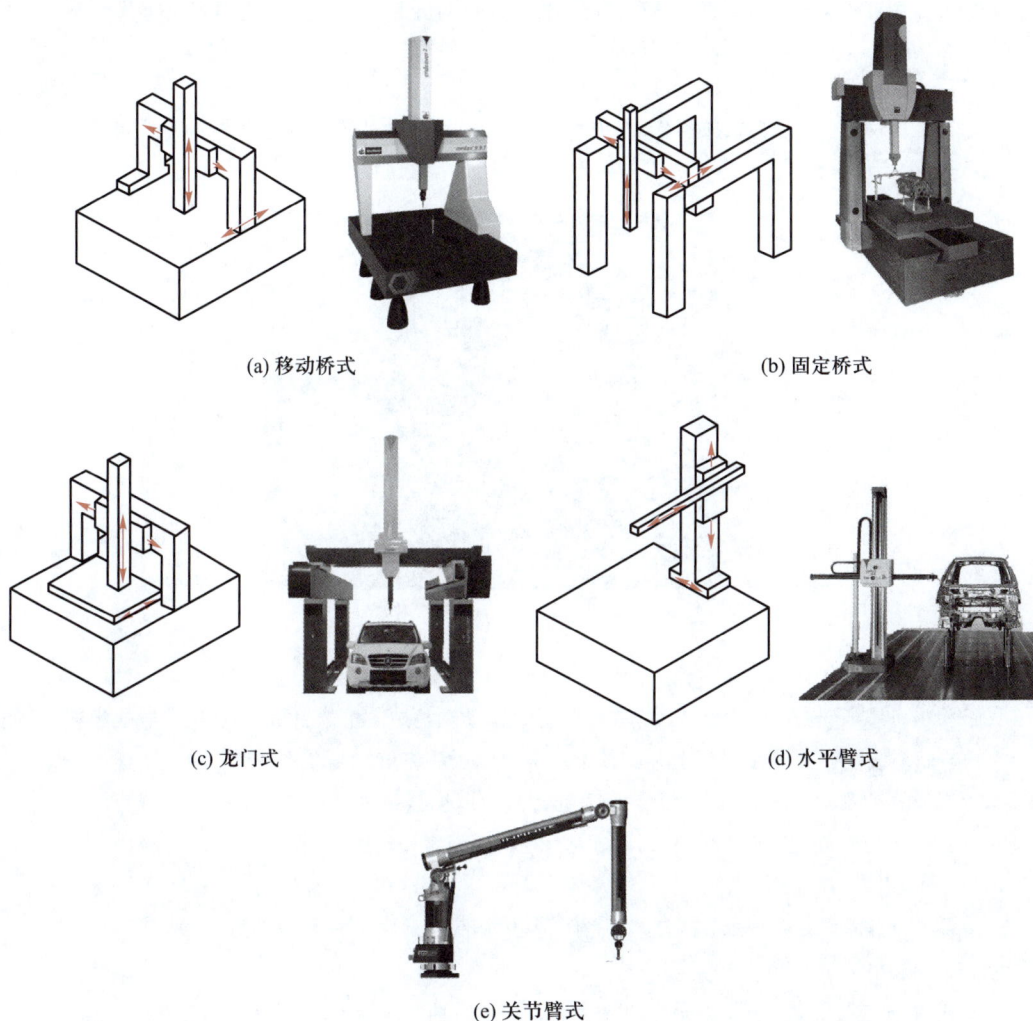

(a) 移动桥式　　　　　　　　　　　(b) 固定桥式

(c) 龙门式　　　　　　　　　　　(d) 水平臂式

(e) 关节臂式

图 3-78　各种结构的三坐标测量机

移动桥式测量机是使用最为广泛的一种机构形式的测量机,其特点是开敞性比较好,承载能力大,视野开阔,上下零件方便;运动速度快,精度比较高;有小型、中型、大型几种形式。

固定桥式测量机由于桥架固定,刚性好,动台中心驱动,中心光栅阿贝误差小,因此精度非常高,是高精度和超高精度测量机的首选结构。

龙门式测量机为大型和超大型测量机,适合于航空、航天、造船行业的大型零件或大型模具的测量,一般采用双光栅、双驱动等技术提高精度。龙门式测量机最长可到数十米,由于其刚性要比水平臂式测量机好,因而对大尺寸工件而言可保证足够的精度。

水平臂式测量机开敞性好,测量范围大,可由两台机器共同组成双臂测量机,尤其适合汽车工业钣金件的测量。

关节臂式测量机具有非常好的灵活性,适合携带到现场进行测量,对环境条件要求比较低。多自由度的关节臂式测量机具有轻便、灵活、低价的特点,在一定领域内得到欢迎。

3. 三坐标测量机的结构组成

三坐标测量机一般由机械系统、测头测座系统、电气控制系统和软件系统 4 部分组成,如图 3-79 所示。

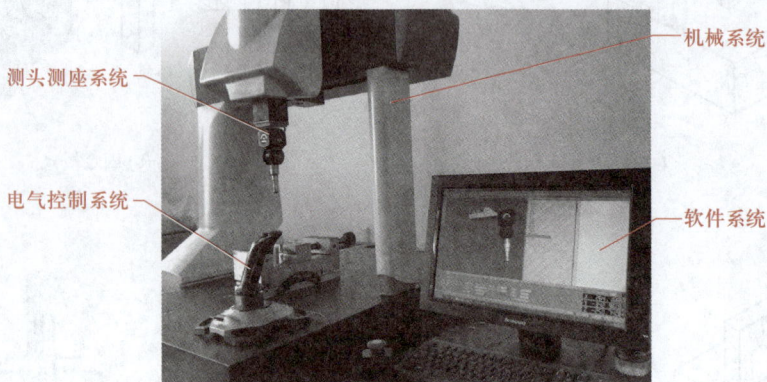

图 3-79　三坐标测量机结构组成

（1）机械系统

机械系统一般由基础平台和三个正交的直线运动轴构成。机架由横梁、滑架和导轨组成,X 向导轨系统装在工作台上,移动桥架横梁是 Y 向导轨系统,Z 向导轨系统装在中央滑架内,形成互相垂直的三轴。三个方向轴上均装有光栅尺用以度量各轴位移值。工作台(一般采用花岗石)用于摆放、固定零件支承桥架,要求具有足够的刚度和热稳定性。

（2）测头测座系统

测头测座系统是数据采集的传感器系统,其中测头部分由测杆和探针组成,如图 3-80 所示,其主要功能:

① 测座连接测头,可以根据命令(或手动)转换角度;

② 测头传感器在探针接触被测点时发出触发信号;

③ 控制器根据命令控制测座旋转到指定角度,并控制测头工作方式转换。

（3）电气控制系统

电气控制系统主要功能:

① 控制、驱动测量机的运动,进行三轴同步及速度、加速度控制;

② 对光栅读数进行处理;

③ 在有触发信号时采集数据;

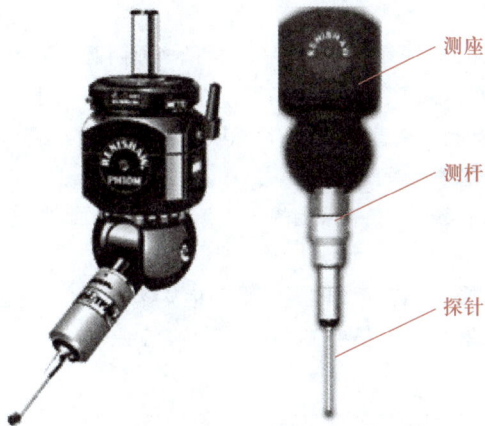

测座

测杆

探针

图3-80　测头测座系统

④ 采集温度数据,进行温度补偿;

⑤ 根据补偿文件,对测量机进行其他21项误差补偿;

⑥ 对测量机工作状态进行监测(行程控制、气压、速度、读数、测头等),采取保护措施;

⑦ 对扫描测头的数据进行处理,并控制扫描;

⑧ 与计算机进行各种信息交流。

(4) 软件系统

软件系统主要功能:

① 对电气控制系统进行参数设置;

② 进行测头定义、测头校正及测头半径补偿;

③ 建立坐标系(零件找正);

④ 对测量数据进行计算、统计和处理;

⑤ 编程并将运动位置和触测控制通知电气控制系统;

⑥ 输出测量报告;

⑦ 保存、传输测量数据到指定网络或计算机。

4. 三坐标测量机的使用

三坐标测量机的使用步骤如下。

(1) 选择并校准测头

目的:建立测头文件,确定测头半径补偿。测头每次安装都要校正才能使用,首先,触测时得到的是红宝石球心的位置,而实际需要的是接触点的位置;其次,可以建立起各个不同角度测头之间的关系,如图3-81所示。

(2) 建立工件坐标系

建立工件坐标系的原理是限制物体运动的6个自由度,利用工件上的元素建立工件

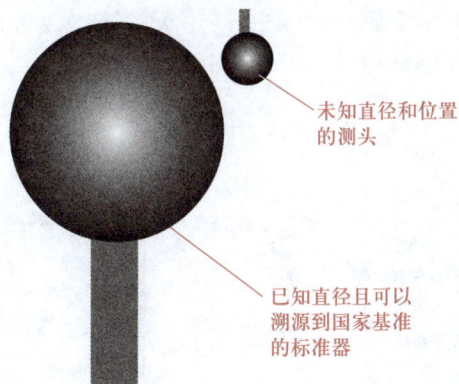

未知直径和位置的测头

已知直径且可以溯源到国家基准的标准器

图3-81　校准测头

坐标系,来确定工件的空间位置。

建立工件坐标系常用的方式有"面—线—点"和"一面两圆"两种。其中"面—线—点"指的是利用工件上一个平面限制工件 3 个自由度,不在平面内的一条直线限制工件 2 个自由度,再确定一个既不在平面内也不在直线上的一个点限制工件 1 个自由度。"面—线—点"建立工件坐标系的方法如图 3-82 所示,其步骤如下:

① 在工件上表面采集不在一条直线上的 3 个点,形成一个面,限制工件 Z 向平移及绕 X、Y 轴的旋转自由度;

② 在工件前侧面采集 2 个点,限制工件 Y 向平移及绕 Z 轴的旋转自由度;

③ 在工件左侧面采集 1 个点,限制工件 X 向平移。至此,工件的 6 个自由度全被限制,工件坐标系建立完成。

微课
建立工件坐标系

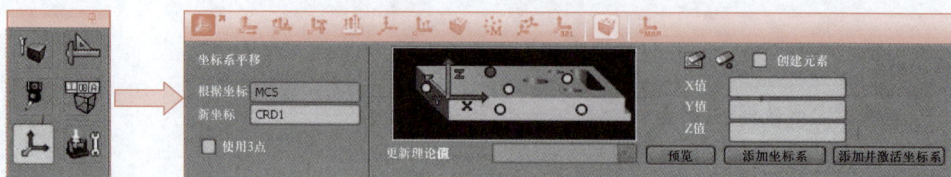

图 3-82　"面—线—点"建立工件坐标系

微课
导入 CAD 模型

（3）测量或构造几何元素

零件都是由点、线、面几何要素构成的,这些几何特征都需要测量并且和设计说明相比较,从而判断其合格性。几何要素的测量如图 3-83 所示。三坐标测量机可测量点、线、面、圆、圆柱、圆锥、圆球等基本要素。在三坐标测量机中,这些基本要素除可通过测量获得外,也可通过构造的方式获得,如线可以通过测量两个相交面获得。

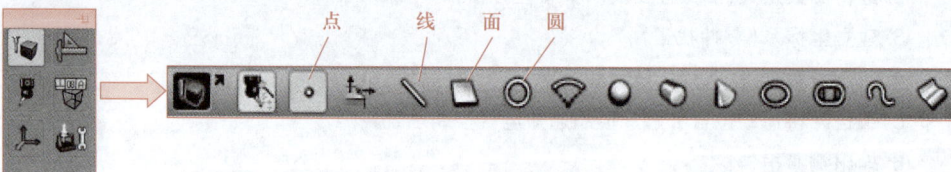

图 3-83　几何要素的测量

（4）处理数据并输出报告

根据采集的数据进行尺寸公差和几何公差的评定,并打印和输出报告。简单报告的输出如图 3-84 所示,也可选择图形输出报告、自定义输出报告等。

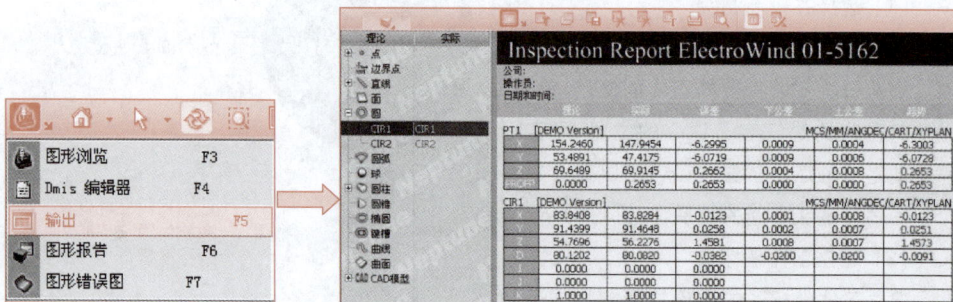

图 3-84　三坐标测量机简单报告的输出

习题

3-1 几何公差项目如何分类？其名称和符号是什么？

3-2 几何公差带与尺寸公差带有何区别？几何公差的要素有哪些？

3-3 下列几何公差项目的公差带有何相同点和不同点？

(1) 圆度和径向圆跳动公差带。

(2) 端面对轴线的垂直度和轴向全跳动公差带。

(3) 圆柱度和径向全跳动公差带。

3-4 最小包容区域、定向最小包容区域与定位最小包容区域三者有何差异？若同一要素需同时规定形状公差、方向公差和位置公差时,三者的关系应如何处理？

3-5 公差原则有哪些？独立原则和包容要求的含义是什么？

3-6 组成要素和导出要素的几何公差标注有什么区别？

3-7 哪些情况下在几何公差值前要加注符号"ϕ"？哪些场合要用到理论正确尺寸？如何标注？

3-8 如何正确选择几何公差项目和几何公差等级？具体应考虑哪些问题？

3-9 已知某轴 $\phi 50f8 \left({}^{-0.025}_{-0.064} \right) \text{Ⓔ}$ 的实测轴径为 $\phi 49.966$ mm,轴线直线度误差为 $\phi 0.01$ mm,试判断该零件的合格性。

3-10 试将下列技术要求标注在图 3-85 上。

(1) $2 \times \phi d$ 轴线对其公共轴线的同轴度公差为 $\phi 0.02$ mm。

(2) ϕD 轴线对 $2 \times \phi d$ 公共轴线的垂直度公差为 100/0.02 mm。

(3) 槽两侧面对 ϕD 轴线的对称度公差为 0.04 mm。

3-11 试将下列技术要求标注在图 3-86 上。

(1) 圆锥面 a 的圆度公差为 0.1 mm。

(2) 圆锥面 a 对孔轴线 b 的斜向圆跳动公差为 0.02 mm。

(3) 基准孔轴线 b 的直线度公差为 0.005 mm。

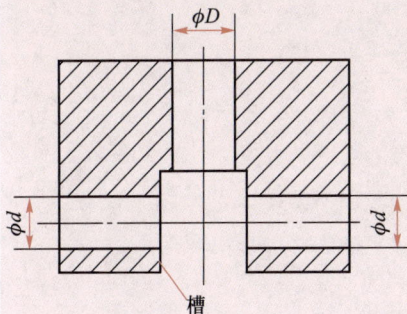

图 3-85 题 3-10 图

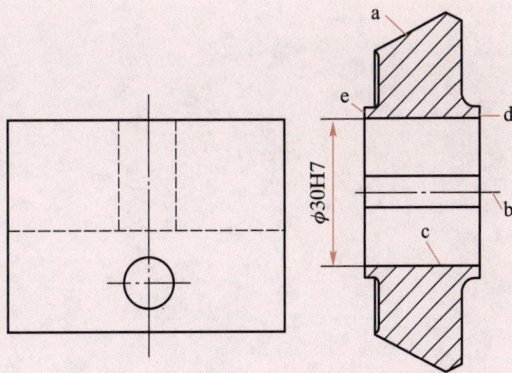

图 3-86 题 3-11 图

（4）孔表面 c 的圆柱度公差为 0.01 mm。

（5）端面 d 对基准孔轴线 b 的端面全跳动公差为 0.01 mm。

（6）端面 e 对端面 d 的平行度公差为 0.03 mm。

3-12 试将图 3-87 按表 3-18 所列要求填入表中。

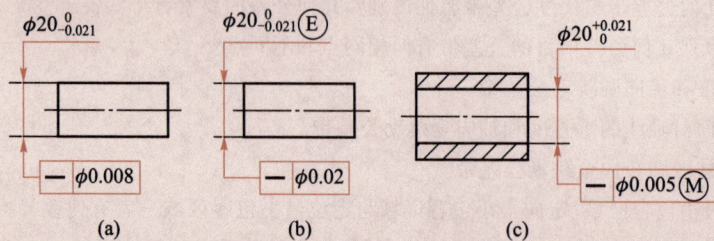

$\phi20_{-0.021}^{0}$　　$\phi20_{-0.021}^{0}$ Ⓔ　　$\phi20_{0}^{+0.021}$

— $\phi0.008$　　— $\phi0.02$　　— $\phi0.005$ Ⓜ

(a)　　(b)　　(c)

图 3-87 题 3-12 图

表 3-18 题 3-12 表

图例	采用公差原则	边界及边界尺寸	给定的形位公差值	可能允许的最大形位误差值
（a）				
（b）				
（c）				

工程案例

齿轮泵体零件几何误差检测方案制订。

110

第4章　表面粗糙度与检测

知识与素养目标

1. 熟练掌握表面粗糙度的基本概念及评定参数；
2. 熟练掌握表面粗糙度的技术含义、标注及相应国家标准；
3. 学习微观误差的控制，培养精益求精的精神。

技能目标

1. 会正确选用表面粗糙度；
2. 会使用表面粗糙度仪等工具测量表面粗糙度。

知识导图

```
                                    ┌─ 表面粗糙度参数Ra、Rz
                                    ├─ 理解表面粗糙度的符号和代号
                       表面粗糙度精度设计 ┤
                                    ├─ 表面粗糙度的精度设计(参数的
                                    │  选择、参数值的选择)
                                    └─ 表面粗糙度在图样上的正确标注
   表面粗糙度与检测 ┤
                                    ┌─ 表面粗糙度的检测方法：比较法、
                       表面粗糙度检测 ┤  光切法、干涉法、针触法
                                    └─ 案例：用粗糙度仪测量表面粗糙度
```

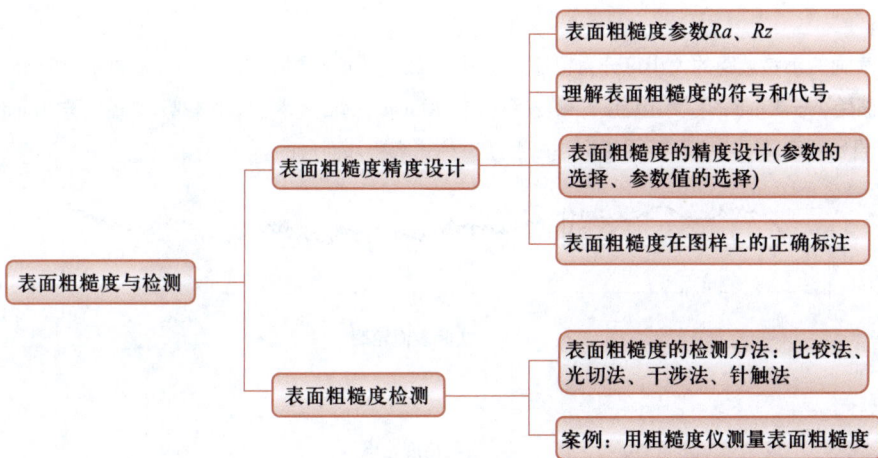

　　表面粗糙度是反映工件表面结构的参数，无论是采用切削加工方法，还是其他加工方法，工件表面上都会存在由间距很小的峰、谷形成的微观几何误差，其形成的原因是多方面的，如在切削加工过程中，由于刀具与工件表面的摩擦产生的刀痕，切削时金属的撕裂、分离时工件表面的塑性变形，以及机床、刀具的振动等。零件的表面粗糙度对零件的功能要求、使用寿命等都会产生重大影响。

　　为了评定及测量表面粗糙度，我国颁布了评定表面粗糙度和测量表面粗糙度的相应的国

家标准,主要有 GB/T 3505—2009《产品几何技术规范(GPS)表面结构　轮廓法　术语、定义及表面结构参数》、GB/T 1031—2009《产品几何技术规范(GPS)　表面结构　轮廓法　表面粗糙度参数及其数值》、GB/T 131—2006《产品几何技术规范(GPS)　技术产品文件中表面结构的表示法》、GB/T 10610—2009《产品几何技术规范(GPS)　表面结构　轮廓法　评定表面结构的规则和方法》等。

4.1　表面粗糙度概念

4.1.1　表面粗糙度的基本概念

一个指定平面与实际表面相交所得的轮廓,称为表面轮廓。通常用垂直于零件实际表面的平面与该零件实际表面相交所得到的轮廓作为评估对象,如图 4-1 所示。

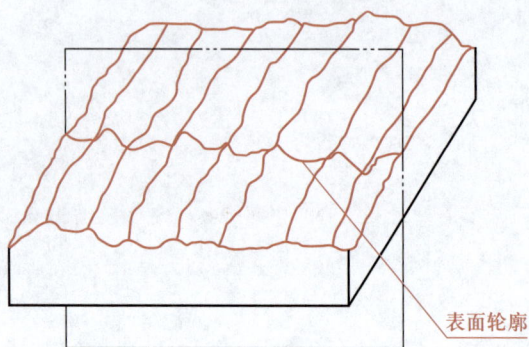

图 4-1　表面轮廓

表面轮廓按波距的大小可分为粗糙度轮廓、波纹度轮廓和原始轮廓三种,如图 4-2 所示。通常将波距小于 1 mm 的称为粗糙度轮廓,波距在 1~10 mm 之间的称为波纹度轮廓,波距大于 10 mm 的称为原始轮廓。一个实际表面轮廓是由上述三种轮廓叠加而成的。

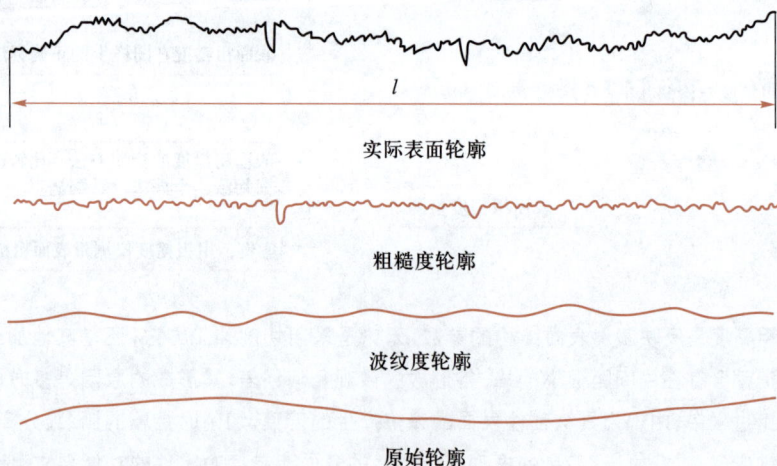

实际表面轮廓

粗糙度轮廓

波纹度轮廓

原始轮廓

图 4-2　三种不同的表面轮廓

4.1.2　表面粗糙度对零件工作性能的影响

（1）影响耐磨性

零件实际表面越粗糙，则摩擦因数就越大，两个相对运动的表面间的实际有效接触面积就越小，导致单位面积压力增大，零件运动表面磨损加快。但若表面过于光滑，由于润滑油被挤出和分子间吸附作用等原因，也会使摩擦力增大，从而加剧磨损。

（2）影响配合性质的稳定性

对于间隙配合，相对运动的表面上微小峰、谷会被磨去，使间隙增大；对于过盈配合，装配时表面的微小凸峰被挤平，会使有效过盈量减小，影响其接触强度；对于过渡配合，因装配时多采用压力或锤子敲击，也会使配合变松。

（3）影响耐疲劳性

零件表面越粗糙，凹谷越深，对应力集中越敏感，特别是在交变应力作用下，影响更大，容易产生疲劳裂痕。

（4）影响耐蚀性

零件表面越粗糙，凹谷越深，越易附着腐蚀性物质，并渗入到金属内层，加剧金属锈蚀。

此外，表面粗糙度对接触刚度、密封性、产品外观等都有明显的影响。因此，在零件精度设计中，对零件表面粗糙度提出合理的技术要求十分重要。

4.1.3　表面粗糙度的评定参数

1. 相关术语及定义

（1）取样长度 lr

用于判别被评定轮廓不规则特征的 X 轴方向（与轮廓总的走向一致）上的长度。规定取样长度的目的在于限制和削弱其他几何形状误差，特别是表面波纹度对测量的影响。零件表面越粗糙，取样长度就越大，一般至少要包含5个微峰和5个微谷，如图4-3所示。

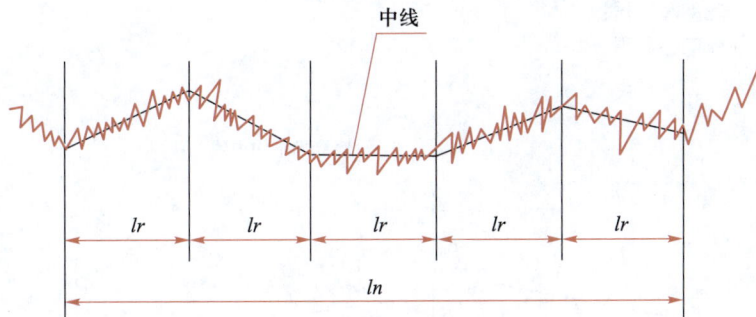

图4-3　取样长度和评定长度

（2）评定长度 ln

用于评定被评定轮廓的 X 轴方向上的长度。由于零件表面粗糙度不一定很均匀，在一个取样长度上往往不能合理地反映某一表面的粗糙度特征，因此，在测量和评定时，需规定一段最小长

113

度作为评定长度,可以包含一个或几个取样长度,一般取 $ln = 5lr$,如图 4-3 所示。国家标准给出了取样长度和评定长度的数值,见表 4-1。

表 4-1 lr 和 ln 的数值(摘自 GB/T 1031—2009)

$Ra/\mu m$	$Rz/\mu m$	lr/mm	ln/mm $ln = 5 \times lr$
$\geqslant 0.008 \sim 0.02$	$\geqslant 0.025 \sim 0.10$	0.08	0.4
$>0.02 \sim 0.1$	$>0.10 \sim 0.5$	0.25	1.25
$>0.1 \sim 2.0$	$>0.5 \sim 10.0$	0.8	4.0
$>2.0 \sim 10$	$>10.0 \sim 50.0$	2.5	12.5
$>10 \sim 80$	$>50 \sim 320$	8.0	40.0

(3) 中线

通常采用的粗糙度轮廓中线有轮廓最小二乘中线和轮廓算术平均中线。

① 轮廓最小二乘中线:指在一个取样长度内,具有理想直线形状并划分被测轮廓的基准线,使轮廓线上各点到该基准线的距离 z_i 的平方和为最小,如图 4-4 所示。

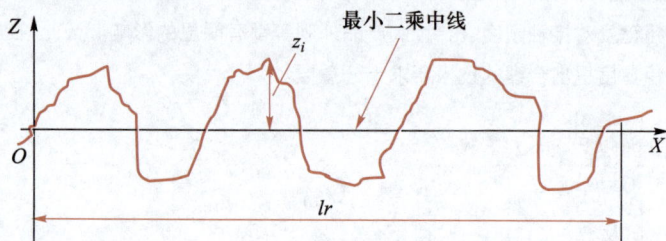

图 4-4 轮廓最小二乘中线

② 轮廓算术平均中线:指在一个取样长度内,划分实际轮廓为上、下两部分,且使两部分面积相等的基准线,如图 4-5 所示,用公式表示为

$$\sum_{i=1}^{n} F_i = \sum_{i=1}^{n} F_i' \tag{4-1}$$

式中 F_i——轮廓峰面积;

F_i'——轮廓谷面积。

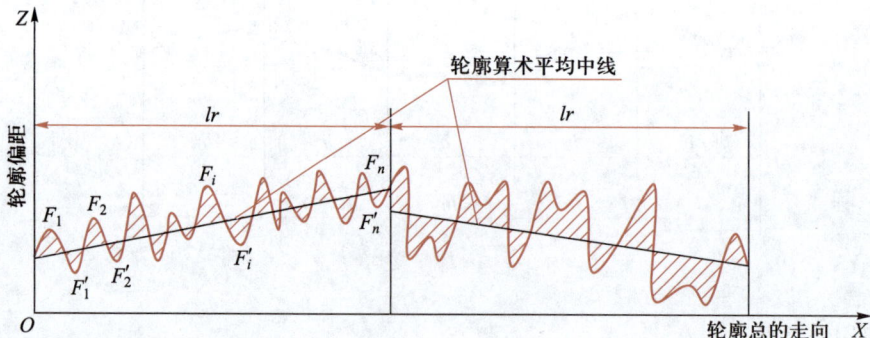

图 4-5 轮廓算术平均中线

114

2. 粗糙度轮廓的评定参数

GB/T 3505—2009 规定粗糙度轮廓的评定参数有幅度参数、间距参数、混合参数以及曲线和相关参数。下面介绍其中几种主要评定参数。

（1）幅度参数

① 评定轮廓的算术平均偏差（Ra）：指在一个取样长度内，轮廓纵坐标值 $Z(x)$ 绝对值的算术平均值，如图 4-6 所示。

$$Ra = \frac{1}{lr}\int_0^{lr} |Z(x)|\,dx \qquad (4-2)$$

式中　lr——取样长度；

　　$Z(x)$——轮廓偏距，指轮廓上各点至基准线的距离。

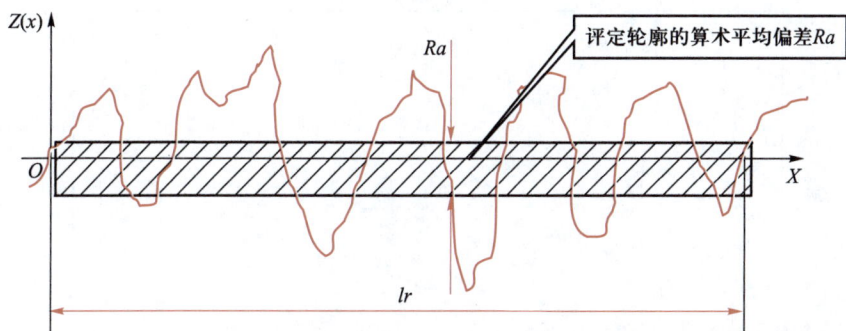

图 4-6　Ra 参数值的确定

② 轮廓最大高度（Rz）：指在一个取样长度内，轮廓最大峰高与轮廓最大谷深之和，如图 4-7 所示。

$$Rz = Rp + Rv \qquad (4-3)$$

式中　Rp——轮廓最大峰高，轮廓峰的最高点距中线 X 轴的距离 Z_p 的最大值；

　　Rv——轮廓最大谷深，轮廓谷的最低点距中线 X 轴的距离 Z_v 的最大值。

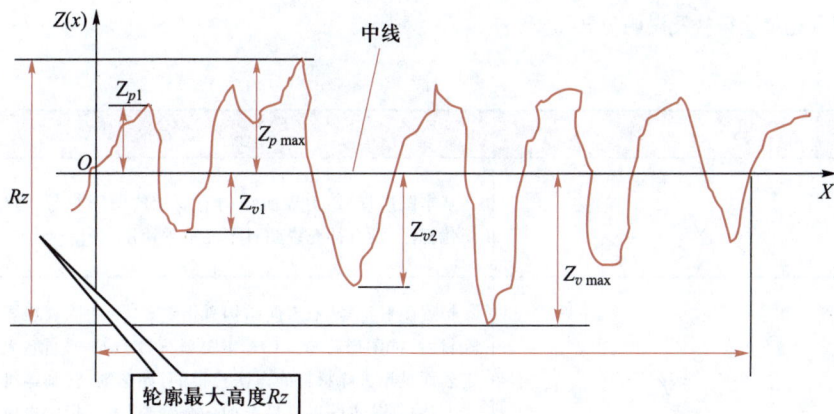

图 4-7　Rz 参数值的确定

115

(2) 间距参数

轮廓单元的平均宽度(Rsm):指在一个取样长度内,轮廓单元宽度 Xs 的平均值。轮廓单元是指一个轮廓峰与相邻的轮廓谷的组合。在一个取样长度内,中线与各个轮廓单元相交线段的长度称为轮廓单元的宽度,用 Xs_i 表示,如图 4-8 所示。

$$Rsm = \frac{1}{m}\sum_{i=1}^{m} Xs_i \tag{4-4}$$

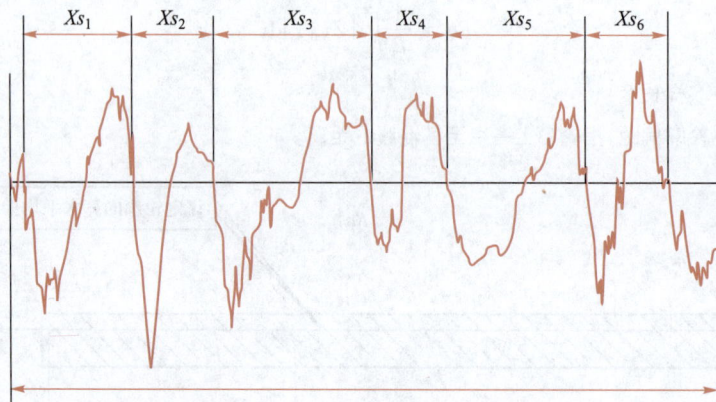

图 4-8 *Rsm* 参数值的确定

4.2 表面粗糙度的图样标注

国家标准 GB/T 131—2006《产品几何技术规范(GPS) 技术产品文件中表面结构的表示法》对表面粗糙度符号、代号和标注做了规定。

4.2.1 表面粗糙度的符号和代号

1. 表面粗糙度符号

表面粗糙度符号及说明见表 4-2。

表 4-2 表面粗糙度符号及说明(摘自 GB/T 131—2006)

符号	意义说明
√	基本图形符号:对表面结构有要求的图形符号。仅用于简化标注,没有补充说明时不能单独使用
▽ ⩗	扩展图形符号:对表面结构有指定要求(去除材料或不去除材料)的图形符号。在基本图形符号上加一短横,表示指定表面是用去除材料的方法获得的,如车削、铣削等机械加工方法;在基本图形符号上加一个圆圈,表示指定表面是用不去除材料的方法获得的,如铸造、锻造、热轧、粉末冶金等

116

代号	意义说明
允许任何工艺　去除材料　不去除材料	完整图形符号:对基本图形符号或扩展图形符号扩充后的图形符号,用于对表面结构有补充要求的标注。在基本图形符号或扩展图形符号的长边上加一横线。 　补充要求包括表面结构参数代号、数值,传输带/取样长度,加工方法,加工纹理方向等
(三个带小圆圈的符号)	在上述三个符号上均可加一小圆圈,表示所有表面具有相同的表面粗糙度要求

2. 表面粗糙度代号

表面粗糙度代号如图 4-9 所示。

a——标注表面结构的单一要求。

b——有两个表面结构要求时,a 处标注第一个,b 处标注第二个,如有第三个,可将图形符号纵向扩大,在 b 位置下标注第三个。

c——加工方法,如车、铣、表面处理、涂层等。

d——加工纹理方向。

e——加工余量,标注时以 mm 为单位。

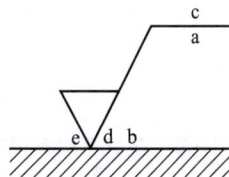

图 4-9　表面粗糙度代号

4.2.2　表面粗糙度代号的标注方法

在图样上,表面粗糙度代号一般只标注幅度参数 Ra 或 Rz 的代号及其允许值(μm)。

1. 表面粗糙度代号的标注及含义

表面粗糙度代号的标注及含义见表 4-3。

表 4-3　表面粗糙度代号的标注及含义(摘自 GB/T 131—2006)

序号	代号	含义/解释
1	$Rz\ 0.4$	表示不允许去除材料,单向上限值,默认传输带,R 轮廓,粗糙度的最大高度 0.4 μm,评定长度为 5 个取样长度(默认),"16% 规则"(默认)
2	$Rz\ \max\ 0.2$	表示去除材料,单向上限值,默认传输带,R 轮廓,粗糙度的最大高度的最大值 0.2 μm,评定长度为 5 个取样长度(默认),"最大规则"
3	$0.008\text{-}0.8/Ra\ 3.2$	表示去除材料,单向上限值,传输带 0.008 ~ 0.8 mm,R 轮廓,算术平均偏差 3.2 μm,评定长度为 5 个取样长度(默认),"16% 规则"(默认)
4	$-0.8/Ra3\ 3.2$	表示去除材料,单向上限值,传输带:取样长度0.8 mm,R 轮廓,算术平均偏差 3.2 μm,评定长度为 3 个取样长度,"16% 规则"(默认)

117

序号	代号	含义/解释
5	$\sqrt{\begin{array}{l} U\ Ra\ \max\ 3.2 \\ L\ Ra\ 0.8 \end{array}}$	表示不去除材料,双向极限值,两极限值均使用默认传输带,R 轮廓,上限值:算术平均偏差 3.2 μm,评定长度为 5 个取样长度(默认),"最大规则"。下限值:算术平均偏差 0.8 μm,评定长度为 5 个取样长度(默认),"16%规则"(默认)

注: 1. 传输带是两个定义的滤波器之间的波长范围,见 GB/T 6062—2009 和 GB/T 18777—2009;对于图形法,是在两个定义极限值之间的波长范围。

　　 2. "16%规则":是指在同一评定长度内幅度参数所有的实测值中,允许 16%测得值超过规定值,则认为合格。"16%规则"是表面粗糙度轮廓技术要求中的默认规则。若采用,则图样上不需注出。

　　 3. 最大规则:是在幅度参数代号 Ra 或 Rz 的后面标注一个"max"的标记。它表示整个所有实测值不得超过规定值。

2. 表面粗糙度技术要求及其他项目的标注

表面粗糙度技术要求及其他项目的标注见表 4-4 和表 4-5。

表 4-4　带有补充注释的表面粗糙度代号(摘自 GB/T 131—2006)

序号	代号	含义
1	$\sqrt{}$ 铣	加工方法:铣削
2	$\sqrt{}$M	表面纹理:纹理呈多方向(表面纹理符号见表 4-5)
3	$\sqrt{}$	对投影视图上封闭的轮廓线所表示的各表面有相同的表面结构要求
4	3$\sqrt{}$	加工余量 3 mm

注:这里给出的加工方法、表面纹理和加工余量仅作为示例。

表 4-5　表面纹理符号(摘自 GB/T 131—2006)

符号	说明	示例
═	纹理平行于视图所在的投影面	 纹理方向
⊥	纹理垂直于视图所在的投影面	 纹理方向

续表

符号	说明	示例
╳	纹理呈两斜向交叉且与视图所在的投影面相交	
M	纹理呈多方向	
C	纹理呈近似同心圆且圆心与表面中心相关	
R	纹理呈近似放射状且与表面中心相关	
P	纹理呈微粒、凸起,无方向	

注:如果表面纹理不能清楚地用这些符号表示,必要时,可以在图样上加注说明。

3. 表面粗糙度代号在图样上的标注

　　在图样上标注表面粗糙度代号时,该代号的尖端应指向可见轮廓线、尺寸线、尺寸界线或它们的延长线上,且必须从材料外指向零件表面。表面粗糙度代号的注写和读取方向与尺寸的注写和读取方向一致,如图4-10所示。

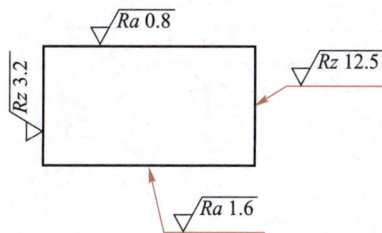

图4-10　表面粗糙度代号的注写方向

119

表面粗糙度代号在图样上的标注示例见表 4-6。

表 4-6　表面粗糙度代号在图样上的标注示例

示例	示例
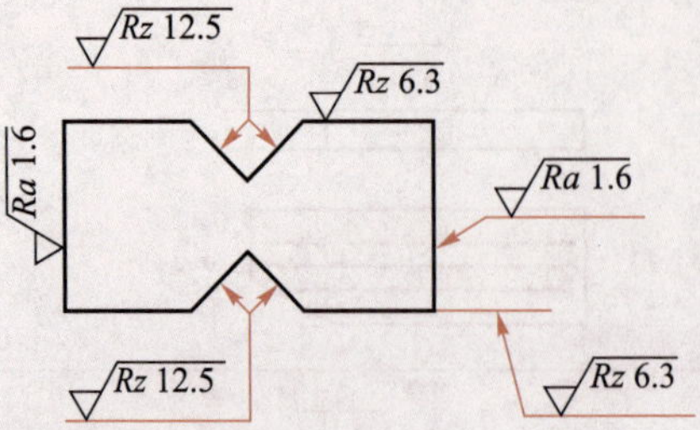 标注在轮廓线或其延长线上	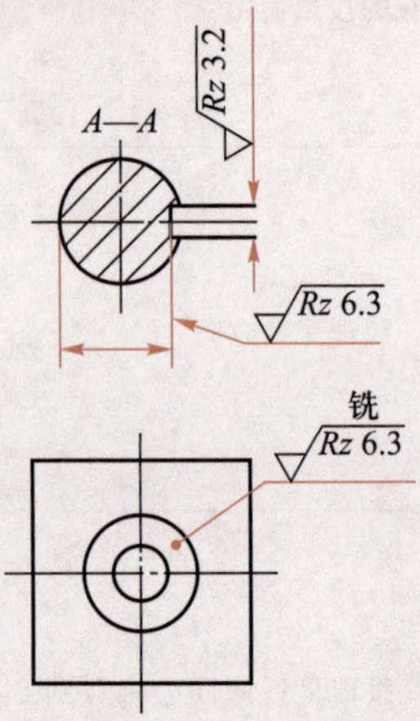 标注在带箭头或带黑点的指引线上
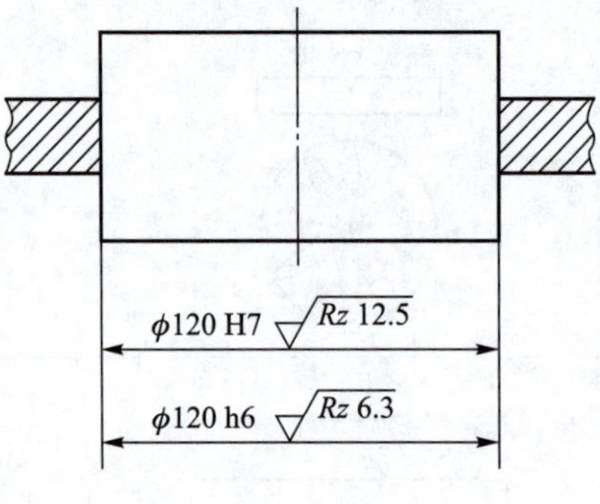 标注在尺寸线上	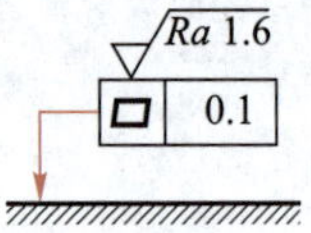 标注在几何公差框格的上方
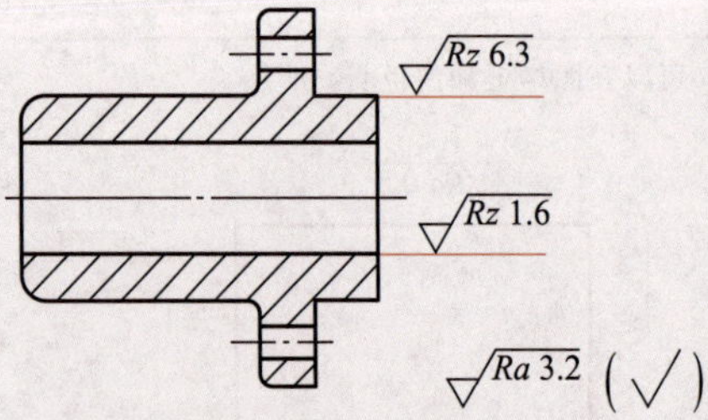 有相同要求时标注在标题栏附近	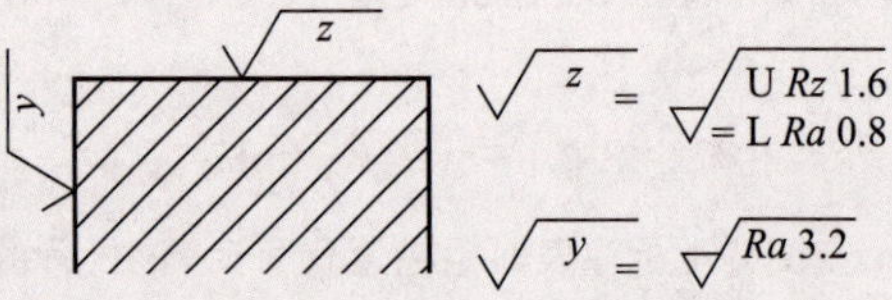 图纸空间有限时的简化标注

4.3 表面粗糙度的选择

4.3.1 表面粗糙度评定参数的选择

在机械零件精度的设计中，通常只给出幅度参数 Ra 或 Rz 及允许值。根据功能需要，可附加选用间距参数或其他的评定参数及相应的允许值。

由于参数 Ra 能充分合理地反映零件表面的粗糙度特征，且参数 Ra 值可方便地用轮廓仪进行测量，测量效率高，所以对于光滑表面和半光滑表面，在常用值范围内（Ra 为 0.025~6.3 μm，Rz 为 0.1~25 μm），普遍采用 Ra 作为评定参数；对于较粗糙的表面（Ra 为 6.3~100 μm）和非常光滑的表面（Ra 为 0.008~0.020 μm），使用双管显微镜和干涉显微镜测量较为方便，通常选用 Rz 作为评定参数；有特殊要求时可选附加参数 Rsm 作为评定参数。

参数 Rz 只反映峰顶和谷底的几个点，反映出的信息不如参数 Ra 全面，且测量效率较低。采用 Rz 作为评定参数的原因是：一方面，由于轮廓仪功能的限制，不适用于极光滑表面和粗糙表面；另一方面，对测量部位小、峰谷少或有疲劳强度要求的零件表面，选用 Rz 作为评定参数，更方便、可靠。

4.3.2 表面粗糙度参数值的选择

表面粗糙度参数值已经标准化，设计时应按国家标准 GB/T 1031—2009 规定的参数值系列选取，见表4-7~表4-9。选取时应优先选用基本系列中的数值。

表 4-7　评定轮廓的算术平均偏差 Ra 的数值（摘自 GB/T 1031—2009）　　　μm

基本系列	补充系列	基本系列	补充系列	基本系列	补充系列	基本系列	补充系列
		0.100		1.60		25	
	0.008		0.125		2.0		32
	0.010		0.160		2.5		40
0.012		0.20		3.2		50	
	0.016		0.25		4.0		63
	0.020		0.32		5.0		80
0.025		0.40		6.3		100	
	0.032		0.50		8.0		
	0.040		0.63		10.0		
0.050		0.80		12.5			
	0.063		1.00		16.0		
	0.080		1.25		20		

表 4-8　轮廓最大高度 Rz 的数值（摘自 GB/T 1031—2009）　　　　　　μm

基本系列	补充系列	基本系列	补充系列	基本系列	补充系列	基本系列	补充系列	基本系列	补充系列
0.025			0.25		2.5	25			250
	0.032		0.32	3.2			32		320
	0.040	0.40			4.0		40	400	
0.050			0.50		5.0	50			500
	0.063		0.63	6.3			63		630
	0.080	0.80			8.0		80	800	
0.100			1.00		10.0	100			1 000
	0.125		1.25	12.5			125		1 250
	0.160	1.60			16.0		160	1 600	
0.20			2.0		20	200			

表 4-9　轮廓单元的平均宽度 Rsm 的数值（摘自 GB/T 1031—2009）　　　　　　mm

基本系列	补充系列	基本系列	补充系列	基本系列	补充系列	基本系列	补充系列
	0.002	0.025			0.25		2.5
	0.003		0.032		0.32	3.2	
	0.004		0.040	0.4			4.0
	0.005	0.05			0.5		5.0
0.006			0.063		0.63	6.3	
	0.008		0.080	0.8			8.0
	0.010	0.1			1.00		10.0
0.0125			0.125		1.25	12.5	
	0.016		0.16	1.6			
	0.020	0.2			2.0		

　　参数值的选用应根据零件功能的要求来确定，在满足零件功能和使用寿命的前提下，应尽可能选择要求较低的表面粗糙度。由于零件的材料和功能要求不同，每个零件的表面都有一个合理的参数值范围。一般来讲，高于或低于合理值都会影响零件的性能和使用寿命。

　　在选用表面粗糙度参数值时，还应考虑下列因素：

　　① 同一零件上工作表面的表面粗糙度参数值应小于非工作表面的表面粗糙度参数值。

　　② 工作过程中摩擦表面的表面粗糙度参数值应小于非摩擦表面的表面粗糙度参数值；滚动摩擦表面的表面粗糙度参数值应小于滑动摩擦表面的表面粗糙度参数值。

　　③ 运动精度要求较高的表面，应选取较小的表面粗糙度参数值。

　　④ 接触刚度要求较高的表面，应选取较小的表面粗糙度参数值。

　　⑤ 承受交变载荷的零件，在易引起应力集中的部位，表面粗糙度参数值要求较小。

　　⑥ 配合性质和公差相同的零件，公称尺寸较小的零件，应选取较小的表面粗糙度参数值。

⑦ 要求配合稳定可靠的零件表面,其表面粗糙度参数值应选取较小的值。

⑧ 表面粗糙度与尺寸及形状公差应协调。通常,尺寸及形状公差小,表面粗糙度参数值也要小;同尺寸公差的轴应比孔的表面粗糙度参数值小。表 4-10 给出了轴和孔的表面粗糙度推荐值。

表 4-10 轴和孔的表面粗糙度推荐值

应用场合			$Ra/\mu m$	
示例	公差等级	表面	公称尺寸/mm	
			≤50	>50~500
经常拆装零件的配合表面(如交换齿轮、滚刀等)	IT5	轴	≤0.2	≤0.4
		孔	≤0.4	≤0.8
	IT6	轴	≤0.4	≤0.8
		孔	≤0.8	≤1.6
	IT7	轴	≤0.8	≤1.6
		孔		
	IT8	轴	≤0.8	≤1.6
		孔	≤1.6	≤3.2
① 过盈配合的配合表面 ② 用压力机装配 ③ 用热孔法装配	IT5	轴	≤0.2	≤0.4
		孔	≤0.4	≤0.8
	IT6、IT7	轴	≤0.4	≤0.8
		孔	≤0.8	≤1.6
	IT8	轴	≤0.8	≤1.6
		孔	≤1.6	≤3.2
	IT9	轴	≤1.6	≤3.2
		孔	≤3.2	≤3.2
滚动轴承的配合表面	IT6 ~ IT7	轴	≤0.8	
		孔	≤1.6	
	IT10 ~ IT12	轴	≤3.2	
		孔	≤3.2	

示例	公差等级	表面	径向跳动公差/μm					
			2.5	4	6	10	16	25
精密定心零件配合表面	IT5 ~ IT8	轴	≤0.05	≤0.1	≤0.1	≤0.2	≤0.4	≤0.8
		孔	≤0.1	≤0.2	≤0.2	≤0.4	≤0.8	≤1.6

⑨ 在间隙配合中,间隙要求越小,表面粗糙度参数值也应相应的小。在条件相同时,间隙配合表面的表面粗糙度参数值应比过盈配合表面的表面粗糙度参数值小。在过盈配合中,为了保证连接强度,应选取较小的表面粗糙度参数值。

⑩ 对于操作件等外露件,虽然没有配合或装配的功能要求,但是为了美观及使用安全,也应选用较小的表面粗糙度参数值。

表面粗糙度的表面特征、经济加工方法和应用举例见表 4-11。

表 4-11　表面粗糙度的表面特征、经济加工方法和应用举例

	表面特征	$Ra/\mu m$	$Rz/\mu m$	经济加工方法	应用举例
粗糙表面	微见刀痕	≤20	≤80	粗车、粗刨、粗铣、钻、毛锉、锯断	半成品粗加工的表面;非配合加工表面,如端面、倒角、钻孔、齿轮或带轮侧面、键槽底面、垫圈接触面等
半光表面	可见加工痕迹	≤10	≤40	车、刨、铣、镗、钻、粗铰	轴上不安装轴承段、齿轮处的非配合表面;紧固件的自由装配表面;轴与孔的退刀槽等
	微见加工痕迹	≤5	≤20	车、刨、铣、镗、磨、拉、粗刮、滚压	半精加工表面,箱体、支架、盖面、套筒等和其他零件结合而无配合要求的表面;需要发蓝的表面等
	看不清加工痕迹	≤2.5	≤10	车、刨、铣、镗、磨、拉、刮、滚压、铣齿	接近于精加工表面、箱体上安装轴承的镗孔面、齿轮的工作表面等
光表面	可辨加工痕迹方向	≤1.25	≤6.3	车、镗、磨、拉、精铰、磨齿、滚压	圆柱销、圆锥销;与滚动轴承配合的表面;卧式车床导轨面;内、外花键定心表面等
	微辨加工痕迹方向	≤0.63	≤3.2	精铰、精镗、磨、滚压	要求配合性质稳定的配合表面;工作时受交变应力的重要零件;较高精度车床导轨面等
	不辨加工痕迹方向	≤0.32	≤1.6	精磨、研磨、珩磨	精密机床主轴锥孔、顶尖圆锥面;发动机曲轴、凸轮轴工作表面;高精度齿轮齿面等
极光表面	暗光泽面	≤0.16	≤0.8	精磨、研磨、普通抛光	精密机床主轴颈表面、一般量规工作表面;气缸套内表面、活塞销表面等
	亮光泽面	≤0.08	≤0.4	超精磨、镜面磨削、精抛光	精密机床主轴颈表面、滚动轴承的滚珠,高压油泵中柱塞孔和柱塞配合的表面
	镜状光泽面	≤0.04	≤0.2		
	镜面	≤0.01	≤0.05	镜面磨削、超精研	高精度量仪、量块工作表面,光学仪器中金属镜面等

4.4 表面粗糙度的检测

操作视频

表面粗糙度
测量

4.4.1 表面粗糙度的检测方法

常用的表面粗糙度的测量方法有比较法、光切法、光波干涉法和针描法。这些方法基本上用于测量表面粗糙度的幅度参数。

1. 比较法

比较法是将被测零件表面与粗糙度样板直接进行比较的一种测量方法。它可以通过视觉、触觉或借助放大镜、比较显微镜,估计出表面粗糙度参数值。这种方法多用在车间评定一些表面粗糙度参数值较大的表面。这种方法测量精度较差,只能做定性分析比较。粗糙度样板及使用如图 4-11 和图 4-12 所示。

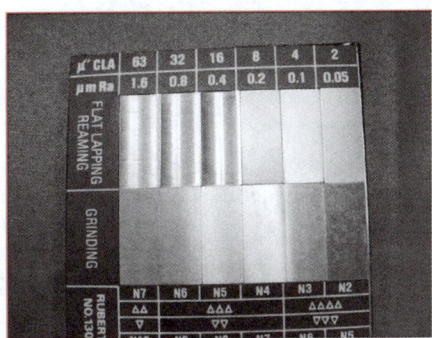

图 4-11 粗糙度样板

图 4-12 粗糙度样板的使用

2. 光切法

光切法是利用光切原理,即光的反射原理测量表面粗糙度的一种方法。常用的仪器是光切显微镜(双管显微镜),该仪器适宜测量车、铣、刨或其他类似加工方法所加工的零件平面或外圆表面。光切法主要用来测量表面粗糙度参数 Rz 的数值,其测量范围为 $0.8 \sim 50 \ \mu m$。图 4-13 所示为光切显微镜结构。

光切显微镜工作原理如图 4-14 所示。被测表面为阶梯面,其阶梯高度为 h,可由显微镜中观察得到图 4-14(b)所示影像,其光路系统如图 4-14(c)所示。光源 1 通过聚光镜 2、狭缝 3 和物镜 5,以 45° 角的方向投射到被测表面 4 上,形成一窄细光带。光带边缘的形状,即光束与被测表面的交线,也就是工件在 45° 截面上的轮廓形状,此轮

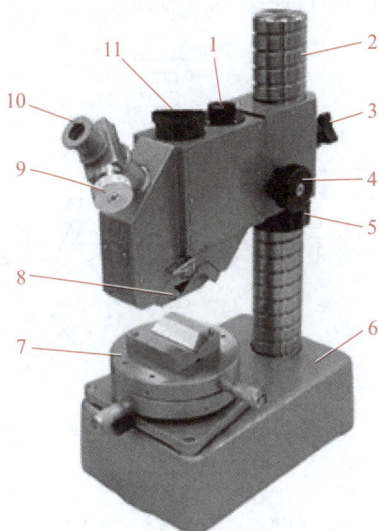

1—光源;2—立柱;3—锁紧螺母;4—微调手轮;
5—粗调螺母;6—底座;7—工作台;8—物镜;
9—测微鼓轮;10—目镜;11—照相机插座

图 4-13 光切显微镜结构

125

廓曲线的波峰在 S_1 点反射,波谷在 S_2 点反射,通过物镜5,分别成像在分划板6上,其峰、谷影像高度差为 h''。测微装置可读出此值,按定义测出参数 Rz 的数值。

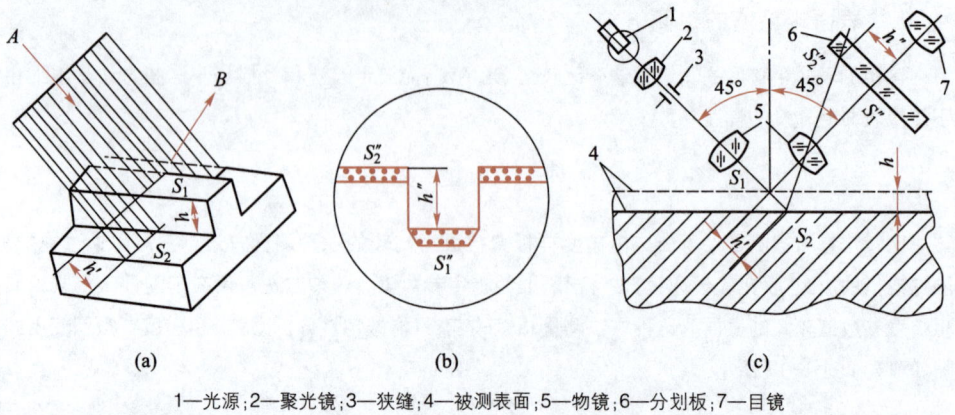

1—光源;2—聚光镜;3—狭缝;4—被测表面;5—物镜;6—分划板;7—目镜

图 4-14　光切显微镜工作原理

3. 光波干涉法

光波干涉法是利用光波的干涉原理测量表面粗糙度的方法。常用的仪器是干涉显微镜,适宜测量表面粗糙度参数 Rz,测量范围为 0.05~0.8 μm。

干涉显微镜基本光路系统如图 4-15(a) 所示。由光源 1 发出的光线经平面镜 5 反射向上,至分光镜 9 后分成两束。一束向上至被测表面 18 返回,另一束向左至参考镜 13 返回,此两束光线会合后形成一组干涉条纹。干涉条纹的相对弯曲程度反映被测表面微观不平度的状况,如图 4-15(b) 所示。仪器的测微装置可按定义测出表面粗糙度参数 Rz 的数值。

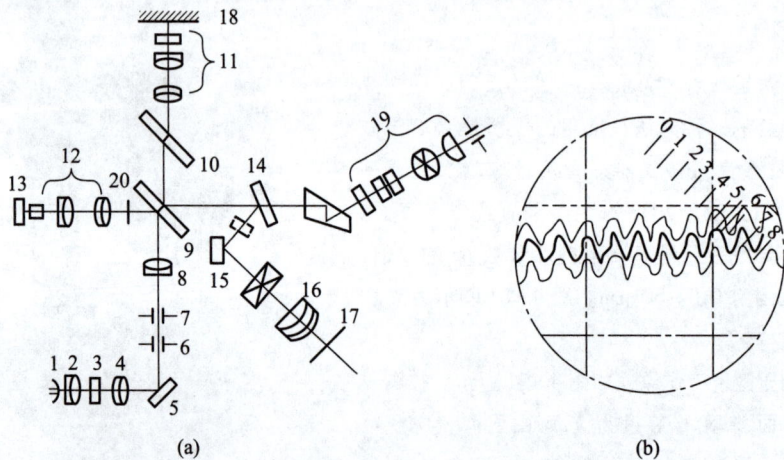

1—光源;2、4、8、16—聚光镜;3、20—滤色片;5、15—平面镜;6—可变光栏;

7—视物光栏;9—分光镜;10—补偿板;11、12—物镜;13—参考镜;

14—遮光板;17—照相机;18—被测表面;19—目镜

图 4-15　干涉显微镜工作原理

126

4. 针描法

针描法是利用仪器的触针在被测表面上轻轻划过,被测表面的微观不平度将使触针做垂直方向的位移,再通过传感器将位移量转换成电信号,经信号放大后送入计算机,在显示器上显示出被测表面粗糙度参数值,如图 4-16 所示,也可由记录器绘制出被测表面轮廓的误差图形。

按针描法原理设计制造的表面粗糙度测量仪器通常称为轮廓仪。根据转换原理的不同,有电感式轮廓仪、电容式轮廓仪、电压式轮廓仪等。轮廓仪可测量 Ra、Rz、Rsm 及 $Rmr(c)$ 等多种参数。

除上述轮廓仪外,还有光学轮廓仪,适用于非接触测量,以防止划伤零件表面。这种仪器通常直接显示参数 Ra 的数值,其测量范围为 $0.025 \sim 6.3 \ \mu m$。

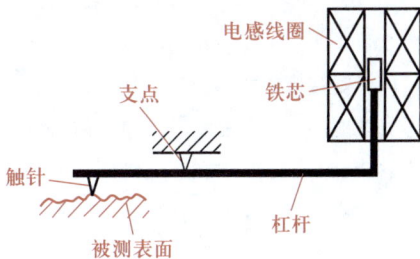

图 4-16 针描法测量原理示意图

4.4.2 用表面粗糙度仪测量表面粗糙度

1. 仪器介绍

手持式表面粗糙度仪(TR200 型)具有测量精度高、操作简便、便于携带、工作稳定等特点,可以广泛应用于各种金属与非金属工件加工表面的检测,该仪器是传感器主机一体化的袖珍式仪器,具有手持式特点,更适宜在生产现场使用。

(1)仪器主要性能指标

测量参数:Ra、Rz;

扫描长度/mm:6;

取样长度/mm:0.25、0.80、2.5;

评定长度/mm:1.25、4.0、5.0;

测量范围/μm:Ra:0.05~10.0,Rz:0.1~50;

示值误差:±15%;

示值变动性:<12%。

(2)主机结构

手持式表面粗糙度仪(TR200 型)主要包含测量区域、显示区域、参数选择区域等,如图 4-17 所示。

2. 测量原理

测量工件表面粗糙度时,将传感器放在工件被测表面上,由仪器内部的驱动机构带动传感器沿被测表面做等速滑行,传

图 4-17 手持式表面粗糙度仪(TR200 型)

127

感器通过内置的锐利触针感受被测表面的粗糙度,此时工件被测表面的粗糙度引起触针产生位移,该位移使传感器电感线圈的电感量发生变化,从而在相敏整流器的输出端产生与被测表面粗糙度成比例的模拟信号,该信号经放大及电平转换之后进入数据采集系统,DSP 芯片将采集的数据进行数字滤波和参数计算,测量结果在液晶显示器上读出,可以存储,也可以在打印机上输出,还可以与计算机进行通信。

3. 测量步骤

（1）安装传感器

安装时,用手拿住传感器的主体部分,按图 4-18 所示将传感器插入仪器底部的传感器连接套中,然后轻推到底。拆卸时,用手拿住传感器的主体或保护套管的根部,慢慢地向外拉出。

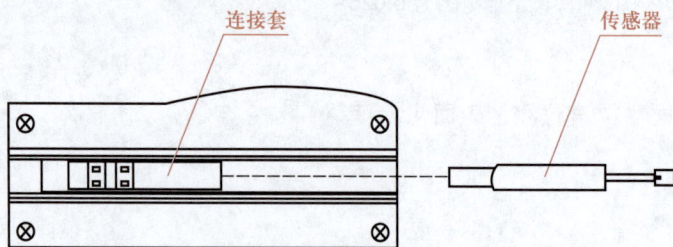

图 4-18　传感器的装卸

提示:

① 传感器的触针是本仪器的关键零件,应给予高度重视及保护。

② 在进行传感器装卸的过程中,应特别注意不要碰及触针,以免造成损坏,影响测量。

③ 在安装传感器时,应特别注意连接要可靠。

（2）测量准备

擦净工件表面,将仪器放置在被测工件表面上,如图 4-19 所示,同时将传感器的滑行轨迹垂直于工件被测表面的加工纹理方向,如图 4-20 所示。

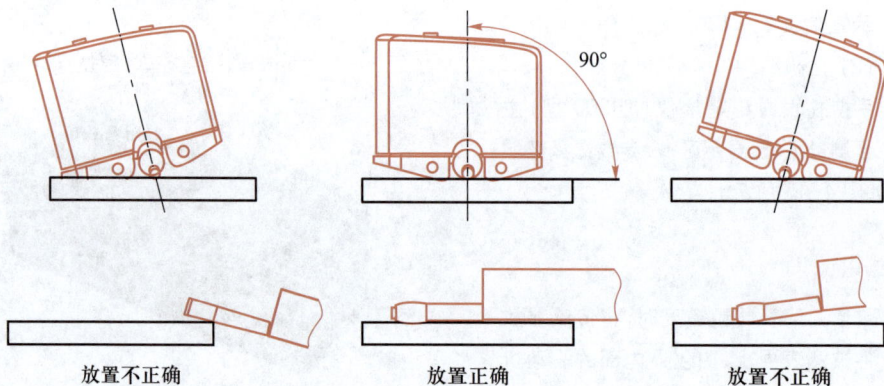

放置不正确　　　　放置正确　　　　放置不正确

图 4-19　仪器正确摆放

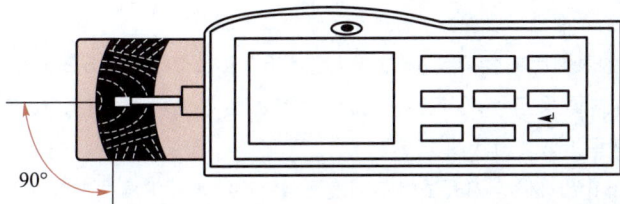

图 4-20　测量方向

（3）仪器调零

轻触回车键，液晶屏显示出当前触针的相对位置，当触针位置光标在 0 位以下时，表示当前触针的位置偏低；触针位置光标在 0 位以上时，表示当前触针的位置偏高。这时候应对被测工件或仪器的相对位置做一些调整，以保证触针位置光标在 0 位，获得最佳测量结果。

（4）参数设定

测量前应设置好所需要的参数，根据工件具体情况设定取样长度、评定长度、量程、滤波器等。

（5）开始测量

准备就绪后，按▶键开始测量（图 4-21）。传感器在被测表面上滑行，液晶屏显示进度条"■■■□□"表示当前仪器的传感器正在采集信息，当进度条填满后又复位开始快速变动时，表示采样结束，正在进行滤波，当进度条又一次填满，即滤波完毕，液晶屏显示"正在计算参数"。最后，测量完毕，本次测量的结果显示在液晶屏上。

图 4-21　测量过程

习题

4-1　表面粗糙度的含义是什么？对零件的工作性能有哪些影响？

4-2　表面粗糙度的基本评定参数有哪些？简述其含义。

4-3　表面粗糙度的常用测量方法有哪些？各适于测量哪些参数？

4-4　用类比法分别确定 $\phi50t5$ 和 $\phi50T6$ 配合表面 Ra 的上限值。

4-5　在一般情况下，$\phi40H7$ 和 $\phi6H7$、$\phi40H6/f5$ 和 $\phi40H6/s5$ 相比，其表面精度哪个要求高？

4-6　试将下面表面粗糙度代号标注在图 4-22 所示的机械加工零件图样上。

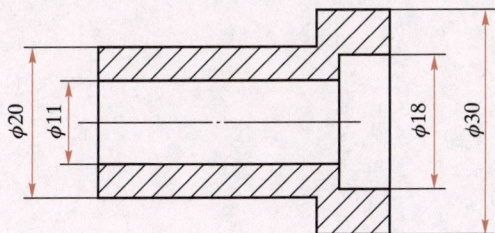

图 4-22　题 4-6 图

（1）φ11 孔的表面粗糙度参数 Ra 的上限值为 3.2 μm；

（2）φ18 孔的表面粗糙度参数 Ra 的最大值为 6.3 μm，最小值为 3.2 μm；

（3）零件右端面采用铣削加工，表面粗糙度参数 Rz 的上限值为 12.5 μm，下限值为 6.3 μm，表面纹理呈近似放射状。

4-7　参见带孔齿坯图 4-23，试将下列表面粗糙度技术要求标注在图样上（未指明要求的项目皆为默认的标准化值）。

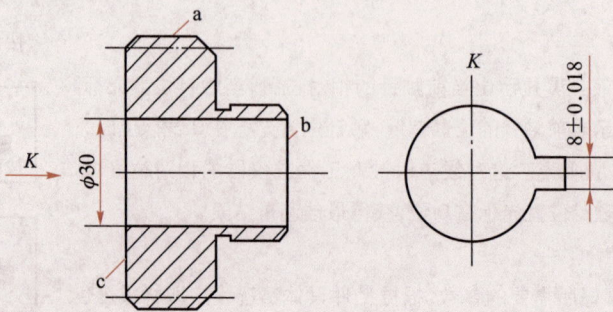

图 4-23　题 4-7 图

（1）齿顶圆 a 的表面粗糙度参数 Ra 的上限值为 2 μm；

（2）齿坯的两端面 b 和 c 的表面粗糙度参数 Ra 的最大值为 3.2 μm；

（3）φ30 mm 孔的最后一道工序为拉削加工，表面粗糙度参数 Rz 的上限值为 2.5 μm，并标注出表面纹理方向；

（4）尺寸为 8±0.018 mm 的键槽的两侧面表面粗糙度参数 Ra 的上限值为 3.2 μm，底面表面粗糙度参数 Ra 的上限值为 6.3 μm；

（5）其余表面的表面粗糙度参数 Ra 的最大值为 25 μm。

4-8　使用手持式表面粗糙度仪测量表面粗糙度时，传感器的滑行方向如何确定？如何调整才能保证传感器的滑行方向与被测表面平行？

第5章　圆锥和角度尺寸的公差与检测

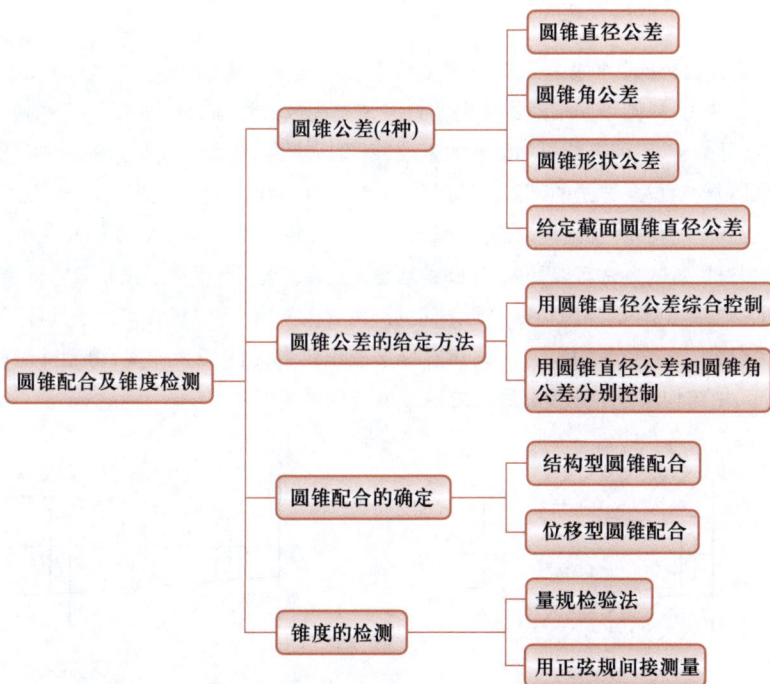

知识与素养目标

1. 掌握圆锥配合的特点及配合种类；
2. 掌握圆锥公差的给定方法及图样标注；
3. 了解角度尺寸的公差的概念及角度的测量方法；
4. 学习多种技术要求检测方法，培养探究学习、终身学习的能力。

技能目标

1. 会利用正弦规测量圆锥体锥度；
2. 会使用万能角度尺测量角度。

知识导图

```
圆锥配合及锥度检测 ── 圆锥公差(4种) ── 圆锥直径公差
                                  ── 圆锥角公差
                                  ── 圆锥形状公差
                                  ── 给定截面圆锥直径公差
                  ── 圆锥公差的给定方法 ── 用圆锥直径公差综合控制
                                      ── 用圆锥直径公差和圆锥角公差分别控制
                  ── 圆锥配合的确定 ── 结构型圆锥配合
                                  ── 位移型圆锥配合
                  ── 锥度的检测 ── 量规检验法
                              ── 用正弦规间接测量
```

```
                                    ┌─ 楔体的角度尺寸的公差(与
                                    │  圆锥的圆锥角公差相同)
  角度尺寸的公差与检测 ──┤
                                    └─ 用万能角度尺测量角度
```

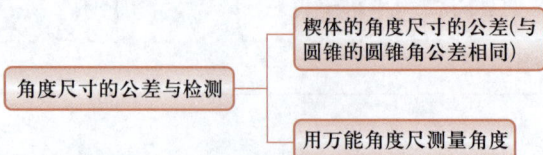

圆锥配合结构常用在需要自动定心、配合自锁性要求高、间隙及过盈可自动调节等场合，如机床中工具圆锥与机床主轴的配合、管道阀门中阀芯与阀体的配合等。与圆柱配合相比，圆锥配合具有如下特点：

① 间隙和过盈可以调整。通过内、外圆锥面的轴向移动，可以调整间隙或过盈来满足不同的工作要求，还能补偿磨损，延长使用寿命。

② 对中性好，易保证配合的同轴度要求。容易拆卸，且经过多次拆卸仍不降低同轴度精度。

③ 具有较好的自锁性和密封性。

④ 结构复杂，加工和检验困难，不适用于孔、轴轴向相对位置要求较高的场合。

圆锥配合具有圆柱配合所不能替代的优点，因此在机械、仪器和工具方面应用广泛。圆锥配合结构的标准化，对提高产品质量，保证零部件的互换性具有重要意义。GB/T 157—2001《产品几何量技术规范（GPS）圆锥的锥度与锥角系列》、GB/T 12360—2005《产品几何量技术规范（GPS）圆锥配合》、GB/T 11334—2005《产品几何量技术规范（GPS）圆锥公差》、GB/T 11852—2003《圆锥量规公差与技术条件》等一系列国家标准，对圆锥配合中的相关术语、定义、公差和测量及评定方法等进行了说明。

5.1　圆锥的公差与检测

5.1.1　圆锥配合的种类与特点

圆锥配合是由公称圆锥直径和公称圆锥角或公称锥度相同的内、外圆锥形成的。圆锥配合可以通过改变内、外圆锥间相对的轴向位置来调整间隙或过盈，从而得到不同的配合性质。因此，对于圆锥配合，不但要给出相配件的直径，还要规定内、外圆锥间相对的轴向位置。根据确定内、外圆锥相对位置方法的不同，圆锥配合分为结构型圆锥配合和位移型圆锥配合两类。

结构型圆锥配合由圆锥结构来确定装配位置和内、外圆锥公差带之间的相互关系。固定内、外圆锥相对位置的方法可以是内、外圆锥基准面直接接触，也可通过结构尺寸保持内、外圆锥有一定的基面距（指内、外圆锥基准面之间的距离）。结构型圆锥配合可以是间隙配合、过渡配合或过盈配合。如图 5-1 所示，由轴肩直接接触确定装配的最终位置，得到间隙配合。如图 5-2 所示，由结构尺寸确定装配后基面距为 a，得到过盈配合。

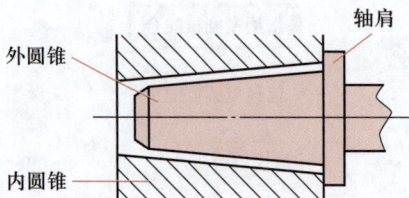

图 5-1　由轴肩确定最终位置　　图 5-2　由结构尺寸确定最终位置

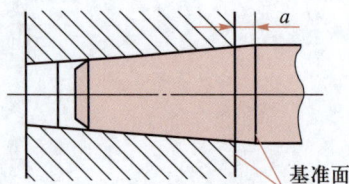

位移型圆锥配合通过内、外圆锥装配时做一定的相对轴向位移来确定最终位置和内、外圆锥公差带之间的相互关系。位移型圆锥配合主要有两种形成方法：

第一种形成方法如图 5-3 所示，内、外圆锥从实际初始位置 P_a 开始，做一定的相对轴向位移 E_a 到达终止位置 P_r 而形成间隙配合。

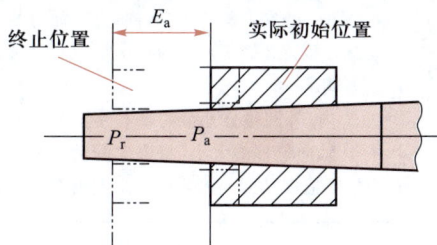

图 5-3　由一定的相对轴向位移确定最终位置

第二种形成方法如图 5-4 所示，内、外圆锥从实际初始位置 P_a 开始，通过对内、外圆锥施加一定的装配力从而产生轴向位移而形成过盈配合。通常位移型圆锥配合不适用于形成过渡配合。

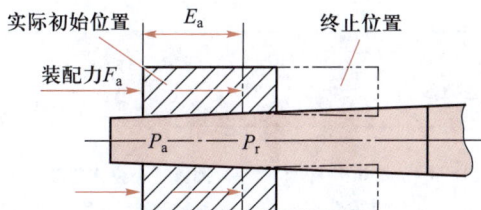

图 5-4　施加一定的装配力确定最终位置

初始位置是指在不施加力的情况下，相互结合的内、外圆锥表面接触时的轴向位置，用 P 表示，初始位置允许的界限称为极限初始位置。实际初始位置 P_a 是指相互结合的内、外实际圆锥的初始位置，位于两个极限初始位置之间。终止位置 P_r 是指相互结合的内、外圆锥为使其终止状态得到要求的间隙或过盈所规定的相互轴向位置。

结构型和位移型圆锥配合的特点及配合的确定见表 5-1。

表 5-1　圆锥配合的特点及配合的确定

	配合的特点	配合的确定
结构型圆锥配合	① 可形成间隙配合、过盈配合、过渡配合； ② 其配合性质完全取决于相互结合的内、外圆锥直径公差带的相对位置	① 圆锥配合的圆锥直径公差带代号、数值及公差等级采用国家标准中规定的标准公差及基本偏差系列，推荐优先采用基孔制配合，即内圆锥直径基本偏差为 H； ② 圆锥直径的配合量（内、外圆锥的公差之和），其大小直接决定了配合精度。推荐内、外圆锥直径公差等级不低于 IT8。如对接触精度有更高要求，可按圆锥公差国家标准规定的圆锥公差系列值，给出圆锥角极限偏差及圆锥的形状偏差； ③ 结构型圆锥配合推荐采用基孔制配合。内、外圆锥直径公差带代号及配合按 GB/T 1800.1—2020 选取

配合的特点	配合的确定
位移型圆锥配合	① 可形成间隙配合、过盈配合； ② 其配合性质由内、外圆锥的轴向位置或装配力确定	① 确定位移型圆锥配合的圆锥直径公差。公差等级根据对终止位置基面距的要求和对接触精度的要求来选取。如对基面距有要求，公差等级一般在 IT8～IT12 之间选取；如对基面距没有要求，可选较低的圆锥直径公差等级。如对接触精度有要求，可用给定圆锥角公差的办法来满足； ② 内、外圆锥公差带的基本偏差用 H、h 或 JS、js 的组合； ③ 轴向位移的大小，将决定配合间隙或过盈的大小。轴向位移量的极限值由功能要求极限间隙或极限过盈计算得到

5.1.2　圆锥公差项目

为满足圆锥连接和使用的功能要求，相关国家标准给出了圆锥直径公差、圆锥角公差、圆锥形状公差和给定截面圆锥直径公差 4 个公差项目，见表 5-2。

表 5-2　圆锥公差项目、公差值及有关规定

圆锥公差项目及代号	定义	公差值及有关规定
圆锥直径公差 T_D	圆锥直径公差 T_D 是指允许圆锥直径的变动量。其数值为允许的最大极限圆锥和最小极限圆锥直径之差，用公式表示为 $$T_D = D_{max} - D_{min} = d_{max} - d_{min}$$ 其公差区域为两个极限圆锥所限定的区域，如图 5-5 所示。最大极限圆锥和最小极限圆锥皆为极限圆锥，它与公称圆锥同轴，且圆锥角相等	圆锥直径公差是以公称圆锥直径（通常取最大圆锥直径）作为公称尺寸，按圆柱公差与配合国家标准 GB/T 1800.2—2020《产品几何技术规范（GPS）线性尺寸公差 ISO 代号体系　第 2 部分：标准公差带代号和孔、轴的极限偏差表》规定的标准公差选取。 　　对于有配合要求的圆锥，其内、外圆锥直径公差带位置，按 GB/T 12360—2005 中的有关规定选取。 　　对于无配合要求的圆锥，其内、外圆锥直径公差带位置建议选用基本偏差 JS、js 确定
圆锥角公差 AT	圆锥角公差 AT 是指允许圆锥角的变动量。其数值为允许的最大与最小圆锥角之差，用公式表示为 $$AT = \alpha_{max} - \alpha_{min}$$ 其公差区域为两个极限圆锥角所限定的区域，如图 5-6 所示	圆锥角公差按加工精度的高低共分 12 级，用 $AT1、AT2、\cdots、AT12$ 表示，其中 $AT1$ 级精度最高，其余依次降低。如需更高或更低等级的圆锥公差时，按公比 1.6 向两端延伸得到。 　　为加工和检验方便，圆锥角公差有两种表示形式：角度值 AT_α 或线性值 AT_D，两者的换算关系为 $$AT_D = AT_\alpha \times L \times 10^3$$ AT_D、AT_α 和 L 的单位分别为 μm、μrad 和 mm。 　　圆锥角的极限偏差可按单向（$\alpha+AT$ 或 $\alpha-AT$）或双向（$\alpha\pm AT/2$）取值，如图 5-7 所示。为保证内、外圆锥的接触均匀，一般采用双向对称取值

续表

圆锥公差项目及代号	定义	公差值及有关规定
圆锥形状公差 T_F	圆锥形状公差 T_F 包括圆锥素线直线度公差和截面圆度公差,如图 5-5 所示	一般情况下,圆锥的形状公差不单独给出,而是由对应的两极限圆锥公差带限制。当对形状精度要求较高时,应单独给出相应的形状公差。其数值从 GB/T 1184—1996 中选取,但应不大于圆锥直径公差的 50%
给定截面圆锥直径公差 T_{DS}	给定截面圆锥直径公差 T_{DS} 指的是在垂直于圆锥轴线的给定截面内,允许圆锥直径的变动量。其数值为给定界面内允许的最大极限圆锥和最小极限圆锥直径之差,用公式表示为 $$T_{DS}=d_{xmax}-d_{xmin}$$ 给定截面圆锥直径公差带是在给定的圆锥截面内,由直径等于两极限圆锥的同心圆所限定的区域,如图 5-8 所示	T_{DS} 以给定截面圆锥直径 d_x 为公称尺寸来规定尺寸公差,它仅适用于该截面,其数值按 GB/T 1800.2—2020《产品几何技术规范(GPS)线性尺寸公差 ISO 代号体系 第 2 部分:标准公差带代号和孔、轴的极限偏差表》规定的标准公差选取

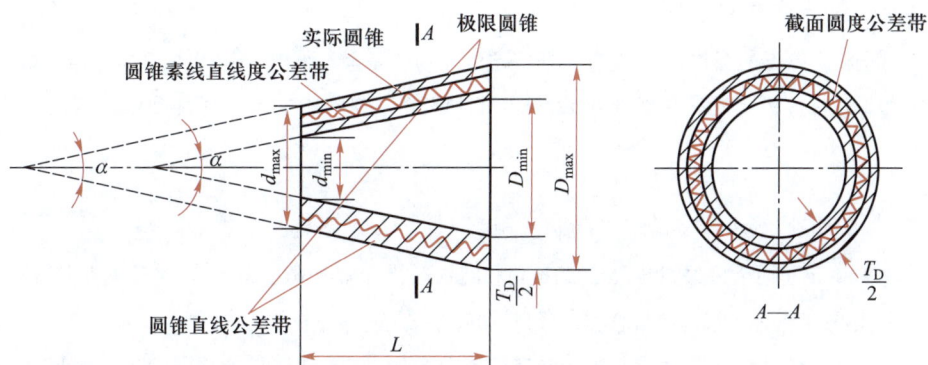

图 5-5 极限圆锥、圆锥直径公差带和素线直线度、截面圆度公差带

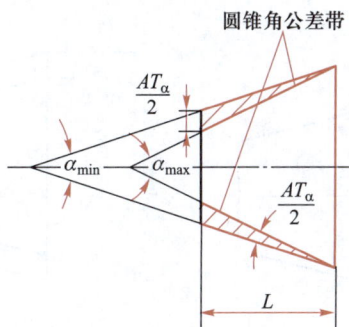

图 5-6 圆锥角公差带

135

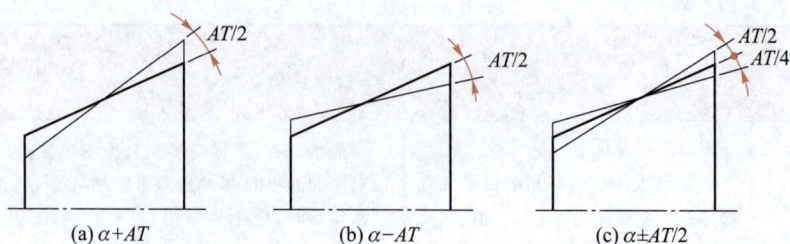

(a) $\alpha+AT$ (b) $\alpha-AT$ (c) $\alpha\pm AT/2$

图 5-7　圆锥角极限偏差的单向或双向取值

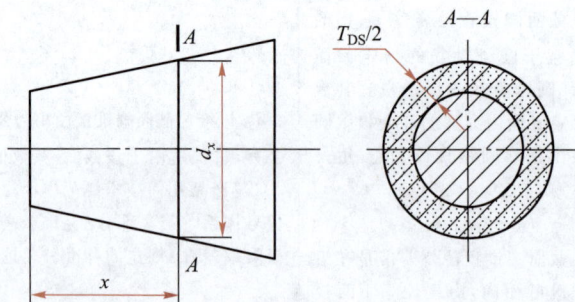

图 5-8　给定截面圆锥直径公差带

5.1.3　圆锥公差的标注

对于一个给定的圆锥,并不需要将所规定的 4 项公差全部给出,而应根据圆锥零件的功能要求和工艺特点给出所需的公差项目。GB/T 11334—2005 中规定了两种圆锥公差的给定方法。

1. 给定圆锥的公称圆锥角(或锥度)和圆锥直径公差 T_D

由 T_D 确定了两个极限圆锥,若对圆锥角和圆锥形状公差要求不高时,T_D 对圆锥直径误差、圆锥角误差、圆锥形状误差有综合控制作用,如图 5-5 所示。

国家标准在附录中推荐按方法一给定圆锥公差时,在圆锥直径的极限偏差后需标注符号Ⓣ,如图 5-9 所示。标注方法如有相应的国家标准替代时可不按此法标注(如用面轮廓度来标注圆锥公差)。

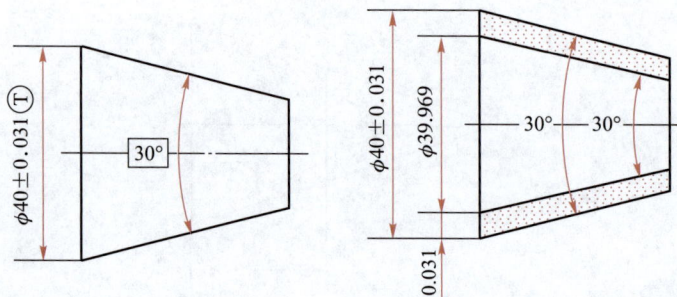

图 5-9　圆锥公差给定(方法一)及公差带

如果对圆锥角公差和圆锥形状公差有更高要求时,可再加注圆锥角公差 AT 和圆锥形状公差 T_F,但 AT 和 T_F 只能占 T_D 的一部分。这种给定方法是设计中常用的一种方法,适用于有配合要求的内、外圆锥,如圆锥滑动轴承、钻头的锥柄等。

2. 同时给定截面圆锥直径公差 T_{DS} 和圆锥角公差 AT

如图 5-10 所示,给出的 T_{DS} 和 AT 是独立的,彼此无关,应分别满足要求,两者的关系相当于独立原则。由图 5-10 可知,当圆锥在给定截面上具有最小极限尺寸 d_{xmin} 时,其圆锥角公差带为图 5-10 中下面两条实线限定的两对顶三角形区域,此时实际圆锥角必须在该公差带内;当圆锥在给定截面上具有最大极限尺寸 d_{xmax} 时,其圆锥角公差带为图 5-10 中上面两条实线限定的两对顶三角形区域;当圆锥在给定截面上具有某一实际尺寸 d_x 时,其圆锥角公差带为图 5-10 中两条虚线限定的两对顶三角形区域。

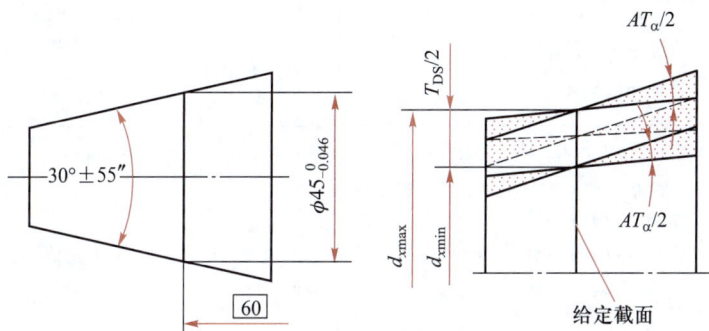

图 5-10 圆锥公差给定(方法二)及公差带

当已对圆锥形状精度有较高要求时,再单独给出圆锥形状公差 T_F,该方法常用于对给定截面直径有较高要求的情况下。例如,阀类零件常常采用这种公差来保证两个相互配合的圆锥在给定截面上有良好接触,从而保证有较好的密封性。

5.1.4 用正弦规测量锥度

检测锥度的方法很多,这里仅介绍用正弦规测量锥度。正弦规测量锥度是一种间接测量法。测量时,通过使用平板、量块、正弦规、指示表和滚柱(或钢球)等器具,可测出锥度或角度。

图 5-11 所示为用正弦规测量外圆锥锥度。测量前按公式 $h = L\sin\alpha$(式中 α 为公称圆锥角;L 为正弦规两滚柱中心距)计算并组合量块组,然后按图 5-11 所示进行测量。工件锥度偏差 $\Delta C = (h_A - h_B)/l$,式中 h_A、h_B 分别为指示表在 A、B 两点的读数;l 为 A、B 两点间距离。

具体测量时,需注意 A、B 两点测得值的大小,若 A 点值大于 B 点值,则实际锥角大于理论锥角 α,计算出的 $\Delta\alpha$ 为正,反之为负。

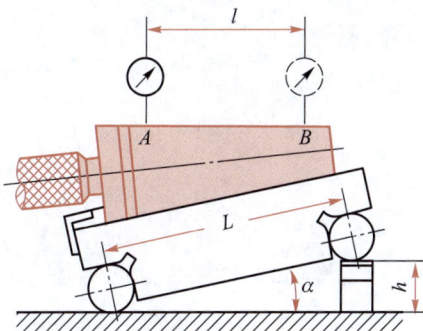

🐾 动画
用正弦规测量锥度

图 5-11 用正弦规测量外圆锥锥度

5.2　角度尺寸的公差与检测

5.2.1　楔体的角度与斜度系列

GB/T 4096.1—2022《产品几何量技术规范(GPS)　楔体　第1部分:角度与斜度系列》中对楔体中相关术语做出解释,见表5-3。

表5-3　楔体的基本术语及定义

基本术语	定义	备注
楔体	由一对相交平面与一定尺寸所限定的几何体	两个相交的平面称为楔体平面,当有配合要求时称为楔体的配合面。两个楔体平面的交线称为楔体棱边。如图5-12所示
楔体角 β	在垂直于楔体棱边的平面内定义的楔体角度尺寸	楔体角用 β 表示,如图5-12所示
楔体斜度 S	两指定楔体截面相对于任一楔体平面的高度 H 和 h 之差与该两截面之间的投影距离 L 之比	楔体斜度 S 与楔体角 β 的关系为: $$S=\frac{(H-h)}{L}=\tan\beta$$ 当楔体角 $\beta<90°$ 时,L 为正值;$\beta>90°$ 时,L 为负值
楔体比率 C	楔体角 β 的半角正切值的2倍	楔体比率 C 与楔体角 β 的关系为: $$C=2\tan\frac{\beta}{2}$$

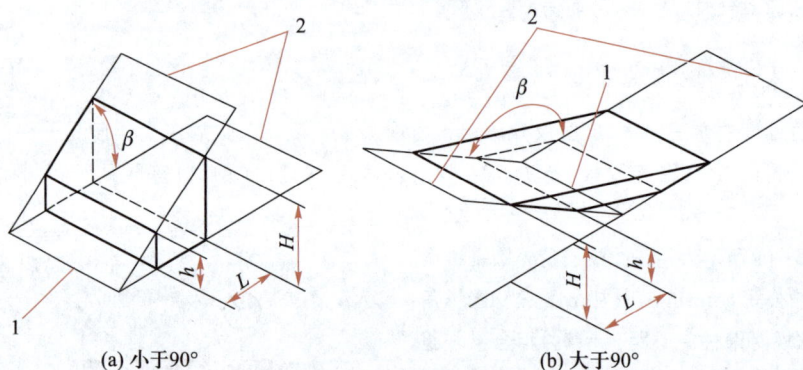

(a) 小于90°　　　　　(b) 大于90°

1—楔体棱边;2—楔体平面

图5-12　楔体

国家标准 GB/T 4096.1—2022 中给出了一般用途楔体角与楔体斜度的公称值,及其所对应的楔体比率、楔体斜度、楔体角的推算值,见表5-4。选用楔体角时,应优先选用系列1,其次选用系列2。

表 5-4 楔体角、楔体比率、楔体斜度的公称值和推算值(摘自 GB/T 4096.1—2022)

公称值					推算值		
楔体角				楔体斜度	楔体比率	楔体斜度	楔体角
系列1		系列2					
β	$\beta/2$	β	$\beta/2$	S	C	S	β
120°	60°	—	—		1 : 0.288 675	1 : −0.577 350	—
90°	45°	—	—		1 : 0.500 000	1 : −0.324 920	—
—	—	75°	37°30′		1 : 0.651 613	1 : 0.267 949	—
60°	30°	—	—		1 : 0.866 025	1 : 0.577 350	—
45°	22°30′	—	—		1 : 1.207 107	1 : 1.000 000	—
—	—	40°	20°		1 : 1.373 739	1 : 1.191 754	—
30°	15°	—	—		1 : 1.866 025	1 : 1.732 051	—
20°	10°	—	—		1 : 2.835 641	1 : 2.747 477	—
15°	7°30′	—	—		1 : 3.797 877	1 : 3.732 051	—
—	—	10°	5°		1 : 5.715 026	1 : 5.671 282	—
—	—	8°	4°		1 : 7.150 333	1 : 7.115 370	—
—	—	7°	3°30′		1 : 8.174 928	1 : 8.144 346	—
—	—	6°	3°		1 : 9.540 568	1 : 9.514 364	—
—	—	—	—	1 : 10	—	—	5°42′38″
5°	2°30′	—	—		1 : 11.451 883	1 : 11.430 052	—
—	—	4°	2°		1 : 14.318 127	1 : 14.300 666	—
—	—	3°	1°30′		1 : 19.094 230	1 : 19.081 137	—
—	—	—	—	1 : 20	—	—	2°51′44.7″
—	—	2°	1°		1 : 28.644 981	1 : 28.636 253	—
—	—	—	—	1 : 50	—	—	1°8′44.7″
—	—	1°	0°30′		1 : 57.294 325	1 : 57.289 962	—
—	—	—	—	1 : 100	—	—	34′22.6″
—	—	0°30′	0°15′		1 : 114.590 832	1 : 114.588 650	—
—	—	—	—	1 : 200	—	—	17′11.3″
—	—	—	—	1 : 500	—	—	6′52.5″

139

5.2.2　楔体的尺寸与公差标注

国家标准 GB/T 4096.2—2022《产品几何技术规范（GPS）　楔体　第 2 部分：尺寸与公差标注》中对楔体的尺寸及公差标注给出了规范。楔体尺寸主要有大端高度 H、小端高度 h、楔体长度 L 等，楔体特征主要有楔体比率 C、楔体角 β、楔体斜度 S 等。标注时常采用楔体特征与尺寸组合的标注方式，如图 5-13 所示。

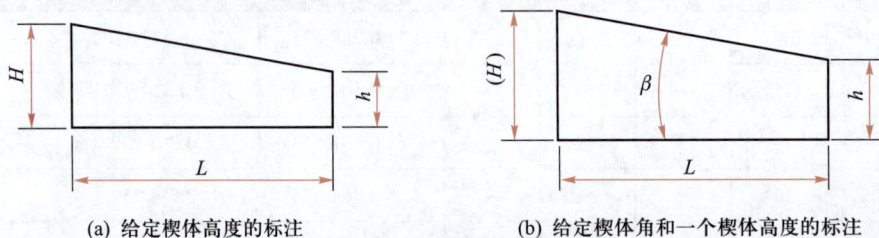

(a) 给定楔体高度的标注　　　　　　　**(b) 给定楔体角和一个楔体高度的标注**

图 5-13　楔体尺寸标注

楔体的公差标注，可以采用尺寸公差限制其尺寸变化，也可以采用角度公差限制其角度变化，但这两种都不能对表面形状要求给出明确指示。因此，出于功能需求，可采用 GB/T 1182—2018 规定的几何规范标注方式标注，如图 5-14 所示。

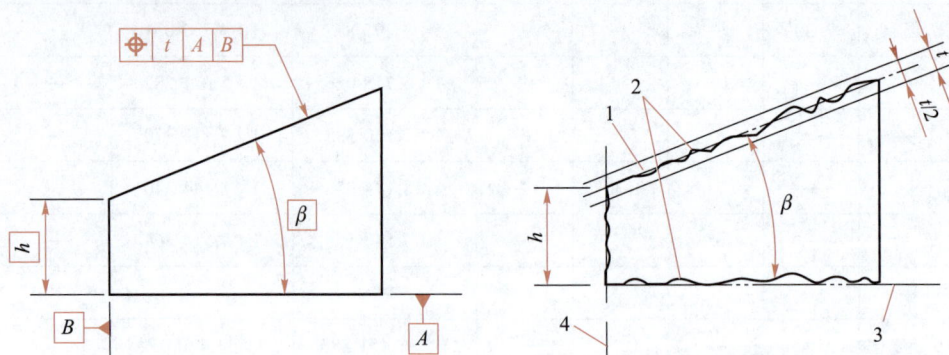

1—公差带；2—提取表面；3—提取"平面"表面的拟合平面，对应于基准平面 A；

4—提取"平面"表面的拟合平面，对应于基准平面 B，垂直于基准平面 A

图 5-14　楔体的公差标注

楔体的几何规范常采用位置度标注，也可以采用具有相同含义的面轮廓度标注。

5.2.3　用万能角度尺测量角度

动画
用万能角度
尺测量角度

万能角度尺又被称为角度规、游标角度尺和万能量角器，是利用游标读数原理来直接测量工件角或进行划线的一种角度计量器具。万能角度尺适用于机械加工中的内、外角度测量，可测 0°～320° 外角以及 40°～130° 内角，如图 5-15 所示。

测量时，根据产品被测部位的情况，先调整好直角尺或直尺的位置，用卡块上的螺钉把它们紧固住，再调整基尺测量面与其他有关测量面之间的夹角。这时，要先松开制动器上的螺母，移动主尺做粗调整，然后转动扇形板背面的微动装置做细调整，直到两个测量面与被测表面密切贴合为止，再拧紧制动器上的螺母，把万能角度尺取下后进行读数。

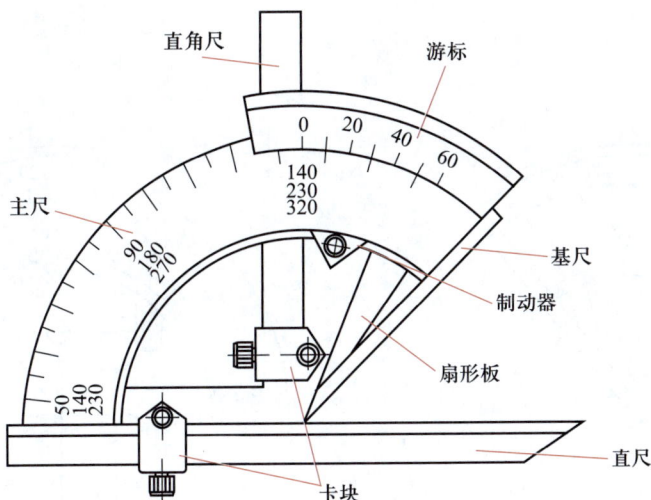

图 5-15 万能角度尺

（1）测量 0°~50°外角

直角尺和直尺全部装上，工件的被测部位放在基尺和直尺的测量面之间进行测量，如图 5-16 所示。

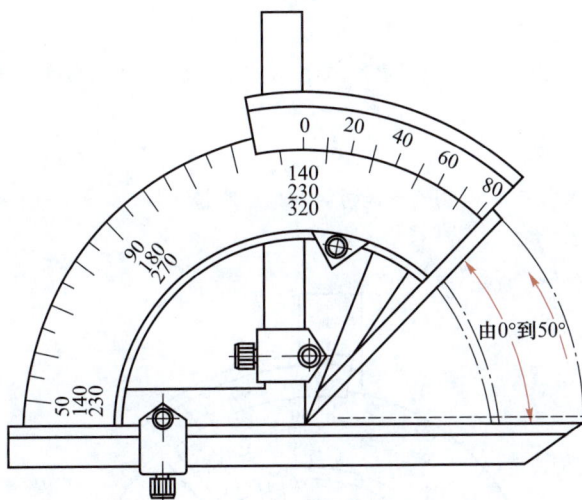

图 5-16 测量 0°~50°外角

（2）测量 50°~140°外角

可把直角尺卸掉，把直尺装上，使它与扇形板连在一起，如图 5-17（a）所示。工件的被测部位放在基尺和直尺的测量面之间进行测量，也可以不拆下直角尺，只把直尺和卡块卸掉，再把直角尺拉到下边来，直到直角尺短边与长边的交线和基尺的尖棱对齐为止，再把工件的被测部位放在基尺和直角尺短边的测量面之间进行测量，如图 5-17（b）所示。

141

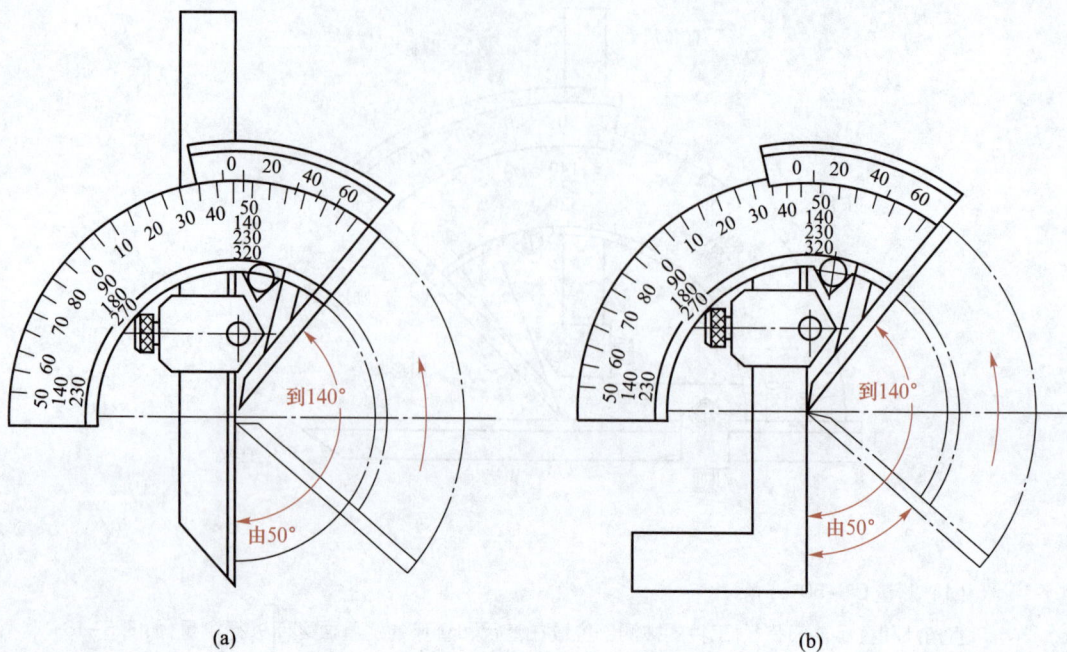

图 5-17　测量 50°~140° 外角

（3）测量 140°~230° 外角

把直角尺的水平边与基尺的顶点对齐，如图 5-18 所示，利用直角尺的水平边与基尺的夹角进行测量。

（4）测量 230°~320° 外角

把直角尺和直尺均去掉，利用扇形板两侧的角度测量工件，如图 5-19 所示。这个组合也用于测量 40°~130° 内角。

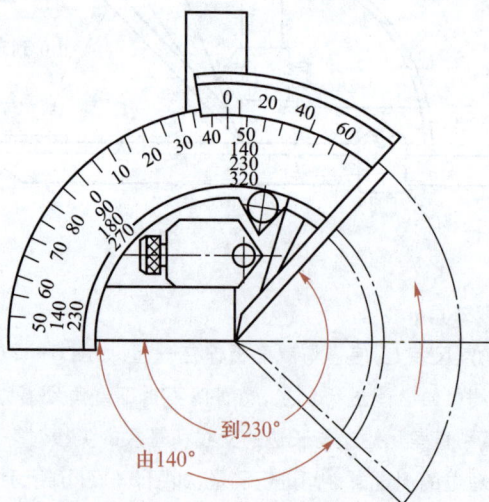

图 5-18　测量 140°~230° 外角

142

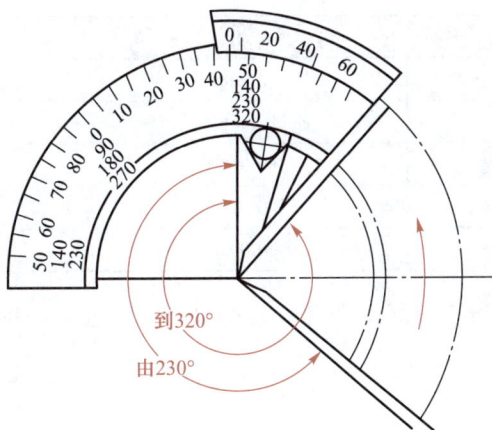

图 5-19 测量 230°~320°外角

习题

5-1 圆锥配合与光滑圆柱配合相比较,有何特点? 不同形式的配合各用于什么场合?

5-2 圆锥配合的基本参数有哪些? 根据圆锥的制造工艺不同,限制一个基本圆锥的公称尺寸可以有几种?

5-3 为什么钻头、铰刀、铣刀的尾柄与机床主轴连接孔连接要采用圆锥配合方式? 从使用要求出发,这些圆锥有哪些要求?

5-4 有一外圆锥直径为 20 mm,最小圆锥直径为 5 mm,圆锥长度为 100 mm,试确定圆锥角和锥度。若圆锥公差等级为 AT8,试查取圆锥角公差的数值。

5-5 圆锥公差有几种给定方法? 各适用于什么场合?

5-6 在选择圆锥直径公差时,对结构型圆锥配合和位移型圆锥配合有什么不同?

5-7 铣床主轴端部锥孔及刀杆锥体以锥孔最大圆锥直径 $\phi70$ mm 为配合直径,锥度 $C=7:24$,配合长度 $H=106$ mm,基面距 $a=3$ mm,基面距极限偏差 $\Delta=\pm0.4$ mm,试确定直径和圆锥角的极限偏差。

5-8 使用正弦规测量某工具外圆锥的锥度误差,被测量件的基本参数如下:

公称锥度:1∶19.922≈0.050 2;

公称锥角:2°52′32″;

锥度极限偏差:$^{+0.000\,3}_{0}$;

圆锥角极限偏差:$^{+52″}_{0}$。

已知正弦规两滚柱中心距为 100 mm,A、B 两测量点的距离为 80 mm,A、B 两点的 5 次测得值见表 5-5。

测量次数	A 点测得值	B 点测得值
1	+0.008	+0.001
2	+0.006	+0.001
3	+0.011	+0.005
4	+0.010	+0.006
5	+0.002	−0.006

表 5-5　测　得　值　　　　　　　　　　　　mm

计算每次测量的圆锥角偏差 $\Delta\alpha$ 和锥度偏差 ΔC,分析测量结果并判断该工具外圆锥度的合格性。

第6章 光滑极限量规设计

知识与素养目标

1. 掌握光滑极限量规的种类及使用；
2. 掌握光滑极限量规的设计原则——泰勒原则；
3. 掌握工作量规的设计方法；
4. 通过完整的精度设计案例学习,培养分析问题、解决问题的能力。

技能目标

1. 会使用量规检验工件的合格性；
2. 能根据泰勒原则设计工作量规。

知识导图

```
                                        ┌─ 量规的种类
                         ┌─ 量规设计原则 ─┤
                         │              └─ 量规的设计原则、量规的公差
光滑极限量规的设计 ──────┤
                         │              ┌─ 量规的结构
                         └─ 工作量规的设计 ┼─ 量规的技术要求
                                        └─ 量规的设计实例
```

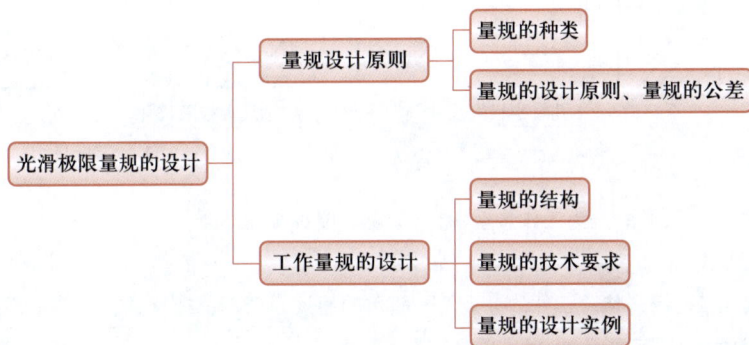

　　"公差与配合"制度的建立,给互换性生产创造了条件。但是,为了使零件符合图样规定的精度要求,除了要保证加工零件所用的设备和工艺装备具有足够的精度和稳定性外,质量检验也是一个十分重要的问题。而质量检验的关键是确定合适的质量验收标准及正确选用计量器具。为此,我国制定了《光滑极限量规 技术条件》(GB/T 1957—2006)国家标准。对光滑圆柱形工件检验时,可采用通用计量器具,也可采用光滑极限量规。特别是大批量生产时,通常采用光滑极限量规检验工件。

6.1　量规设计原则

6.1.1　量规的种类

光滑极限量规是一种没有刻线的专用计量器具。它不能测得工件实际尺寸的大小,只能确定被测工件的尺寸是否在它的极限尺寸范围内,从而对工件做出合格性判断。

光滑极限量规的公称尺寸就是工件的公称尺寸,通常把检验孔径的光滑极限量规称为塞规,把检验轴径的光滑极限量规称为环规或卡规。不论塞规还是环规都包括两个量规:一个是按被测工件的最大实体尺寸制造的,称为通规,也叫通端;另一个是按被测工件的最小实体尺寸制造的,称为止规,也叫止端。检验时,塞规或环规都必须把通规和止规联合使用。

例如,使用塞规检验工件孔径时(图 6-1),如果塞规的通规通过被检验孔,说明被测孔径大于孔的最小极限尺寸;塞规的止规塞不进被检验孔,说明被测孔径小于孔的最大极限尺寸。于是,知道被测孔径大于最小极限尺寸且小于最大极限尺寸,即孔的作用尺寸和实际尺寸在规定的极限范围内,因此被测孔径是合格的。同理,用卡规的通规和止规检验工件轴径时(图 6-2),通规通过轴,止规通不过轴,说明被测轴径的作用尺寸和实际尺寸在规定的极限范围内,因此被测轴径是合格的。由此可知,不论塞规还是卡规,如果通规通不过被测工件,或者止规通过了被测工件,即可确定被测工件是不合格的。

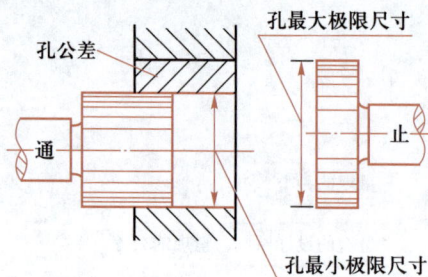

图 6-1　塞规

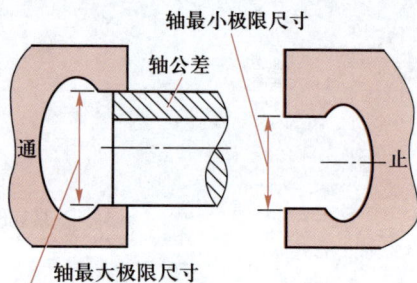

图 6-2　卡规

根据量规不同用途,分为工作量规、验收量规和校对量规三类。

(1) 工作量规

工人在加工时用来检验工件的量规。一般用的通规是新制的或磨损较少的量规。工作量规的通规用代号"T"来表示,止规用代号"Z"来表示。

(2) 验收量规

检验人员或用户代表验收工件时采用的量规。一般检验人员用的通规为磨损较大但未超过磨损极限的旧工作量规;用户代表用的是接近磨损极限尺寸的通规,这样由生产工人自检合格的产品,检验部门验收时也一定合格。

(3) 校对量规

用以检验轴用工作量规的量规。它是用来检查轴用工作量规在制造时是否符合制造公差,在使用中是否已达到磨损极限所用的量规。校对量规可分为三种:

① "校通—通"量规(代号"TT")检验轴用工作量规通规的校对量规。

② "校止—通"量规(代号"ZT")检验轴用工作量规止规的校对量规。

③ "校通—损"量规(代号"TS")检验轴用工作量规通规磨损极限的校对量规。

6.1.2 量规的设计原则

采用量规检验时,为了正确地评定被测工件是否合格,是否能装配,对于遵守包容原则的孔和轴,应按极限尺寸判断原则(即泰勒原则)验收。

泰勒原则是指工件的作用尺寸不超过最大实体尺寸(即孔的作用尺寸应大于或等于其最小极限尺寸;轴的作用尺寸应小于或等于其最大极限尺寸),工件任何位置的实际尺寸应不超过其最小实体尺寸(即孔任何位置的实际尺寸应小于或等于其最大极限尺寸;轴任何位置的实际尺寸应大于或等于其最小极限尺寸)。

采用量规进行检测时,作用尺寸由最大实体尺寸限制,就可以把形状误差限制在尺寸公差之内。另外,工件的实际尺寸由最小实体尺寸限制,才能保证工件合格并具有互换性,且能自由装配。因此符合泰勒原则验收的工件是能保证使用要求的。

光滑极限量规本身相当于一个精密工件,制造时和普通工件一样,不可避免地会产生加工误差,同样需要规定制造公差。量规制造公差的大小不仅影响量规的制造难易程度,还会影响被测工件加工的难易程度以及对被测工件的误判程度。为确保产品质量,国家标准 GB/T 1957—2006 规定量规公差带不得超越工件公差带。

通规由于经常通过被测工件,会有较大的磨损,为了延长使用寿命,除规定了制造公差外还规定了磨损公差。磨损公差的大小决定了量规的使用寿命。止规不经常通过被测工件,故磨损较少,所以不规定其磨损公差,只规定了制造公差。

图 6-3 所示为光滑极限量规国家标准规定的量规公差带图。工作量规通规的制造公差带对称于"Z"值且在工件的公差带之内,其磨损极限与工件的最大实体尺寸重合。工作量规止规的制造公差带从工件的最小实体尺寸起,向工件的公差带内分布。

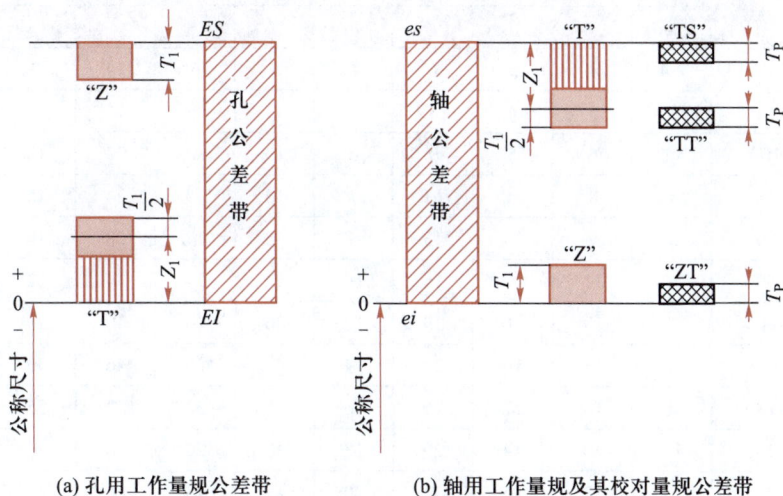

(a) 孔用工作量规公差带　(b) 轴用工作量规及其校对量规公差带

图 6-3　量规公差带图

147

国家标准规定了各级工作量规制造公差 T_1 和通规公差带位置要素 Z_1，见表6-1和表6-2，其中 T_1 和 Z_1 的数值是考虑了量规的制造工艺水平和使用寿命等因素确定的。

表6-1　IT6~IT10级工作量规制造公差 T_1 和通规公差带位置要素 Z_1

（GB/T 1957—2006）　　　　　　　　　　　　　　　　　μm

工件公称尺寸/mm	IT6		IT7		IT8		IT9	
	T_1	Z_1	T_1	Z_1	T_1	Z_1	T_1	Z_1
~3	1	1	1.2	1.6	1.6	2	3	3
>3~6	1.2	1.6	1.4	2	2	2.6	2.4	4
>6~10	1.4	1.6	1.8	2.4	2.4	3.2	2.8	5
>10~18	1.6	2	2	2.8	2.8	4	3.4	6
>18~30	2	2.4	2.4	3.4	3.4	5	4	7
>30~50	2.4	2.8	3	4	4	6	5	8
>50~80	2.8	3.4	3.6	4.6	4.6	7	6	9
>80~120	3.2	3.8	4.2	5.4	5.4	8	7	10
>120~180	3.8	4.4	4.8	6	6	9	8	12
>180~250	4.4	5	5.4	7	7	10	9	14
>250~315	4.8	5.6	6	8	8	11	10	16
>315~400	5.4	6.2	7	9	9	12	11	18
>400~500	6	7	8	10	10	14	12	20

表6-2　IT10~IT14级工作量规制造公差 T_1 和通规公差带位置要素 Z_1

（GB/T 1957—2006）　　　　　　　　　　　　　　　　　μm

工件公称尺寸/mm	IT10		IT11		IT12		IT13		IT14	
	T_1	Z_1	T_1	Z_1	T_1	Z_1	T_1	Z_1	T_1	Z_1
~3	2.4	4	3	6	4	9	6	14	9	20
>3~6	3	5	4	8	5	11	7	16	11	25
>6~10	3.6	6	5	9	6	13	8	20	13	30
>10~18	4	8	6	11	7	15	10	24	15	35
>18~30	5	9	7	13	8	18	12	28	18	40
>30~50	6	11	8	16	10	22	14	34	22	50
>50~80	7	13	9	19	12	26	16	40	26	60
>80~120	9	15	10	22	14	30	20	46	30	70
>120~180	10	18	12	25	16	35	22	52	35	80
>180~250	12	20	14	29	18	40	26	60	40	90
>250~315	13	22	16	32	20	45	28	66	45	100
>315~400	14	25	18	36	22	50	32	74	50	110
>400~500	16	28	20	40	24	55	36	80	55	120

国家标准规定的工作量规的几何误差,应在工作量规的尺寸公差范围内。工作量规的几何公差为其制造公差的50%。当工作量规制造公差小于或等于0.002 mm时,其几何公差为0.001 mm。另外,标准还规定校对量规的制造公差 T_p 为被校对的轴用工作量规制造公差 T_1 的50%,其几何公差应在校对量规的制造公差范围内。

根据上述可知,工作量规的公差带完全位于工件极限尺寸范围内,校对量规的公差带完全位于被校对量规的公差带内,从而保证了工件符合"公差与配合"国家标准的要求,但是相应地缩小了工件的制造公差,给生产加工带来了困难,并且还容易把一些合格品误判为废品。

6.2 工作量规的设计

6.2.1 量规的结构

检验圆柱形工件的光滑极限量规的形式有很多种。合理地选择与使用,对正确判断检验结果影响很大。按照国家标准推荐,检验孔时,可选用下列几种形式的量规(图6-4):全形塞规、不全形塞规、片形塞规、球形塞规。检验轴时,可选用下列形式的量规(图6-5):卡规和环规。具体结构形式参见标准 GB/T 10920—2008 及有关资料。

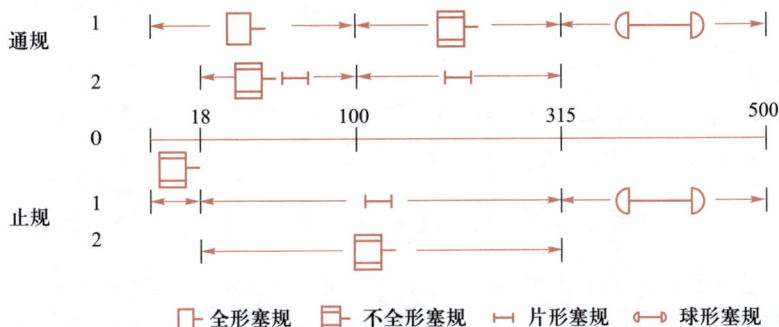

图6-4 测孔量规形式及应用尺寸范围

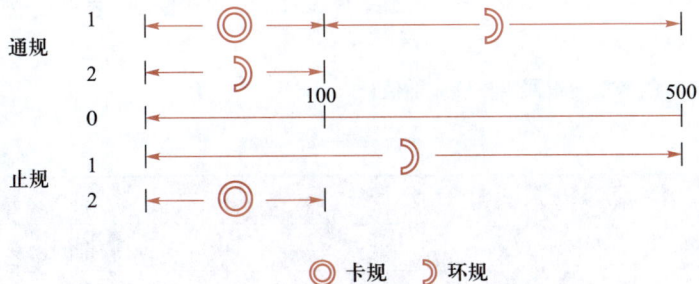

图6-5 测轴量规形式及应用尺寸范围

按照泰勒原则,光滑极限量规的结构应达到如下要求:通规用来控制工件的作用尺寸,它的测量面应具有与孔或轴相对应的完整表面,即采用全形量规,其尺寸等于工件的最大实体尺寸,且长度应等于被测工件的配合长度。止规用来控制工件的实际尺寸,它的测量面应为两点状的,即为不全形量规,两点间的尺寸应等于工件的最小实体尺寸。

若光滑极限量规的设计不符合泰勒原则,则可能造成对工件检验的错误判断。以图6-6所

149

示为例,分析量规形状对检验结果的影响。被测工件孔为椭圆形,实际轮廓在 X 轴方向和 Y 轴方向都已超出公差带,已属废品。但若用两点状通规检验,可能从 Y 轴方向通过,若不做多次不同方向检验,则可能发现不了孔已从 X 轴方向超出公差带。同理,若用全形止规检验,则根本通不过孔,发现不了孔已从 Y 轴方向超出公差带。这样,由于量规形状不正确,实际应用中的量规,由于制造和使用方面的原因,常常在合理范围内偏离泰勒原则。例如,为了使用已标准化的量规,允许通规的长度小于工件的配合长度;对大尺寸的孔、轴用全形通规检验,既笨重又不便于使用,允许使用不全形通规;对曲轴轴径,由于无法使用全形环规通过,允许使用卡规代替。对止规也不一定全是两点状接触,由于点接触容易磨损,一般常以小平面、圆柱面或球面代替点;检验小孔的止规,常用便于制造的全形塞规;同样,对刚性差的薄壁件,由于考虑受力变形,常用全形止规。

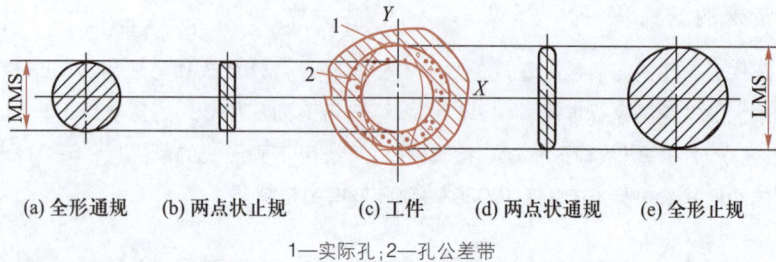

| (a) 全形通规 | (b) 两点状止规 | (c) 工件 | (d) 两点状通规 | (e) 全形止规 |

1—实际孔;2—孔公差带

图 6-6　塞规形状对检验结果的影响

光滑极限量规的国家标准规定,使用偏离泰勒原则的量规时,应保证被检验的孔、轴的形状误差(尤其是轴线的直线度、圆度)不影响配合性质。

6.2.2　量规的技术要求

量规测量面可用渗碳钢、碳素工具钢、合金工具钢和硬质合金等材料制造,也可在测量面上镀铬或氮化处理。量规测量面的硬度直接影响量规的使用寿命。用上述几种钢材经淬火后的硬度一般为 58~65HRC。

量规测量面的形状公差一般为其尺寸公差的 50%。量规测量面的表面粗糙度参数值,取决于被检验工件的公称尺寸、公差等级和表面粗糙度参数值及量规的制造工艺水平,一般不低于国家标准推荐的量规测量面粗糙度参数值(表 6-3)。

表 6-3　量规测量面粗糙度参数值

工作量规	工件公称尺寸/mm		
	~120	>120~315	>315~500
	表面粗糙度参数 Ra(小于)/μm		
IT6 级孔用工作量规	0.04	0.08	0.16
IT6~IT9 级轴用工作量规 IT7~IT9 级孔用工作量规	0.08	0.16	0.32
IT10~IT12 级孔、轴用工作量规	0.16	0.32	0.63
IT13~IT16 级孔、轴用工作量规	0.32	0.63	0.63

工作量规图样的标注如图 6-7 所示。

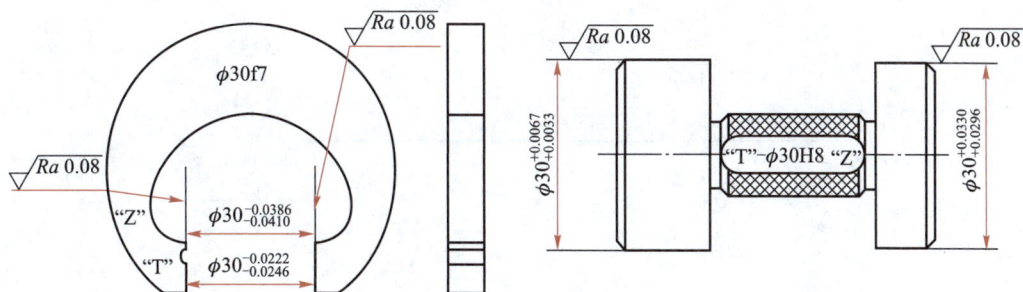

图 6-7　工作量规图样的标注

6.2.3　量规设计举例

例：设计检验 $\phi30H8/f7$Ⓔ孔用工作量规、轴用工作量规。

解：① 由国家标准 GB/T 1800.1—2020 查出孔与轴的极限偏差。

孔：$ES=+0.033$ mm，$EI=0$，即孔的尺寸为 $\phi30H8(^{+0.033}_{0})$；

轴：$es=-0.020$ mm，$ei=-0.041$ mm，即轴的尺寸为 $\phi30f7(^{-0.020}_{-0.041})$。

② 由表 6-2 查得工作量规制造公差 T_1 和通规公差带位置要素 Z_1。

塞规：$T_1=0.003\ 4$ mm，$Z_1=0.005$ mm；

卡规：$T_1=0.002\ 4$ mm，$Z_1=0.003\ 4$ mm。

③ 确定工作量规的形状公差。

塞规：形状公差 $T_1/2=0.001\ 7$ mm；

卡规：形状公差 $T_1/2=0.001\ 2$ mm。

④ 计算量规的极限偏差和工作尺寸。

孔用塞规。

通规：上极限偏差 $=EI+Z_1+T_1/2=(0+0.005+0.001\ 7)$ mm $=+0.006\ 7$ mm；

下极限偏差 $=EI+Z_1-T_1/2=(0+0.005-0.001\ 7)$ mm $=+0.003\ 3$ mm；

止规：上极限偏差 $=ES=+0.033$ mm；

下极限偏差 $=ES-T_1=(0.033-0.003\ 4)$ mm $=+0.029\ 6$ mm。

轴用卡规。

通规：上极限偏差 $=es-Z_1+T_1/2=(-0.020-0.003\ 4+0.001\ 2)$ mm $=-0.022\ 2$ mm；

下极限偏差 $=es-Z_1-T_1/2=(-0.020-0.003\ 4-0.001\ 2)$ mm $=-0.024\ 6$ mm；

止规：上极限偏差 $=ei+T_1=(-0.041+0.002\ 4)$ mm $=-0.038\ 6$ mm；

下极限偏差 $=ei=-0.041$ mm。

⑤ 画出孔、轴用工作量规公差带图，如图 6-8 所示。

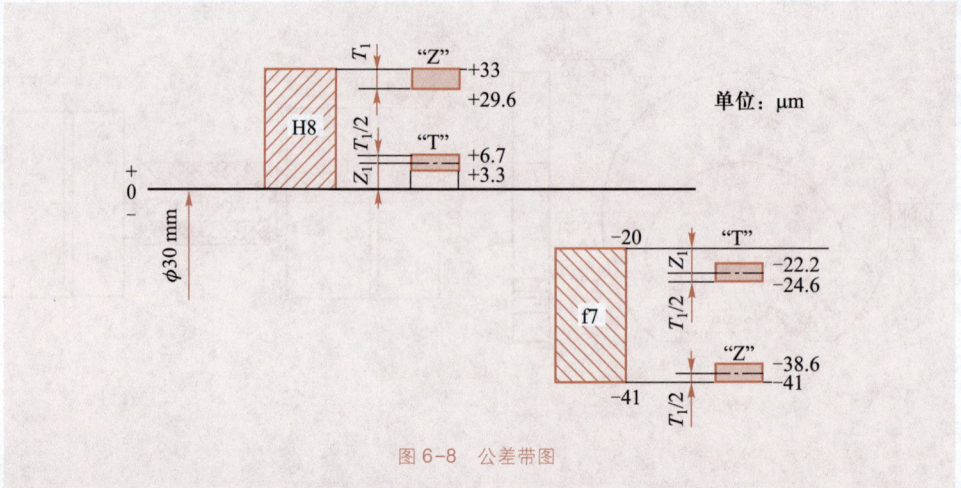

图 6-8　公差带图

习题

6-1　光滑极限量规有何特点？如何用它检验工件是否合格？

6-2　量规分几类？各有何用途？孔用工作量规为何没有校对量规？

6-3　确定 ϕ18H7/p7 的孔、轴用工作量规及校对量规的工作尺寸，并画出量规的公差带图。

6-4　有配合 ϕ45H8/f7Ⓔ，试用泰勒原则分别写出孔、轴尺寸的合格条件。

第 7 章 常用结合件的公差与检测

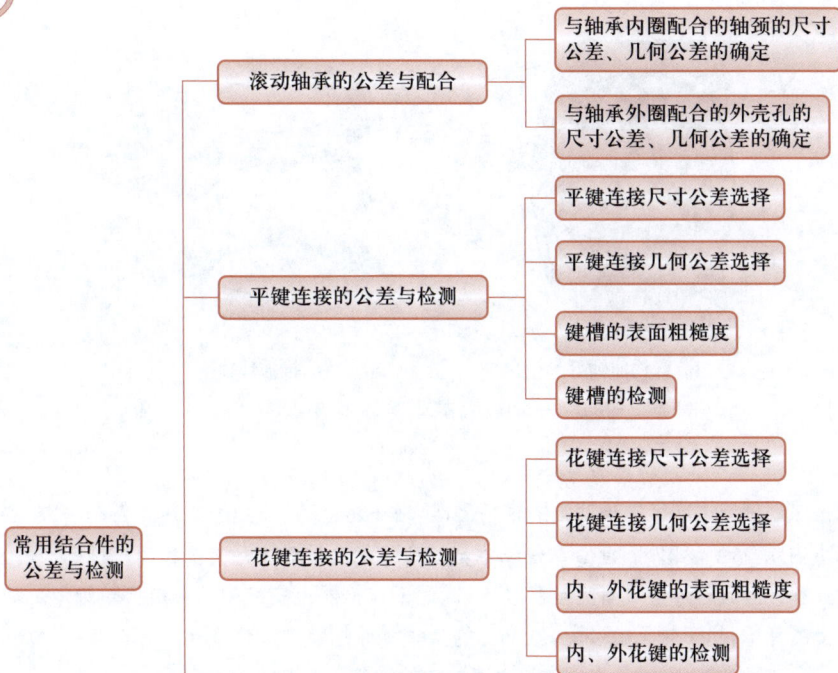

```
                                          ┌─ 螺纹几何参数误差对螺纹互换性的影响
                    ┌─ 普通螺纹连接的公差与检测 ─┼─ 国家标准对螺纹几何参数公差的规定
                    │                     └─ 螺纹的综合检测和单项检测
                    │
                    └─ 圆柱齿轮的公差与检测 ─┬─ 单个齿轮的公差与检测
                                          └─ 齿轮副的公差与检测
```

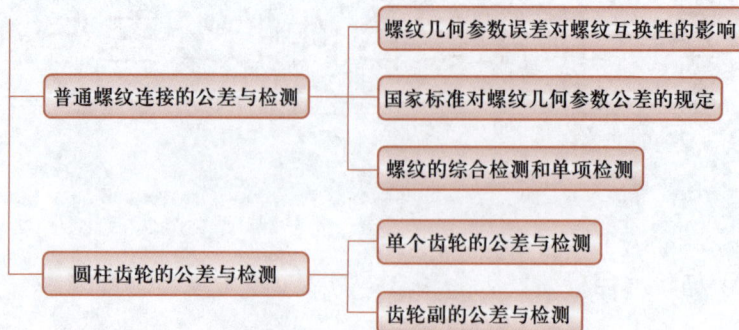

7.1　滚动轴承的公差与配合

　　滚动轴承是以滑动轴承为基础发展起来的,是用来支承轴的部件,是机械制造业中应用极为广泛的一种标准件。滚动轴承的公差与配合设计主要指正确地确定滚动轴承内圈与轴颈的配合、外圈与外壳孔的配合以及轴颈与外壳孔的尺寸公差带、几何公差和表面粗糙度参数值,以保证滚动轴承的工作性能和寿命。

7.1.1　滚动轴承的互换性及公差等级

　　如图 7-1 所示,滚动轴承一般是由内圈、外圈、滚动体(钢球或滚子)和保持架等组成。滚动轴承的类型很多,按照滚动体的不同可以分为球轴承和滚子轴承;按照滚动轴承所能承受的主要负荷方向,又可分为向心轴承(主要承受径向载荷)、推力轴承(承受轴向载荷)、向心推力轴承(能同时受径向载荷和轴向载荷)。滚动轴承通过滚动体的作用使内、外圈产生相对转动。

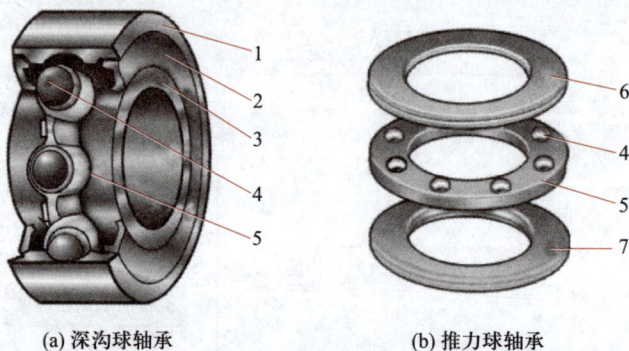

(a) 深沟球轴承　　　　　　　　　　**(b) 推力球轴承**

1—外圈;2—密封;3—内圈;4—滚动体;5—保持架;6—上圈;7—下圈

图 7-1　滚动轴承

　　通常滚动轴承内圈装在传动轴的轴颈上,随轴一起运动;外圈固定在外壳孔中,起支承作用。轴承内圈直径 d 和外圈直径 D 是轴承与结合件配合的基本尺寸。作为一种标准件,轴承内圈内孔和外圈圆柱面应具有完全互换性,以便于在机器上安装轴承和更换新轴承。基于技术经济上的考虑,对于轴承的装配,轴承上的某些零件的特定部位采用不完全互换性。此外,为保证滚动轴承的工作性能,必须满足必要的旋转精度和合适的游隙。

滚动轴承的公差等级由滚动轴承的尺寸公差及旋转精度决定。尺寸公差是指轴承的内径 d、外径 D、宽度 B 等的尺寸公差。旋转精度是指轴承内、外圈做相对转动时跳动的程度,包括轴承内、外圈的径向跳动、轴向跳动,内圈基准端面对内孔的跳动等。

根据滚动轴承的结构尺寸、公差等级和技术性能等产品特征,国家标准GB/T 307.3—2017《滚动轴承 通用技术规则》将滚动轴承公差等级按精度等级由低至高分为0、6(6X)、5、4、2,2级最高,0级最低。不同种类的滚动轴承公差等级稍有不同,具体如下:向心轴承(圆锥滚子轴承除外)公差等级共分为5级,即0、6、5、4和2级;圆锥滚子轴承公差等级共分为4级,即0、6X、5和4级;推力轴承公差等级共分为4级,即0、6、5和4级。常用精度为0级精度,属普通精度,在机械制造业中应用最广,主要用于旋转精度要求不高的机械中。例如,卧式车床的变速箱和进给箱、汽车和拖拉机的变速箱、普通电动机、水泵、压缩机和涡轮机等。除0级外,其余各级统称高精度轴承,主要用于高线速度或高旋转精度的场合,这类精度的轴承在各种金属切削机床中应用较多,普通机床主轴的前轴承多采用5级轴承,后轴承多采用6级轴承;用于精密机床主轴上的轴承精度应为5级及其以上等级;而对于数控机床、加工中心等高速、高精密机床的主轴支承,则需选用4级及其以上等级的超精密轴承。

7.1.2 与轴承相配的轴颈、外壳孔的公差带

轴承的配合是指内圈与轴颈及外圈与外壳孔的配合。轴承的内、外圈,按其尺寸比例一般认为是薄壁零件,精度要求很高,在制造、保管过程中极易产生变形,但当轴承内圈与轴颈及外圈与外壳孔装配后,其内、外圈的圆度,将受到轴颈及外壳孔形状的影响,这种变形比较容易得到纠正。因此,国家标准GB/T 307.1—2017《滚动轴承 向心轴承 产品几何技术规范(GPS)和公差值》中规定:在轴承内、外圈任一截面内测得的内圈直径、外圈直径的最大直径与最小直径的平均值(即单一平面平均内、外径,分别用 d_{mp} 和 D_{mp} 表示)与公称直径的差必须在极限偏差范围内。轴承的内径 d 和外径 D 的公差带均为单向制,而且统一采用公差带位于以公称直径为零线的下方,即上极限偏差为零,下极限偏差为负值的分布,如图7-2所示。

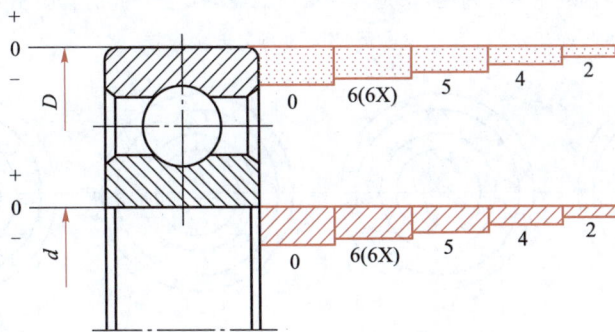

图7-2 轴承内径、外径公差带的分布

滚动轴承内圈与轴的配合采用基孔制。但内圈的公差带位置却和一般的基准孔相反,如图7-2所示,公差带都位于零线以下,即上极限偏差为零,下极限偏差为负值。这样分布主要是因为通常情况下,轴承的内圈是随轴一起转动的,为防止内圈和轴颈之间的配合产生相对滑动而导致结合面磨损,影响轴的工作性能,因此要求两者的配合应具有一定的过盈,但由于

内圈是薄壁零件,容易弹性变形胀大,且使用一定时间后又要拆换,故过盈量不能太大。如果采用过渡配合,又可能出现间隙,不能保证必具有一定的过盈,从而无法满足轴承的工作需要;若采用非标准配合,则又违反了标准化和互换性原则,所以要采用有一定过盈的配合。轴承内圈采用图 7.2 所示的公差带后,当它与一般过渡配合的轴相配时,不但能保证获得不大的过盈,而且还不会出现间隙,从而满足了轴承内圈与轴的配合要求,同时又可按标准偏差来加工轴。可以看出,轴承内圈作为基准孔的公差带与 GB/T 1800.2—2020 中基孔制的同名配合相比,有不同程度的变紧。

轴承外圈与外壳孔的配合采用基轴制。轴承外圈安装在外壳孔中,通常不旋转。但机器工作时,温度升高会使轴受热膨胀而产生轴向延伸,因此应使外圈与外壳孔的配合稍微松一些,允许轴连同轴承一起轴向移动,补偿轴受热膨胀产生的微量伸长。否则,轴会产生弯曲,致使内圈卡死,影响机器正常运转。滚动轴承的外圈与外壳孔两者之间的配合与 GB/T 1800.2—2020 中基轴制的同名配合相比,配合性质基本一致,但是公差值不同。

7.1.3　滚动轴承配合的选用

正确的选择滚动轴承与轴颈、外壳孔的配合,对保证机器正常运转、提高轴承的使用寿命、充分发挥其承载能力影响很大。滚动轴承的配合一般采用类比法,选择时主要考虑以下的影响因素。

1. 轴承套圈与负荷方向的关系

（1）套圈相对于负荷方向静止

此种情况是指作用于轴承上的合成径向负荷与套圈相对静止,即合成负荷方向始终不变地作用在套圈滚道的局部区域上,该套圈所承受的这种负荷性质,称为局部负荷。如图 7-3(a) 所示不旋转的外圈和图 7-3(b) 所示不旋转的内圈,受到方向始终不变的负荷 F_r 的作用,前者称为固定的外圈负荷,后者称为固定的内圈负荷。例如,减速器转轴两端滚动轴承的外圈,汽车、拖拉机车轮轮毂中滚动轴承的内圈,都是局部负荷的典型实例。此时套圈相对于负荷方向静止的受力特点是负荷作用集中,套圈滚道局部区域容易产生磨损。

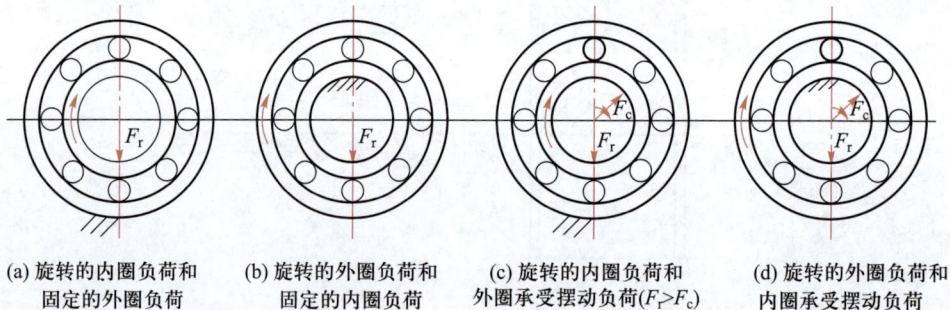

(a) 旋转的内圈负荷和　　(b) 旋转的外圈负荷和　　(c) 旋转的内圈负荷和　　(d) 旋转的外圈负荷和
　　固定的外圈负荷　　　　固定的内圈负荷　　　外圈承受摆动负荷(F_r>F_c)　内圈承受摆动负荷

图 7-3　轴承套圈与负荷方向的关系

（2）套圈相对于负荷方向旋转

此种情况是指作用于轴承上的合成径向负荷与套圈相对旋转,即合成负荷方向依次作用在套圈滚道的整个圆周上,该套圈所承受的这种负荷性质,称为循环负荷。如图 7-3(a) 所示旋转的内圈和图 7-3(b)所示旋转的外圈,此时相当于套圈相对负荷方向旋转,受到方向旋转变化的负荷 F_r 的作用,前者称为旋转的内圈负荷,后者称为旋转的外圈负荷。例如,减速器转轴两端滚动轴承的内圈,汽车、拖拉机车轮轮毂中滚动轴承的外圈,都是循环负荷的典型实例。此时套圈相对于负荷方向旋转的受力特点是负荷呈周期性作用,套圈滚道产生均匀磨损。

(3)套圈相对于负荷方向摆动

此种情况是指作用于轴承上的合成径向负荷与套圈在一定区域内相对摆动,即合成负荷向量按一定规律变化,往复作用在套圈滚道的局部圆周上,该套圈所受的这种负荷性质,称为摆动负荷。如图 7-3(c)和图 7-3(d)所示,轴承套圈受到一个大小和方向均固定的径向负荷 F_r 和一个旋转的径向负荷 F_c,两者合成的负荷大小将由小到大,再由大到小,周期性的变化。

由图 7-4 可知,当 $F_r>F_c$ 时,F_r 与 F_c 的合成负荷在 AB 区域内摆动。不旋转的套圈就相对于合成负荷方向 F 摆动,而旋转的套圈就相对于合成负荷方向 F 旋转;当 $F_r<F_c$ 时,F_r 与 F_c 的合成负荷沿整个圆周变动,因此不旋转的套圈就相对于合成负荷的方向旋转,而旋转的套圈则相对于合成负荷的方向静止,此时承受局部负荷。

由以上分析可知,轴承套圈相对于负荷的旋转状态不同(静止、旋转、摆动),该套圈与轴颈或外壳孔配合的松紧程度也应不同。为了保证套圈滚道的磨损均匀,当套圈承受静止负荷时,该套圈与轴颈或外壳孔的配合应稍松些,以便在摩擦力矩的带动下,它们可以做非常缓慢的相对滑动,从而避免套圈滚道局部磨损;当套圈承受循环负荷时,套圈与轴颈或外壳孔的配合应稍紧一些,避免它们之间产生相对滑动,从而实现套圈滚道均匀磨损;当套圈承受摆动负荷时,其配合要求应与承受循环负荷时相同或略松一些,以提高轴承的使用寿命。具体的滚动轴承配合与负荷性质的关系见表 7-1。

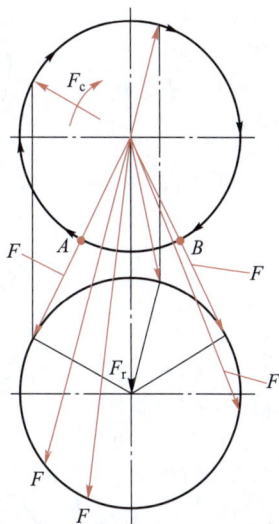

图 7-4　摆动负荷($F_r>F_c$)

表 7-1　滚动轴承配合与负荷性质的关系

轴承旋转条件	图例	负荷性质	配合方式
内圈:旋转 外圈:静止 负荷方向:固定	静止负荷	内圈循环负荷 外圈局部负荷	内圈:采用静配合(过盈配合) 外圈:采用动配合(间隙配合)
内圈:静止 外圈:旋转 负荷方向:固定	旋转负荷		

续表

轴承旋转条件	图例	负荷性质	配合方式
内圈:静止 外圈:旋转 负荷方向:固定	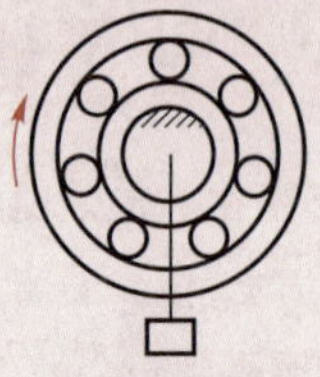 静止负荷	内圈局部负荷 外圈循环负荷	内圈:采用动配合(间隙配合) 外圈:采用静配合(过盈配合)
内圈:旋转 外圈:静止 负荷方向:与内圈同时旋转	 旋转负荷		
$F_r>F_c$ 时,不旋转的套圈相对于合成负荷 F 的方向摆动,旋转的套圈就相对于合成负荷 F 的方向旋转	 F_c F_r	内圈循环负荷 外圈摆动负荷	内、外圈:采用静配合(过盈配合),但外圈可以稍松一些
	 F_c F_r	内圈摆动负荷 外圈循环负荷	内、外圈:采用静配合(过盈配合),但内圈可以稍松一些
$F_r<F_c$ 时,不旋转的套圈相对于合成负荷 F 的方向旋转,旋转的套圈则相对于合成负荷 F 的方向摆动	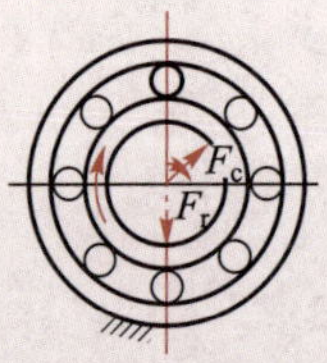 F_c F_r	内圈局部负荷 外圈循环负荷	内圈:采用动配合(间隙配合) 外圈:采用静配合(过盈配合)
	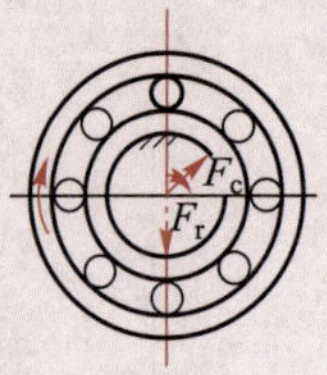 F_c F_r	内圈循环负荷 外圈局部负荷	内圈:采用静配合(过盈配合) 外圈:采用动配合(间隙配合)

158

2. 负荷的大小

滚动轴承套圈与轴颈和外壳孔的配合,与轴承套圈所承受的负荷大小有关。国家标准 GB/T 275—2015 根据当量径向动负荷 P_r 与轴承产品样本中规定的额定动负荷 C_r 的关系,将当量径向动负荷 P_r 分为轻负荷、正常负荷和重负荷三种类型,见表 7-2。轴承在重负荷和冲击负荷的作用下,套圈容易产生变形,使配合面受力不均匀,引起配合松动。因此,负荷越大,过盈应选得越大,且承受变化的负荷应比受平稳的负荷选用较紧的配合。

表 7-2　当量径向动负荷 P_r 的类型

负荷类型	P_r 值的大小		
	球轴承	滚子轴承(圆锥轴承除外)	圆锥滚子轴承
轻负荷	$P_r \leqslant 0.06C_r$	$P_r \leqslant 0.08C_r$	$P_r \leqslant 0.13C_r$
正常负荷	$0.06C_r < P_r \leqslant 0.12C_r$	$0.08C_r < P_r \leqslant 0.18C_r$	$0.13C_r < P_r \leqslant 0.26C_r$
重负荷	$>0.12C_r$	$>0.18C_r$	$>0.26C_r$

3. 径向游隙

按 GB/T 4604.1—2012《滚动轴承　游隙　第 1 部分:向心轴承的径向游隙》的规定,滚动轴承的径向游隙共分为五组,即 2 组、N 组、3 组、4 组、5 组,游隙的大小依次由小到大,其中 N 组为标准游隙,应优先选用。轴承的径向游隙应适中,游隙过大,会引起较大的径向跳动和轴向窜动,使轴承产生较大的振动和噪声;游隙过小,则会使轴承滚动体与套圈间产生较大的接触应力,增加轴承摩擦发热,致使轴承寿命降低。因此,游隙的大小应适度。若轴承具有基本组游隙(供应的轴承无游隙标记,则指基本组游隙),在常温状态的一般条件下工作时,轴承与轴颈和外壳孔配合的过盈较恰当;若轴承具有的游隙比基本组游隙大,在特别条件下工作时(如内圈和外圈温差较大,或内圈与轴颈间、外圈与外壳孔间都要求有过盈等),则配合的过盈应较大;若轴承具有的游隙比基本组游隙小,在轻负荷下工作,要求噪声和振动小,或要求旋转精度较高时,则配合的过盈应较小。

4. 其他因素

① 温度的影响。轴承工作时因摩擦发热及其他热源的影响,套圈的温度会高于配合件的温度,内圈的热膨胀使之与轴颈的配合变松,而外圈的热膨胀则使之与外壳孔的配合变紧。因此,当轴承工作温度高于 100℃ 时,应对所选的配合进行适当的修正,以保证轴承的正常运转。

② 轴颈与外壳孔的结构和材料的影响。剖分式外壳孔和整体式外壳孔与轴承外圈的配合松紧有差异,前者应稍松,以避免夹扁外圈;薄壁外壳或空心轴与轴承套圈的配合应比厚壁外壳或实心轴与轴承套圈的配合紧一些,以保证有足够的连接强度。

③ 轴承组件的轴向游动。由前述内容可知,轴承组件在运转过程中,轴颈受热容易伸长,因此,轴承组件的一端应保证一定的轴向移动余地,则该端的轴承套圈与配合件的配合应较松,以保证轴向可以游动。

④ 旋转精度及旋转速度的影响。当轴承的旋转精度要求较高时,应选用较高精度等级的轴承,以及较高等级的轴、孔公差;对负荷较大且旋转精度要求较高的轴承,为消除弹性变形和振动的影响,旋转套圈应避免采用间隙配合,但也不宜过紧;对负荷较小用于精密机床的高精度轴承,为了避免配合件形状误差对旋转精度的影响,无论旋转套圈还是非旋转套圈,与轴或孔的配合常常希望有较小的间隙。当轴承的旋转速度过高,且又在冲击动负荷下工作时,轴承与轴颈及外壳孔的配合最好都选用过盈配合。在其他条件相同的情况下,轴承转速越高,配合应越紧。

⑤ 公差等级的协调。选择轴颈和外壳孔的公差等级时应与轴承的公差等级协调,如 0 级轴承配合的轴颈一般选 IT6,外壳孔一般选 IT7;对旋转精度和运转平稳性有较高要求的场合(如电动机),轴颈一般选 IT5,外壳孔一般选 IT6。

⑥ 轴承的安装与拆卸。为了方便轴承的安装与拆卸,应考虑采用较松的配合。如要求装拆方便但又要紧配合时,可采用分离型轴承,或内圈带锥孔、带紧定套和退卸套的轴承。

综上所述,影响滚动轴承配合的因素很多,通常难以用计算法确定,所以实际生产中可采用类比法选择轴承的配合。类比法确定轴颈和外壳孔的公差带时,按照表 7-3~表 7-6 所列条件进行选择。

表 7-3　安装向心轴承的轴颈(圆柱形)公差带

内圈工作条件		应用举例	深沟球轴承、调心球轴承和角接触球轴承	圆柱滚子轴承和圆锥滚子轴承	调心滚子轴承	公差带
运动状态	负荷类型		轴承公称内径/mm			
圆柱孔轴承						
内圈相对于负荷方向旋转或摆动	轻负荷	仪器仪表、精密机械、机床主轴、通风机传送带等	≤18 >18~100 >100~200 —	— ≤40 >40~140 >140~200	— ≤40 >40~100 >100~200	h5 j6① k① m6①
	正常负荷	一般通用机械、电动机、涡轮机、泵、内燃机、变速箱、木工机械等	≤18 >18~100 >100~140 >140~200 >200~280 — —	≤40 >40~100 >100~140 >140~200 >200~400 — —	— ≤40 >40~65 >65~100 >100~140 >140~280 >280~500	j5、js5 k5② m5② m6 n6 p6 r6
	重负荷	铁路机车车辆和电车的轴箱、牵引电动机、轧机、破碎机等重型机械	— — — —	>50~140 >140~200 >200 —	>50~100 >100~140 >140~200 >200	n6③ p6③ r6③ r7③

续表

内圈工作条件		应用举例	深沟球轴承、调心球轴承和角接触球轴承	圆柱滚子轴承和圆锥滚子轴承	调心滚子轴承	公差带
运动状态	负荷类型		轴承公称内径/mm			
内圈相对于负荷方向静止	各类负荷	内圈必须在轴向容易移动	静止轴上的各种轮子	所有尺寸		g6①
		内圈不需要在轴向移动	张紧滑轮、绳索轮	所有尺寸		h6①
纯轴向负荷		所有应用场合	所有尺寸			j6 或 js6
圆锥孔轴承(带锥形套)						
所有负荷		火车和电车的轴箱	装在推卸套上的所有尺寸			h8(IT5)④
		一般机械或传动轴	装在紧定套上的所有尺寸			h9(IT7)⑤

注:① 对精度有较高要求的场合,应选用 j5、k5、… 分别代替 j6、k6、…。
② 单列圆锥滚子轴承和单列角接触球轴承的配合对内部游隙影响不大,可用 k6、m6 分别代替 k5、m5。
③ 重负荷下轴承径向游隙应选用大于 N 组。
④ 凡有较高的精度或转速要求的场合,应选用 h7(轴颈形状公差 IT5)代替 h8(IT6)。
⑤ 尺寸 ≥500 mm,轴颈形状公差为 IT7。

表 7-4 安装向心轴承的外壳孔公差带

外圈工作条件				应用举例	外壳孔公差带①	
运动状态	负荷类型	轴向位移的限度	其他情况			
外圈相对于负荷方向静止	轻、正常和重负荷	轴向容易移动	轴处于高温场合	烘干筒、有调心滚子轴承的大电动机	G7	
			采用剖分式外壳	一般机械、铁路车辆轴箱轴承	H7	
	冲击负荷	轴向能移动	整体式或剖分式外壳	铁路车辆轴箱轴承	J7、JS7	
外圈相对于负荷方向摆动	轻和正常负荷			电动机、泵、曲轴主轴承		
	正常和重负荷	轴向不移动	整体式外壳	电动机、泵、曲轴主轴承	K7	
	重冲击负荷			牵引电动机	M7	
外圈相对于负荷方向旋转	轻负荷	—	—	张紧滑轮	J7	K7
	正常和重负荷			装有球轴承的轮毂	K7、M7	M7、N7
	重冲击负荷		薄壁或整体式外壳	装有滚子轴承的轮毂	—	N7、P7

注:① 并列公差带随尺寸的增大,从左至右选择;对旋转精度要求较高时,可相应提高一个标准公差等级,并同时选用整体式外壳;对轻合金外壳应选择比钢或铸铁外壳较紧的配合。

表 7-5　安装推力轴承的轴颈公差带

内圈工作条件		推力球轴承和圆柱滚子轴承	推力调心滚子轴承	公差带
		轴承公称内径/mm		
纯轴向负荷		所有尺寸	所有尺寸	j6 或 js6
径向和轴向联合负荷	内圈相对于负荷方向静止	—	≤250	j6
			>250	js6
	内圈相对于负荷方向旋转或摆动	—	≤200	k6
			>200~400	m6
			>400	n6

表 7-6　安装推力轴承的外壳孔公差带

外圈工作条件		轴承类型	外壳孔公差带
纯轴向负荷		推力球轴承	H8
		推力圆柱滚子轴承	H7
		推力调心滚子轴承	外壳孔与外圈配合间隙 0.001×轴承外径
径向和轴向联合负荷	外圈相对于负荷方向静止或摆动	推力调心滚子轴承	H7
	外圈相对于负荷方向旋转		M7

　　轴颈和外壳孔的公差带确定以后,为了保证轴承的工作性能,还应对它们分别规定几何公差和表面粗糙度参数值,可以从 GB/T 275—2015 中选取。

7.2　平键连接的公差与检测

　　键连接和花键连接广泛用作轴和轴上传动件(如齿轮、带轮、链轮、联轴器等)之间的可拆连接,用以传递转矩,有时也用作轴上传动件的导向,如变速箱中变速齿轮花键孔与花键轴的连接。键的类型有平键、半圆键、切向键和楔形键等几种,平键又可分为普通平键、薄形平键、导向平键和滑键,其中普通平键应用最广。键的结构可参见任意新版机械设计手册,均有介绍。这里仅仅介绍平键的公差与配合(GB/T 1095~1099.1—2003)。

7.2.1　平键连接的几何参数

　　平键连接由键、轴键槽和轮毂键槽三部分组成,通过键的侧面与轴键槽及轮毂键槽的相互挤压来传递转矩,如图 7-5 所示。在其剖面尺寸中,t_1、t_2 分别为轴键槽深度和轮毂键槽深度,L、h 和 b 分别为键长、键高和键宽,d 为轴和轮毂直径。

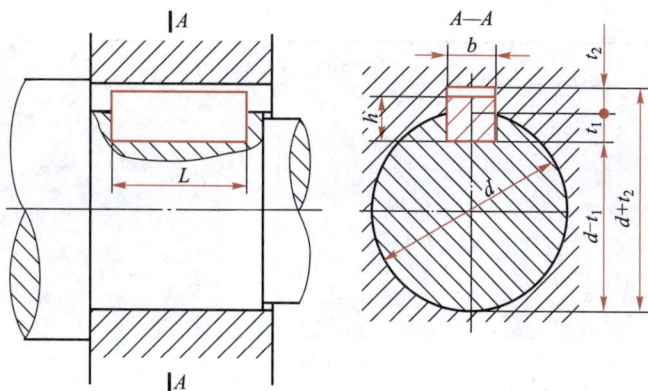

图 7-5 平键连接的尺寸

7.2.2 平键连接的公差与配合

平键连接中,键由型钢制成,是标准件。平键连接的主要参数(配合尺寸)是键宽 b,应规定较严的公差,键高 h 和键长 L 以及轴键槽深度 t_1 和轮毂键槽深度 t_2 皆是非配合尺寸,应给予较松的公差。

键和轴键槽及轮毂键槽的配合相当于轴和不同基本偏差的孔的配合,因此采用基轴制。国家标准规定按轴径确定键和键槽的宽度。其公差带则从 GB/T 1800.1—2020 中选取。

键宽的公差带为 h8,轴和轮毂键槽的宽度各有三种公差带,以满足各种用途的需要,如图 7-6 所示。

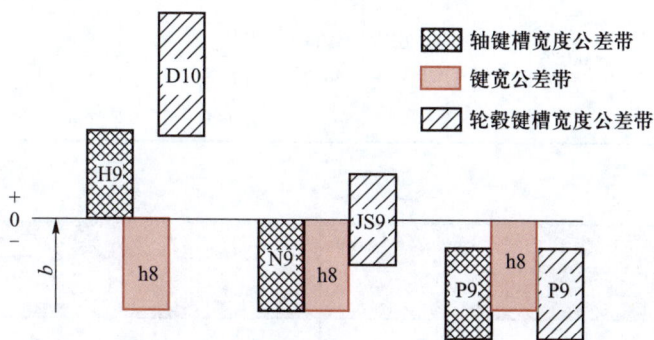

图 7-6 平键连接键宽与三种键槽宽度公差带示意图

键连接的非配合尺寸中,轴键槽深度 t 和轮毂键槽深度 t_1 的公差见表 7-7(也适用于导向平键)。键高 h 的公差采用 h11(矩形普通平键)和 h8(方形普通平键),键长 L 的公差带采用 h14,轴键槽长度上的公差带采用 H14。

平键连接的配合及应用见表 7-8。键与键槽配合的松紧程度不仅取决于它们的配合尺寸公差带,还与它们配合表面的几何误差有关。为保证键侧与键槽之间有足够的接触面积,易于装配,轴键槽和轮毂键槽的宽度 b 对轴及轮毂轴线应规定对称度公差。对称度公差一般可按照 GB/T 1184—1996《形状和位置公差 未标注公差值》中对称度 7~9 级选取。对称度公差的主要参数是键槽的宽度 b。

表 7-7　部分普通平键键槽的剖面尺寸与公差　　　　　　　　mm

键尺寸 b×h	键槽										
	宽度 b					深度				半径 r	
	基本尺寸	极限偏差				轴 t_1		毂 t_2			
		正常连接		紧密连接	松连接		基本尺寸	极限偏差	基本尺寸	极限偏差	min	max
		轴 N9	毂 JS9	轴和毂 P9	轴 H9	毂 D10	基本尺寸	极限偏差	基本尺寸	极限偏差	min	max
2×2	2	−0.004 −0.029	±0.012 5	−0.006 −0.031	+0.025 0	+0.060 +0.020	1.2	+0.1 0	1	+0.1 0	0.08	0.16
3×3	3						1.8		1.4			
4×4	4	0 −0.030	±0.015	−0.012 −0.042	+0.030 0	+0.078 +0.030	2.5		1.8		0.08	0.16
5×5	5						3.0		2.3			
6×6	6						3.5		2.8		0.16	0.25
8×7	8	0 −0.036	±0.018	−0.015 −0.051	+0.036 0	+0.098 +0.040	4.0		3.3		0.16	0.25
10×8	10						5.0		3.3			
12×8	12	0 −0.043	±0.021 5	−0.004 −0.061	+0.043 0	+0.120 +0.050	5.0	+0.2 0	3.8	+0.2 0	0.25	0.40
14×9	14						5.5		4.3			
16×10	16						6.0		4.4			
18×11	18						7.0		4.9			
20×12	20	0 −0.052	±0.026	−0.022 −0.074	+0.052 0	+0.149 +0.065	7.5		5.4		0.40	0.60
22×14	22						9.0		5.4			
25×14	25						9.0		5.4			
28×16	28						10.0		6.4			

表 7-8　平键连接的配合及应用

配合种类	尺寸 b 的公差			配合性质及应用
	键	轴键槽	轮毂键槽	
松连接	h8	H9	D10	键在轴上及轮毂中均能滑动,主要用于导向平键,轮毂可在轴上做轴向移动
正常连接		N9	JS9	键在轴上及轮毂中均固定,用于载荷不大的场合
紧密连接		P9	P9	键在轴上及轮毂中均固定,比正常连接更紧,主要用于载荷较大、载荷具有冲击性以及双向传递转矩的场合

　　国家标准推荐轴键槽和轮毂键槽两侧面的表面粗糙度参数 Ra 为 1.6~3.2 μm,底面的表面粗糙度参数 Ra 为 6.3 μm。

7.2.3 键槽的检测

键和键槽的尺寸可以用千分尺、游标卡尺等普通计量器具来测量。键槽宽度可以用量块或光滑极限量规来检验。

如图7-7(a)所示,轴键槽对基准轴线的对称度公差采用独立原则。这时键槽对称度误差可按图7-7(b)所示的方法来测量。被测工件(轴)以其基准部位放置在V形块上,以平板作为测量基准,用V形块体现轴的基准轴线,其平行于平板。用定位块(或量块)模拟体现键槽中心平面。将置于平板上的指示表的测头与定位块的顶面接触,沿定位块的一个横截面移动,并稍微转动被测工件来调整定位块的位置,使指示表沿定位块的这个横截面移动的过程中示值始终稳定为止,因而确定定位块的这个横截面内的素线平行于平板。如图7-8(a)所示,轴键槽对称度公差与键槽宽度的尺寸公差的关系采用最大实体要求,而该对称度公差与轴径的尺寸公差的关系采用独立原则。这时,键槽对称度误差可用图7-8(b)所示的轴键槽对称度量规检验。该量规以其V形表面作为定心表面来体现基准轴线,以此检验键槽对称度误差,若V形表面与轴表面接触且量杆能够进入被测键槽,则表示合格。

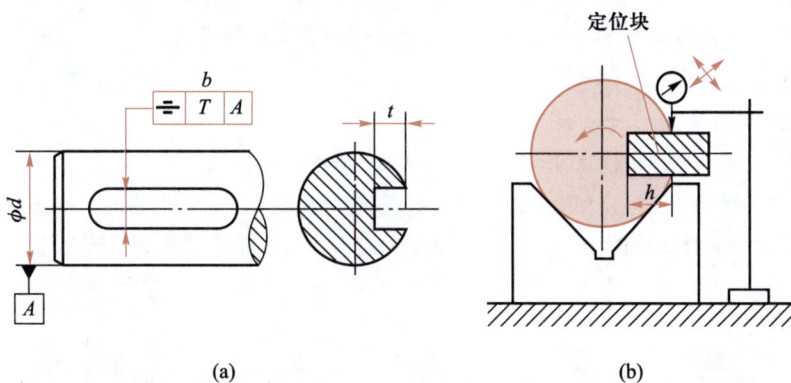

图7-7 轴键槽对称度误差测量

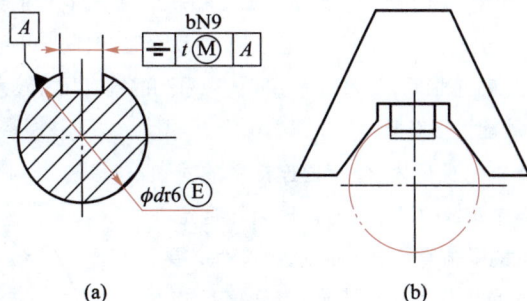

图7-8 轴键槽对称度量规

如图7-9(a)所示,轮毂键槽对称度公差与键槽宽度的尺寸公差及基准孔孔径的尺寸公差的关系皆采用最大实体要求。这时,键槽对称度误差可用图7-9(b)所示的轮毂键槽对称度量规检验。该量规以圆柱面作为定位表面模拟体现基准轴线,来检验键槽对称度误差,若它能够同时自由通过轮毂的基准孔和被测键槽,则表示合格。

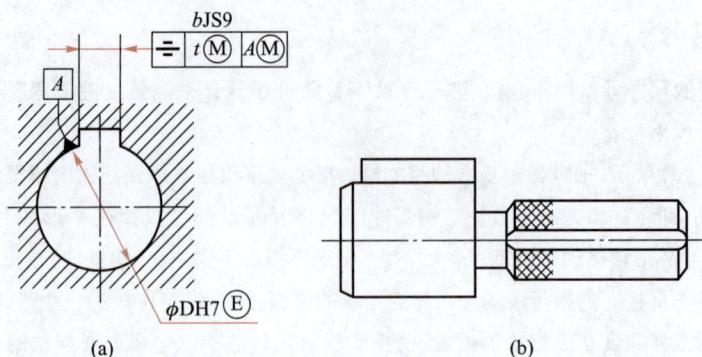

图 7-9　轮毂键槽对称度量规

7.3　花键连接的公差与检测

花键按齿形的不同分为矩形花键、渐开线花键和三角形花键，这里仅以矩形花键为例进行介绍。与平键连接相比，花键连接具有以下优点：

① 强度高，承载能力强，且负荷分布均匀，能够传递更大的转矩。

② 导向性好。

③ 定心精度高。

正因为花键具有以上优点，所以被广泛应用于各类机器中。

花键连接分为固定连接和滑动连接两种。花键的使用要求为：保证连接及传递一定的转矩；保证内花键和外花键连接后的同轴度；滑动连接要求导向精度及移动灵活性，固定连接要求可装配性。

7.3.1　花键连接的几何参数

GB/T 1144—2001《矩形花键尺寸、公差和检验》规定了矩形花键的主要尺寸有小径 d、大径 D、键宽(键槽宽) B，如图 7-10 所示。为便于加工和测量，矩形花键的键数为偶数，即 6、8、10 三种。按承载能力，对公称尺寸(小径)规定了轻、中两个系列，同一小径的轻系列和中系列的键数相同，键宽(键槽宽)也相同，仅大径不相同。中系列的键高尺寸较大，承载能力强；轻系列的键高尺寸较小，承载能力相对低。

花键连接的主要要求是保证内、外花键连接后的同轴度并能传递转矩。若要求花键的三个尺寸同时起配合定心作用，以保证内、外花键的同轴度是很困难的，也没有必要。而键和键槽的侧面无论是否作为定心表面，其宽度尺寸 B 都应具有足够的精度，因为它们要传递转矩和导向。因此，为了保证加工工艺性，只需将尺寸 B 和 D 或 d 制造得较精确，使其起配合定心作用，而另一尺寸则按较低精度加工，并保持较大的间隙即可。

矩形花键连接有三个结合面，即大径、小径、键宽(侧

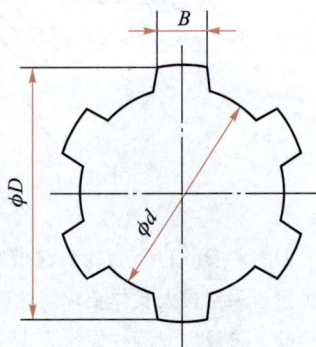

图 7-10　矩形花键的尺寸

面）。理论上每个结合面都可以作为定心表面,即可以有三种定心方式:小径 d 定心、大径 D 定心和键宽 B 定心,如图 7-11 所示。目前普遍采用小径定心。

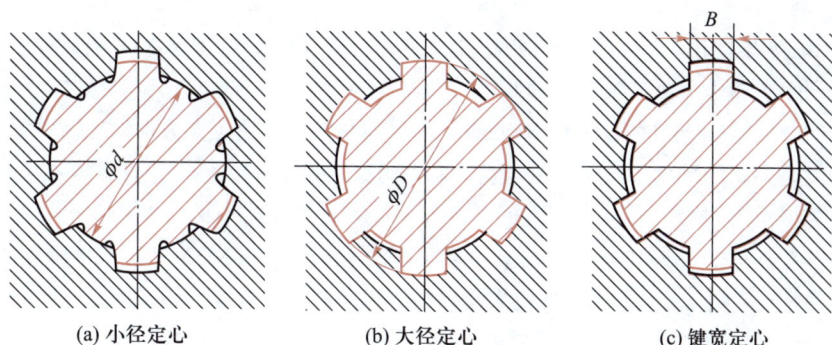

(a) 小径定心 (b) 大径定心 (c) 键宽定心

图 7-11 花键的定心方式

采用小径定心时,热处理后的变形可以通过磨削来修复,从而达到较高的尺寸精度和表面粗糙度要求。而采用大径定心时,内花键的定心表面需要通过拉削加工,而当定心表面的硬度较高时,热处理变形很难通过拉刀来修正,且拉削很难保证较高的表面粗糙度要求。此外,拉削一般只适用于大批量的生产。因此,GB/T 1144—2001 只规定了采用小径定心矩形花键的公称尺寸、公差配合、检测规则和标记方法。

7.3.2 花键连接的公差与配合

矩形花键连接的极限与配合分为两种情况:一种为一般用途矩形花键,另一种为精密传动用矩形花键,其内、外花键的尺寸公差带见表 7-9。

表 7-9 矩形花键的尺寸公差带(摘自 GB/T 1144—2001)

内花键				外花键			装配型式
d	D	B 拉削后不进行热处理	拉削后进行热处理	d	D	B	
一般用							
H7	H10	H9	H11	f7	a11	d10	滑动
				g7		f9	紧滑动
				h7		h10	固定
精密传动用							
H5	H10	H7、H9		f5	a11	d8	滑动
				g5		f7	紧滑动
				h5		h8	固定
H6				f6		d8	滑动
				g6		f7	紧滑动
				h6		h8	固定

　　表中给出的是花键成品零件的公差带,对于拉削后不进行热处理和拉削后进行热处理的零件,所采用的拉刀不同,因此采用不同的公差带。从表 7-9 中可以看出矩形花键配合具有如下特点:

　　① 内、外花键小径 d 的公差等级相同,且比相应大径 D 和键宽(键槽宽)B 的都高。

　　② 大径 D 只有一种配合 H10/a11。

　　③ 内、外花键小径 d 的公差带分为三种,键宽(键槽宽)B 的公差带分别为三种、六种。

　　为了减少加工和检验内花键用花键拉刀和花键量规的规格和数量,矩形花键连接采用基孔制配合。

　　矩形花键连接的公差与配合的选用主要是确定连接精度和装配形式。连接精度的选用主要是根据定心精度要求和传递转矩大小。精密传动用花键连接定心精度高,传递转矩大而且平稳,多用于精密机床主轴变速箱,以及各种减速器中轴与齿轮花键孔(内花键)的连接。

　　矩形花键按装配形式分为固定连接、紧滑动连接和滑动连接三种。固定连接形式用于内、外花键之间无轴向相对移动的情况,而后两种连接形式用于内、外花键之间工作时要求相对移动的情况。

　　装配型形式的选用首先根据内、外花键之间是否有轴向移动,确定选固定连接还是滑动连接。对于内、外花键之间要求有相对移动,而且移动距离长、移动频率高的情况,应选用配合间隙较大的滑动连接,以保证运动灵活性及配合面间有足够的润滑油层,如变速箱中齿轮与轴的连接。对于内、外花键之间定心精度要求高,传递转矩大或经常有反向转动的情况,则选用配合间隙较小的紧滑动连接。对于内、外花键间无轴向移动,只用来传递转矩的情况,则选用固定连接。

　　内、外花键是具有复杂表面的结合件,且键长与键宽的比值较大,因此还需有几何公差要求。为保证配合性质,内、外花键的小径定心表面的形状公差和尺寸公差的关系应遵守包容要求。几何公差若是规定位置度公差(表 7-10),则应注意键宽的位置度公差与小径定心表面的尺寸公差的关系均应符合最大实体要求。内、外矩形花键的位置度公差要求在图样上的标注如图 7-12 所示。

表 7-10　矩形花键位置度公差　　　　　　　　　mm

键槽宽或键宽 B		3	3.5~6	7~10	12~18
		位置度公差 t_1			
键槽宽		0.010	0.015	0.020	0.025
键宽	滑动、固定	0.010	0.015	0.020	0.025
	紧滑动	0.006	0.010	0.013	0.016

　　若是规定对称度公差(表 7-11),则应注意键宽的对称度公差与小径定心表面的尺寸公差的关系应遵守独立原则。内、外矩形花键的对称度公差在图样上的标注如图 7-13 所示。另外,对于较长花键,可根据产品性能自行规定键侧对轴线的平行度公差。由于几何误差的影响,矩形花键各结合面的配合均比预定的要紧。

168

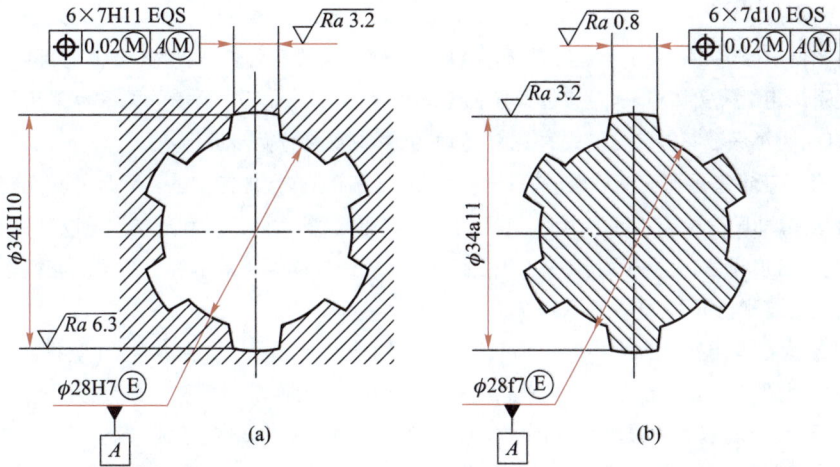

图 7-12 矩形花键位置度公差标注

表 7-11 矩形花键对称度公差   mm

键槽宽或键宽 B	3	3.5~6	7~10	12~18
	对称度公差 t_2			
一般用	0.010	0.015	0.020	0.025
精密传动用	0.006	0.008	0.009	0.011

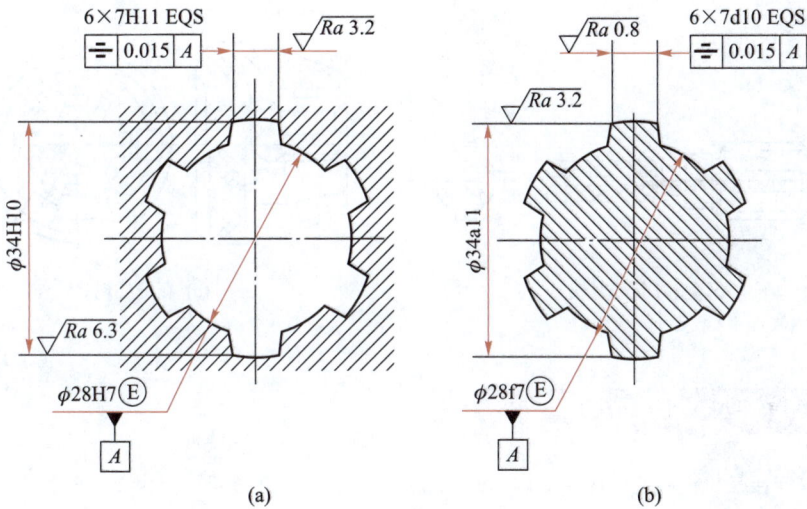

图 7-13 矩形花键对称度公差标注

矩形花键的表面粗糙度参数一般是标注 Ra 的上限值要求。矩形花键的表面粗糙度参数 Ra 的上限值的选取：内花键的小径表面不大于 0.8 μm，键侧面不大于 3.2 μm，大径表面不大于 6.3 μm；外花键的小径表面不大于 0.8 μm，键侧面不大于 0.8 μm，大径表面不大于 3.2 μm。

169

7.3.3　花键的检测

当花键小径定心表面采用包容要求,各键(各键槽)位置度公差与键宽(键槽宽)的尺寸公差的关系采用最大实体要求,且该位置度公差与小径定心表面尺寸公差的关系也采用最大实体要求时,为了保证花键装配形式的要求,验收内、外花键需分两步进行:

① 使用花键塞规和花键环规(均系全形通规)分别检验内、外花键的实际尺寸和几何误差的综合结果,即同时检验花键的小径、大径、键宽(键槽宽)的实际尺寸和形状误差以及各键(各键槽)的位置度误差,大径表面轴线对小径表面轴线的同轴度误差等的综合结果。花键量规应能自由通过被测花键,这样才表示合格。

② 被测花键用花键量规检验合格后,还要分别检验其小径、大径和键宽(键槽宽)的实际尺寸是否超出各自的最小实体尺寸,即按内花键小径、大径及键槽宽的最大极限尺寸和外花键小径、大径及键宽的最小极限尺寸分别用单项止端塞规和单项止端卡规检验它们的实际尺寸,或者使用普通计量器具测量它们的实际尺寸。单项止端量规应不能通过,这样才表示合格。

花键塞规如图 7-14(a)所示,其前端的圆柱面用来引导塞规进入内花键,其后端的花键则用来检验内花键各部位。花键环规如图 7-14(b)所示,其前端的圆孔用来引导环规进入外花键,其后端的花键则用来检验外花键各部位。如图 7-12 所示,当花键小径定心表面采用包容要求,各键(各键槽)的对称度公差以及花键各部位的公差皆遵守独立原则时,花键小径、大径和各键(各键槽)应分别测量或检验。小径定心表面应用光滑极限量规检验,大径和键宽(键槽宽)用两点法测量,键(键槽)的对称度误差和大径表面轴线对小径表面轴线的同轴度误差都使用普通计量器具来测量。

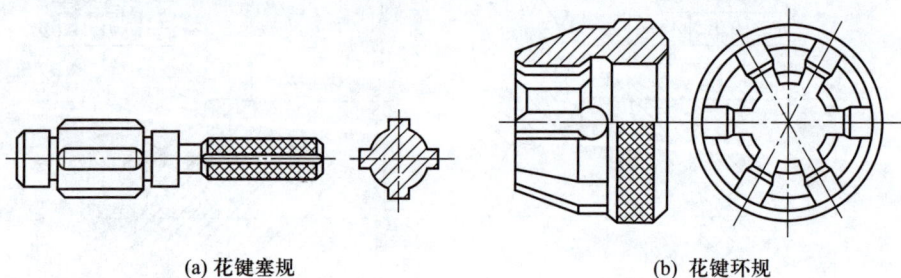

(a) 花键塞规　　　　　　　　**(b) 花键环规**

图 7-14　矩形花键位置量规

7.4　普通螺纹连接的公差与检测

螺纹连接是机械制造中应用最广泛的结合形式。螺纹按用途可以分为以下三类:

① 紧固螺纹。主要用于连接和紧固各种机械零件,如用螺钉将轴承端盖固定在箱体上。对这类螺纹的使用要求是有良好的旋合性和足够的连接强度。

② 传动螺纹。用于螺旋传动,如滑动螺旋传动的千斤顶起重螺纹、普通车床进给机构中的丝杠螺母副和滚动螺旋传动的滚珠丝杠副。对于滑动螺旋传动,螺纹的使用要求是传递动力可靠、传递位移准确和具有一定的间隙。对于滚动螺旋传动,螺纹的使用要求为具有较高的行

程精度、误差波动幅度小,直线度好、精度保持稳定。

③ 紧密螺纹。用于使两个零件紧密连接而无泄漏的结合,如管螺纹。

7.4.1　普通螺纹几何参数及其对螺纹互换性的影响

普通螺纹的基本牙型是在高为 H 的正三角形[称为原始三角形,如图 7-15(a)所示]上截去其顶部($H/8$)和底部($H/4$)而形成的,如图 7-15(b)所示。基本牙型是普通螺纹的理论牙型,该牙型上的尺寸都是基本尺寸。

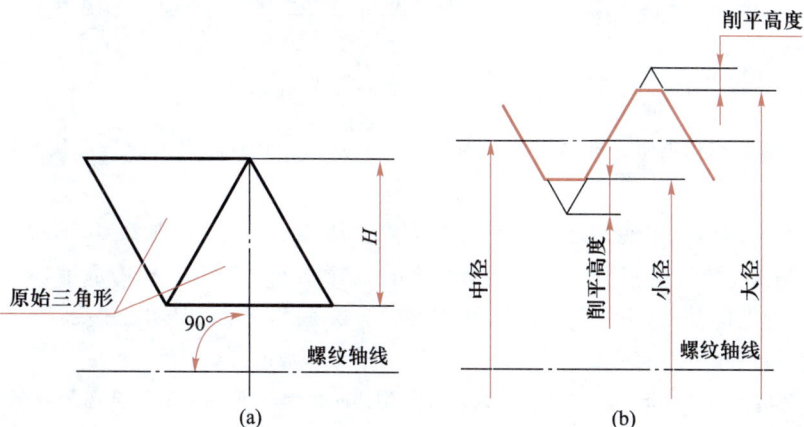

图 7-15　普通螺纹的基本牙型

如图 7-16 所示,螺纹的主要参数如下。

① 大径。指与外螺纹牙顶或内螺纹牙底相切的假想圆柱的直径。内、外螺纹大径的基本尺寸分别用符号 D 和 d 表示。国家标准中,米制普通螺纹的公称直径即为螺纹大径的基本尺寸。

② 小径。指与外螺纹牙底或内螺纹牙顶相切的假想圆柱的直径。内、外螺纹小径的基本尺寸分别用符号 D_1 和 d_1 表示。外螺纹的大径和内螺纹的小径统称为顶径,外螺纹的小径和内螺纹的大径统称为底径。

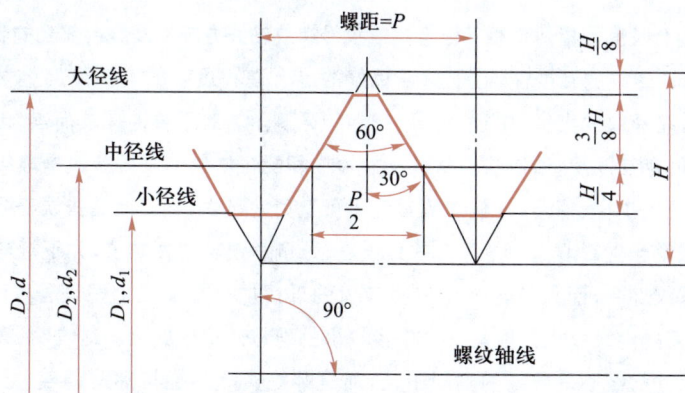

图 7-16　普通螺纹基本牙型

③ 中径。一个假想圆柱的直径,该圆柱的母线通过牙型上沟槽和凸起宽度相等的地方,如图 7-17 所示。内、外螺纹中径的基本尺寸分别用符号 D_2 和 d_2 表示。

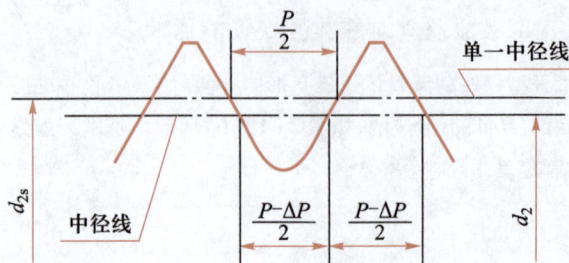

图 7-17　中径与单一中径

④ 螺距。指相邻两牙在中径线上对应两点间的轴向距离。螺距的基本尺寸用符号 P 表示。

⑤ 单一中径。一个假想圆柱的直径,该圆柱的母线通过牙型上沟槽宽度等于螺距基本尺寸一半的地方,如图 7-17 所示。内、外螺纹的单一中径分别用符号 D_{2s} 和 d_{2s} 表示。

单一中径是按三针法测量定义的。当螺距没有误差时,中径就是单一中径。当螺距有误差时,中径就和单一中径不相等了。通常把单一中径近似看成实际中径。

⑥ 牙型角与牙侧角。牙型角是指在螺纹牙型上两相邻牙侧间的夹角,用符号 α 表示,普通螺纹的牙型角为 60°。牙侧角是指一个牙侧与垂直于螺纹轴线平面间的夹角,用 β 表示,如图 7-18 所示。

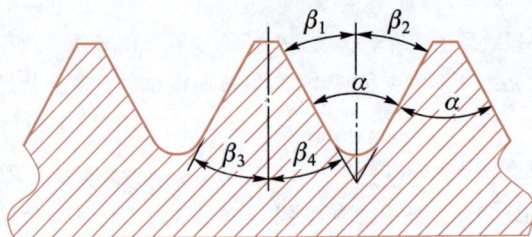

图 7-18　牙型角与牙侧角

⑦ 螺纹旋合长度。指两个相互配合的螺纹沿螺纹轴线方向相互旋合部分的长度。

要实现普通螺纹的互换性,必须保证良好的旋合性和足够的连接强度。影响螺纹互换性的几何参数有螺纹的大径、中径、小径、螺距和牙侧角。对于普通螺纹而言,因为旋合时的大径、小径之间存在间隙,所以决定螺纹的旋合性和配合质量的主要参数是螺纹中径。在制造过程中,螺纹的中径、螺距、牙侧角等都会不可避免地产生误差,而这些误差会对螺纹的旋合性和连接强度产生影响。一个具有螺距误差、牙侧角误差的外螺纹,并不能与实际中径相同的理想内螺纹旋合,而只能与一个中径较大的理想内螺纹旋合。同理,一个具有螺距误差、牙侧角误差的内螺纹也只能与一个中径较小的理想外螺纹旋合。这说明,螺纹旋合时真正起作用的尺寸已经不是单纯的实际中径,而是螺纹实际中径与螺距误差、牙侧角误差的中径补偿值所综合形成的尺寸,这个在螺纹旋合时真正起作用的尺寸,称为螺纹的作用中径。

作用中径按如下公式进行计算,正号用于外螺纹,负号用于内螺纹。

$$d_{2m}(D_{2m}) = d_2(D_2) \pm (f_\beta + f_{P\Sigma}) \tag{7-1}$$

$$d_{2m}(D_{2m}) = d_{2s}(D_{2s}) \pm (f_\beta + f_{P\Sigma} + f_{\Delta P}) \tag{7-2}$$

式中 f_β——牙侧角误差的中径当量,即牙侧角误差对螺纹中径的影响量;

$f_{P\Sigma}$——螺距累积误差的中径当量,即螺距累积误差对螺纹中径的影响量;

$f_{\Delta P}$——测量中径处的螺距偏差的中径当量。

根据几何关系可以推导出

$$d_2 - d_{2s} = f_{\Delta P}$$

$$f_\beta = 0.073P(K_1 |\Delta\beta_1| + K_2 |\Delta\beta_2|) \tag{7-3}$$

式中 $\Delta\beta_1, \Delta\beta_2$——左、右牙侧角偏差,单位为(′)。当 $\Delta\beta_1(\Delta\beta_2)$ 为正值时,$K_1(K_2) = 2$;当 $\Delta\beta_1(\Delta\beta_2)$ 为负值时,$K_1(K_2) = 3$。

$$f_{P\Sigma} = 1.732 |\Delta P_\Sigma| \tag{7-4}$$

$$f_{\Delta P} = \frac{\Delta P}{2} \cdot \cot \frac{\alpha}{2} \tag{7-5}$$

7.4.2 普通螺纹的公差与配合

螺纹配合由内、外螺纹公差带组合而成。螺纹的公差带与尺寸公差带一样,其位置由基本偏差决定,大小由公差等级决定。普通螺纹国家标准 GB/T 197—2018 规定了螺纹的大、中、小径的公差带。考虑到旋合长度对螺纹精度的影响,由螺纹公差带和旋合长度综合影响的螺纹精度,构成了螺纹的公差体系。

1. 螺纹的公差等级

由于中径公差具有综合控制作用,所以国家标准中只对中径、顶径规定了公差等级。同时,由于底径在加工时和中径一起由刀具切出,其尺寸由刀具保证,因此国家标准中没有规定其公差等级,而是规定内、外螺纹牙底实际轮廓不得超过按基本偏差所确定的最大实体牙型,以保证旋合时不发生干涉。

螺纹的公差等级见表 7-12,其中 6 级是基本级;3 级公差值最小,精度最高;9 级精度最低。普通螺纹部分公差值见表 7-13 和表 7-14。由于内螺纹的加工比较困难,同一公差等级内螺纹中径公差比外螺纹中径公差大25%～32%。

表 7-12　螺纹的公差等级

螺纹直径	公差等级	螺纹直径	公差等级
内螺纹小径 D_1	4、5、6、7、8	外螺纹大径 d	4、6、8
内螺纹中径 D_2	4、5、6、7、8	外螺纹中径 d_2	3、4、5、6、7、8、9

表 7-13　普通螺纹的基本偏差和顶径公差　　　μm

螺距 P/mm	内螺纹的基本偏差 EI	外螺纹的基本偏差 es				内螺纹小径公差 T_{D1} 公差等级					外螺纹大径公差 T_d 公差等级		
	G	H	e	f	g	h	4	5	6	7	8	4	6	8
1	+26		−60	−40	−26		150	190	236	300	375	112	180	280
1.25	+28		−63	−42	−28		170	212	265	335	425	132	212	335
1.5	+32		−67	−45	−32		190	236	300	375	485	150	236	375
1.75	+34		−71	−48	−34		212	265	335	425	530	170	265	425
2	+38	0	−71	−52	−38	0	236	300	375	475	600	180	280	450
2.5	+42		−80	−58	−42		280	355	450	560	710	212	335	530
3	+48		−85	−63	−48		315	400	500	630	800	236	375	600
3.5	+53		−90	−70	−63		355	450	560	710	900	265	425	670
4	+60		−95	−75	−60		375	475	600	750	950	300	475	750

表 7-14　普通螺纹的中径公差　　　μm

公称直径 D/mm >	≤	螺距 P/mm	内螺纹中径公差 T_{D2} 公差等级				外螺纹中径公差 T_{d2} 公差等级					
			5	6	7	8	4	5	6	7	8	9
5.6	11.2	0.75	106	132	170	—	63	80	100	125	—	—
		1	118	150	190	236	71	90	112	140	180	224
		1.25	125	160	200	250	75	95	118	150	190	236
		1.5	140	180	224	280	85	106	132	170	212	295
11.2	22.4	1	125	160	200	250	75	95	118	150	190	236
		1.25	140	180	224	280	85	106	132	170	212	265
		1.5	150	190	236	300	90	112	140	180	224	280
		1.75	160	200	250	315	95	118	150	190	236	300
		2	170	212	265	335	100	125	160	200	250	315
		2.5	180	224	280	355	106	132	170	212	265	335
22.4	45	1	132	170	212	—	80	100	125	160	200	250
		1.5	160	200	250	315	95	118	150	190	236	300
		2	180	224	280	355	106	132	170	212	265	335
		3	212	265	335	425	125	160	200	250	315	400
		3.5	224	280	355	450	132	170	212	265	335	425
		4	236	300	375	475	140	180	224	280	355	450
		4.5	250	315	400	500	150	190	236	300	375	475

2. 螺纹的基本偏差

公差带的位置指的是公差带相对公称尺寸线的位置,是由基本偏差确定的。螺纹的基本牙型是计算螺纹偏差的基准。

国家标准中对内螺纹只规定了两种基本偏差 G、H,其公差带在公称尺寸线之上,基本偏差为下极限偏差 EI,如图 7-19(a)、(b)所示。

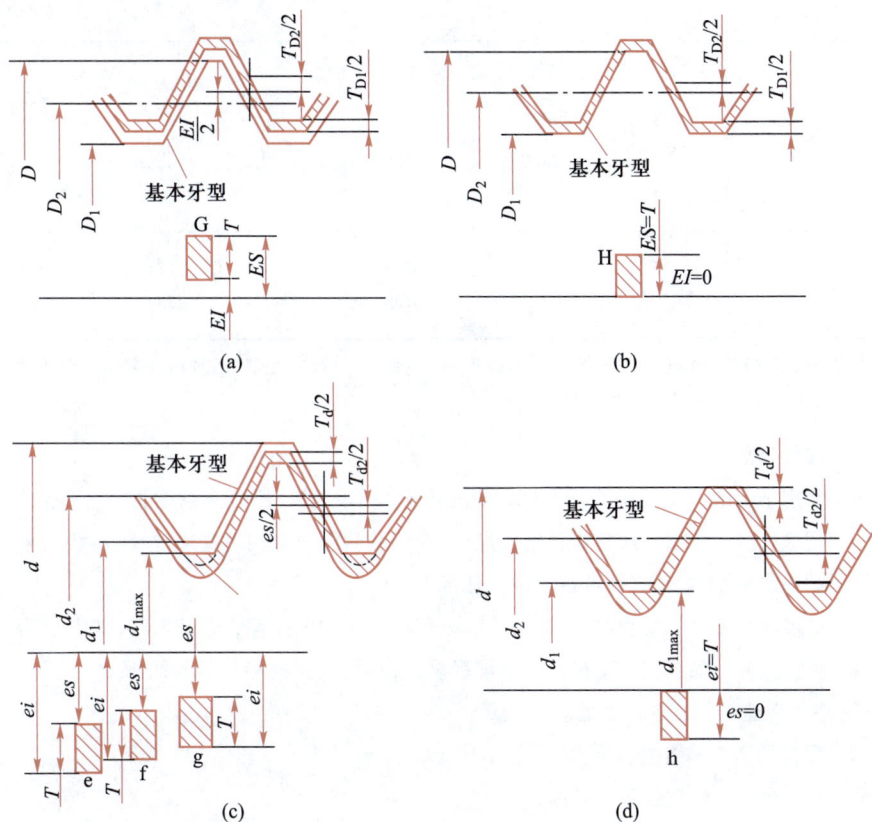

图 7-19 螺纹的公差带图

国家标准中对外螺纹规定了 8 种基本偏差 a、b、c、d、e、f、g、h,基本偏差为上极限偏差 es,如图 7-19(c)、(d)所示。H 和 h 的基本偏差为零,G 的基本偏差值为正值,e、f、g 的基本偏差值为负值,见表 7-13。

普通螺纹的公差带代号由表示公差等级的数字和基本偏差字母组成,如 6h、5G 等,与一般的尺寸公差带代号不同,其表示公差等级的数字在前,基本偏差字母在后。

3. 螺纹公差带组合及选用原则

(1) 螺纹的推荐公差带及其选用

在生产中为了减少刀具、量具的规格和种类,国家标准中规定了既能满足当前需求且数量又有限的推荐公差带,见表 7-15,表中规定了公差带的选用顺序。除了特殊需要之外,一般不应该选择标准规定以外的公差带。

175

表 7-15　普通螺纹推荐公差带(摘自 GB/T 197—2018)

公差精度	内螺纹推荐公差带			外螺纹推荐公差带		
	旋合长度			旋合长度		
	S	N	L	S	N	L
精密	4H	5H	6H	(3h4h)	(4g) 4h*	(5g4g) (5h4h)
中等	5H (5G)	6H* 6G*	7H* (7G)	(5g6g) (5h6h)	6e 6f 6g 6h	(7e6e) (7g6g) (7h6h)
粗糙	—	7H (7G)	8H (8G)	—	8e 8g	(9e8e) (9g8e)

注:表中公差带的选择顺序为:带"＊"的公差带、不带"＊"的公差带、括号内公差带。带方框并带"＊"的公差带用于大量生产的紧固螺纹。

（2）螺纹精度及其选用

根据使用场合的不同,GB/T 197—2018 规定螺纹的配合精度分为精密、中等和粗糙三个等级。精密级主要用于要求配合性稳定的螺纹;中等级用于一般用途的螺纹;粗糙级用于不重要或难以制造的螺纹,如长盲孔攻螺纹或热轧棒上的螺纹。

当螺纹精度和旋合长度确定以后,公差等级可按表 7-15 推荐的数值选取,其中带两个等级的,前者用于中径,后者用于顶径。公差等级确定以后,根据公称直径和螺距,从表 7-13 和表 7-14 中即可查得相应的公差值。

（3）配合和基本偏差的确定

螺纹的配合主要根据使用要求选定。

内、外螺纹配合的公差带可以任意组合,但在实际使用中,国家标准要求加工后的内、外螺纹最好组成 H/g、H/h 或 G/h 的配合。对于公称直径小于等于1.4 mm 的螺纹副,应采用 5H/6g、4H/6h 或更精密的配合。

公差带为 H 的内螺纹与公差带为 h 的外螺纹可构成最小间隙为零的配合,有较高的结合强度。H/g、G/h 组成的配合,有较小的间隙,便于拆卸,螺纹的抗疲劳强度也较好。

需要涂镀保护层或在高温条件下工作的螺纹,需要较大的配合间隙,可以根据其特殊需要确定适当的间隙和相应的基本偏差,常选用 H/f、H/g 组成的配合。

（4）旋合长度的确定

由于短件易加工和装配、长件难加工和装配,因此螺纹旋合长度会影响螺纹连接件的配合精度和互换性。国家标准中对螺纹连接规定了短、中等和长三种旋合长度,分别用 S、N、L 表示,一般优先选用中等旋合长度。在同一精度中,对不同的旋合长度,其中径所采用的公差等级也不相同,这是考虑到不同旋合长度对螺纹的螺距累积误差有不同的影响,见表 7-16。

表 7-16　普通螺纹的旋合长度(摘自 GB/T 197—2018)　　　　　mm

螺纹大径 D、d		螺距 P	旋合长度			
>	≤		S	N		L
5.6	11.2	0.75	2.4	2.4	7.1	7.1
		1	3	3	9	9
		1.25	4	4	12	12
		1.5	5	5	15	15
11.2	22.4	1	3.8	3.8	11	11
		1.25	4.5	4.5	13	13
		1.5	5.6	5.6	16	16
		1.75	6	6	18	18
		2	8	8	24	24
		2.5	10	10	30	30

4. 螺纹标记

　　螺纹的完整标记由螺纹特征代号、螺纹公差带代号和旋合长度代号等组成。螺纹公差带代号包括中径公差带代号和顶径(外螺纹大径和内螺纹小径) 公差带代号。公差带代号是由表示其大小的公差等级数字和表示其位置的基本偏差代号组成。对细牙螺纹还需要标注出螺距。左旋螺纹应在旋合长度之后标注旋向代号 LH,右旋螺纹不标注旋向代号。

　　外螺纹:

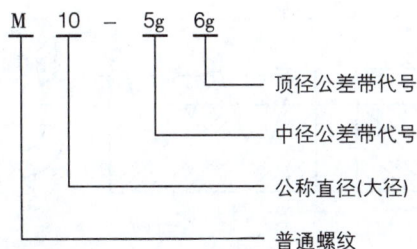

　　内螺纹:

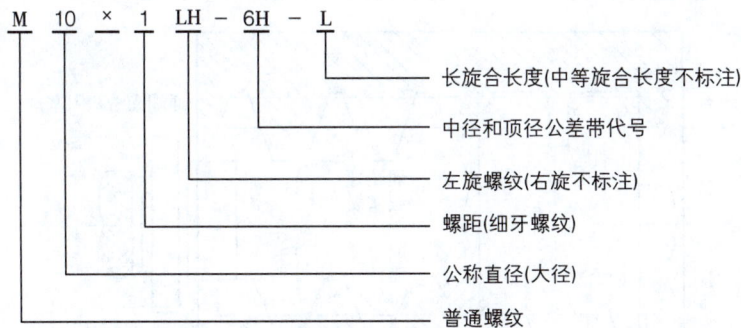

　　在装配图上,内、外螺纹公差带代号用斜线分开,左内右外,如 M10×2-6H/5g6g。必要时,在螺纹公差带代号之后加注旋合长度代号 S 或 L(中等旋合长度代号 N 不标注) ,如 M10-5g6g-S。特殊需要时,可以标注旋合长度的数值,如 M10-5g6g-25 表示螺纹的旋合长度为 25 mm。

177

7.4.3　螺纹几何参数的检测

普通螺纹有多参数要素,其检测方法分为综合检测和单项测量两类。

1. 综合检测

用螺纹量规检验螺纹的方法属于综合检测。综合检测是基于泰勒原则,使用螺纹量规进行检测的。在批量生产中,普通螺纹均采用综合检测法。

检验内螺纹用的螺纹量规称为螺纹塞规,检验外螺纹用的量规称为螺纹环规,塞规(环规)又分为通规和止规。检验时,通规能顺利和工件旋合,止规不能旋合或者不能完全旋合,则螺纹合格。若通规不能旋合,则说明螺母过小或螺栓过大,螺纹需要返修。若止规能通过工件,则表示螺母过大或者螺栓过小,螺纹是废品。

环规检测外螺纹的情况如图 7-20 所示。光滑极限卡规用来检测螺栓大径的极限尺寸;通端螺纹环规用来控制外螺纹的作用中径和小径的最大尺寸;止端螺纹环规用来控制外螺纹的实际中径。

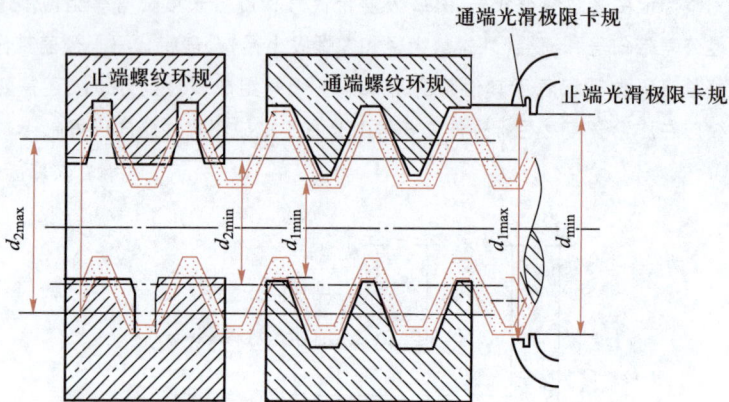

图 7-20　环规检测外螺纹

塞规检测内螺纹的情况如图 7-21 所示。光滑极限塞规用来检测螺母小径的极限尺寸;通端螺纹塞规用来控制螺母的作用中径和大径的最小尺寸;止端螺纹塞规用来控制螺母的实际中径。

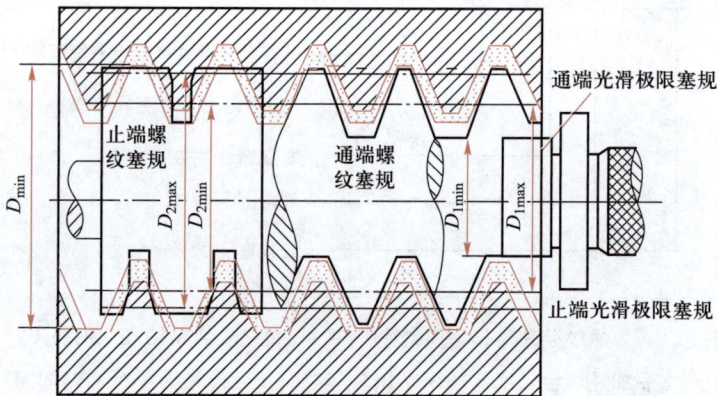

图 7-21　塞规检测内螺纹

通端螺纹量规是用来控制螺纹作用中径的,所以采用完整牙型,并且量规长度与被旋合长度相同。而止端螺纹量规采用减短牙型,其螺纹圈数也减少,原因是减少螺距误差及牙型半角误差对检验结果的影响。

2. 单项测量

对于大尺寸普通螺纹、精密螺纹和传动螺纹,除了要求其可旋合性和连接可靠性以外,还有其他精度和功能要求,生产中一般都采用单项测量法检测。

单项测量螺纹的方法有很多,最典型的是用万能工具显微镜测量,显微镜将被测螺纹的牙型轮廓放大成像,按被测螺纹的影像,可测量其螺距、牙型半角和中径,因此该法又称为影像法。

在实际生产中,测量外螺纹中径多采用三针法测量,该方法简单、测量精度高,应用广泛。

三针法的测量原理如图 7-22 所示,将三根直径相等的精密量针放在螺纹槽中,然后用其他仪器测量出尺寸 M,再根据被测螺纹已知的螺距 P、牙型半角及量针直径,利用几何关系可计算出螺纹中径。

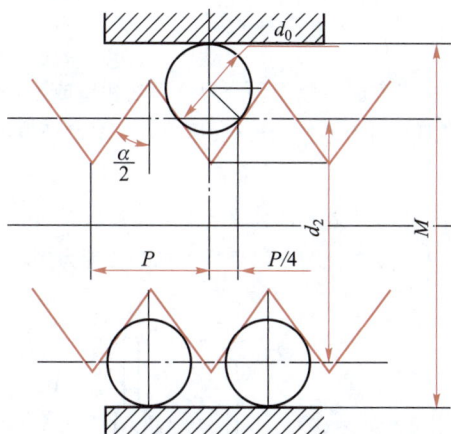

图 7-22　三针法测量原理

微课

螺纹千分尺测量螺纹中径

动画

三针法测量螺纹中径

7.5　圆柱齿轮的公差与检测

齿轮传动是机械传动中一个重要的组成部分,它起着传递动力和运动的作用。由于其传动的可靠性好、承载能力强、制造工艺成熟等优点,被广泛应用于机器、仪器制造业。

齿轮传动的工作性能、承载能力、使用寿命等都与齿轮的传动质量有关,而齿轮的传动质量主要取决于齿轮本身的制造精度及齿轮副的安装精度。

1. 齿轮传动的使用要求

一般情况下,齿轮传动的使用要求可分为以下 4 项。

（1）传递运动的准确性

齿轮转动一周产生的最大转角误差要限制在一定的范围内,使齿轮副传动比变化小,以保证传递运动的准确性。

（2）传动的平稳性

齿轮转过一个齿距角，其最大转角误差应限制在一定范围内，使齿轮副瞬时传动比变化小，以保证传递运动的平稳性。

（3）载荷分布的均匀性

在轮齿啮合过程中，工作齿面沿全齿高和全齿长上保持均匀接触，并且接触面积尽可能的大，以免引起应力集中，造成齿面局部磨损加剧，影响齿轮的使用寿命。

（4）齿轮副侧隙的合理性

一对齿轮啮合时，在非工作齿面间应留有合理的间隙，用于储存润滑油，补偿齿轮受力后的弹性变形、热膨胀以及齿轮传动装置造成的误差和装配误差，否则会出现卡死或烧伤现象。

齿轮在不同的工作条件下，对上述要求的侧重点会有所不同。分度、读数齿轮用于传递精确的角位移，其主要要求是传动必须准确，所以对传动的准确性要求比较高。高速动力齿轮用于传递大的动力，其特点是传递功率大、速度高，主要要求是传动平稳、噪声及振动小，同时对齿轮面接触也有较高的要求，所以这类齿轮的平稳性要求较高。

2. 齿轮加工中误差产生的原因

齿轮的加工方法很多，按齿廓形成原理可分为仿形法和展成法。仿形法可用成形铣刀在铣床上铣齿；展成法可用滚刀或插齿刀在滚齿机、插齿机上与齿坯做啮合滚切运动，加工出渐开线齿轮。

在各种加工方法中，齿轮的加工误差都来源于组成工艺系统的机床、夹具、刀具、齿坯本身的误差及其安装、调整等误差。现以滚刀在滚齿机上加工齿轮为例（图 7-23），分析产生加工误差的主要原因。

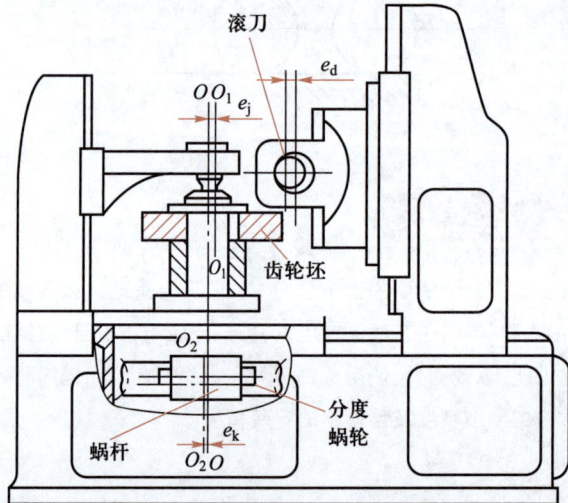

图 7-23　用滚齿机加工齿轮

（1）几何偏心 e_j

加工时，齿坯基准孔轴线 O_1 与滚齿机工作台旋转轴线 O 不重合而发生偏心，其偏心量为 e_j。几何偏心的存在使得齿轮在加工过程中，齿坯相对于滚刀的距离发生变化，切出的齿一边短而肥、一边瘦而长。当以齿轮基准孔定位进行测量时,在齿轮每转内会产生周期性的齿圈径向跳动误差,同时齿距和齿厚也产生周期性变化。有几何偏心的齿轮装在传动机构中,会引起每转为周期性的速比变化,产生时快时慢的现象。对于齿坯基准孔较大的齿轮,为了消除此偏心带来的加工误差,工艺上有时采用液性塑料可胀心轴安装齿坯;设计上,为了避免由于几何偏心带来的径向跳动误差,齿轮基准孔和轴的配合一般采用过渡配合或过盈不大的过盈配合。

（2）运动偏心 e_y

运动偏心是由于滚齿机分度蜗轮加工误差和分度蜗轮轴线 O_2 与工作台旋转轴线 O 有安装偏心 e_k 引起的。运动偏心的存在使齿坯相对于滚刀的转速不均匀,忽快忽慢,破坏了齿坯与刀具之间的正常滚切运动,从而使被加工齿轮的齿廓在切线方向上产生了位置误差。这时,齿廓在径向位置上没有变化。这种偏心,一般称为运动偏心,又称为切向偏心。

（3）机床传动链的高频误差

加工直齿轮时,受分度传动链传动误差(主要是分度蜗杆的径向跳动和轴向窜动)的影响,使蜗轮(齿坯)在转动一周范围内转速发生多次变化,加工出的齿轮产生齿距偏差、齿形误差。加工斜齿轮时,除了分度传动链传动误差外,还受差动传动链传动误差的影响。

（4）滚刀的安装误差和加工误差

滚刀的安装偏心 e_d 使被加工齿轮产生径向误差。滚刀刀架导轨或齿坯轴线相对于工作台旋转轴线的倾斜及轴向窜动,使滚刀的进刀方向与轮齿的理论方向不一致,直接造成齿面沿轴向方向歪斜,产生齿向误差。滚刀的加工误差主要指滚刀的径向跳动、轴向窜动和齿形角误差等,它们将使加工出来的齿轮产生齿距偏差和齿形误差。

7.5.1　圆柱齿轮误差的评定参数与检测

GB/T 10095.1—2022《圆柱齿轮　ISO 齿面公差分级制　第 1 部分:齿面偏差的定义和允许值》和 GB/T 10095.2—2023《圆柱齿轮　ISO 齿面公差分级制　第 2 部分:径向综合偏差的定义和允许值》对圆柱齿轮精度的评定参数规定为齿面偏差、径向综合偏差与径向跳动三方面。

1. 齿面偏差

GB/T 10095.1—2022 对单个渐开线圆柱齿轮齿面精度规定了齿距偏差、齿廓偏差、螺旋线偏差和切向综合偏差 4 种偏差。

（1）齿距偏差

齿距是指在测量圆(测量齿轮时,测头与齿面接触点所在的圆,与基准轴线同心,通常靠近齿面的中部)上一个轮齿与其相邻轮齿同侧齿面间的一段弧长,如图 7-24 中 P_{tM} 所示, $P_{tM} = \pi d_M/z$ (d_M 为测量圆的直径, z 为齿轮齿数);齿距偏差是指实际齿距与理想齿距的偏差,有以下 4 种参数:

① 任一单个齿距偏差(f_{pi})。在齿轮端平面内、测量圆上,任一齿面相对于相邻同侧齿面的实际齿距与理论齿距的代数差,如图 7-24 所示。

② 单个齿距偏差(f_p)。所有任一单个齿距偏差的最大绝对值, $f_p = \max |f_{pi}|$ 。

③ 任一齿距累积偏差（F_{pi}）。n 个相邻齿距的弧长与理论弧长的代数差，理论上等于这 n 个齿距的任一单个齿距偏差的代数和，如图 7-24 所示。其中，n 的范围从 1 到 z（z 为齿轮齿数）。

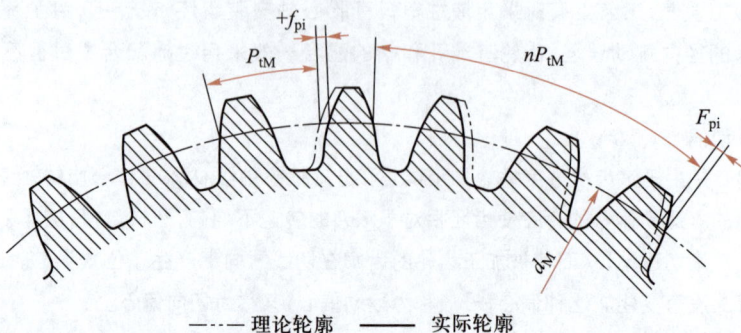

—·—·— 理论轮廓　　—— 实际轮廓

图 7-24　齿距偏差

④ 齿距累积总偏差（F_p）。指齿轮指定齿面的任一齿距累积偏差的最大代数差，$F_p = F_{pi\,max} - F_{pi\,min}$。

齿距累积总偏差 F_p 表现为齿距累积偏差曲线的总幅值，如图 7-25 所示。齿距偏差反映了齿轮在一转内任意齿距的最大变化，直接反映齿轮的转角误差，比较全面地反映了齿轮传动的准确性和平稳性，是几何偏心、运动偏心的综合影响结果。

以上参数可在齿距仪或万能测齿仪上测量。任一齿距累积偏差和齿距累计总偏差通常采用相对法进行测量，即首先以被测齿轮上任一实际齿距为基准，将仪器指示表调零，然后沿着整个齿圈依次测出其他实际齿距与作为基准齿距的差值（称为相对齿距偏差），最后经过数据处理可求出测得值，同时也可求出任一单个齿距偏差。任一单个齿距偏差 f_{pi} 需要对每个齿轮的两侧都进行测量。

（2）齿廓偏差

齿廓偏差是指被测齿廓对设计齿廓的偏离值，它在端平面内且垂直于渐开线齿廓的方向计值。

被测齿廓是指在齿廓测量时，测头沿齿面走过的齿廓部分，包含从齿廓控制圆直径 d_{Cf} 到齿顶成形圆直径 d_{Fa} 在内的部分，如图 7-26 所示。

动画

万能测齿仪及其使用

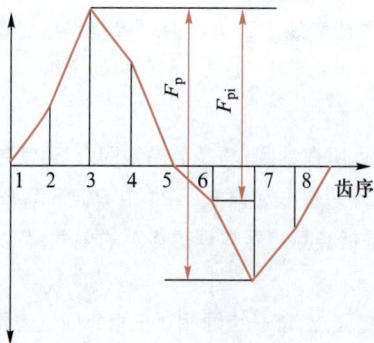

图 7-25　齿距累积总偏差

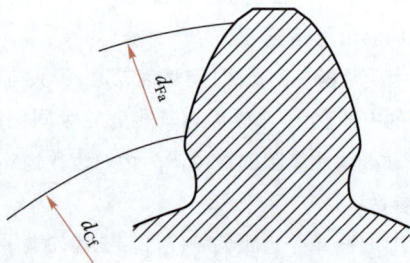

图 7-26　外齿轮被测齿廓

齿廓偏差可分为以下 3 种：

① 齿廓总偏差 F_α。指在齿廓计值范围内，包容被测齿廓的两条设计齿廓平行线间的距离，如图 7-27(a)所示。

齿廓计值范围指被测齿廓上从齿廓控制圆直径 d_{Cf} 到齿顶成形圆直径 d_{Fa} 范围内的 95%(从 d_{Cf} 算起)，另有规定时除外。

② 齿廓形状偏差 $f_{f\alpha}$。指在齿廓计值范围内，包容被测齿廓迹线的两条与平均齿廓迹线完全相同的曲线间的距离，且两条曲线与平均齿廓迹线的距离为常数，如图 7-27(b)所示。

③ 齿廓倾斜偏差 $f_{H\alpha}$。指在齿廓计值范围内，两端与平均齿廓迹线相交的两条设计齿廓迹线间的距离，如图 7-27(c)所示。

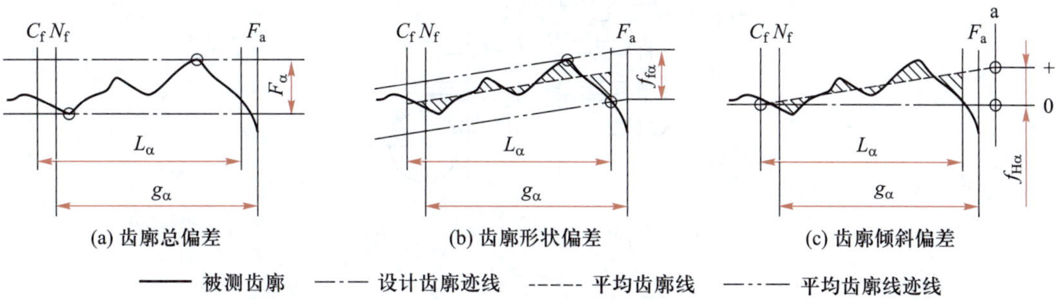

(a) 齿廓总偏差   (b) 齿廓形状偏差   (c) 齿廓倾斜偏差

—— 被测齿廓   — — 设计齿廓迹线   ----- 平均齿廓线   —·—· 平均齿廓线迹线

C_f—齿廓控制点；N_f—有效齿根点；F_a—齿顶成形点(修顶起始处)；a—齿顶点；

L_α—齿廓计值长度：端平面上，齿廓计值范围对应的展开长度；

g_α—啮合线长度：从有效齿根点到齿顶成形点的展开长度

图 7-27   渐开线未修形的齿廓偏差

齿廓偏差的存在，使两齿面啮合时产生传动比的瞬时变动，使齿轮一转内的传动比发生了高频率、小幅度的周期性变化，产生振动和噪声，从而影响齿轮运动的平稳性。

渐开线齿轮的齿廓总误差，可在专用的单圆盘渐开线检查仪上进行测量，其工作原理如图 7-28 所示。被测齿轮与一直径等于该齿轮基圆直径的基圆盘同轴安装，当用手轮移动纵拖板时，直尺与由弹簧力紧压其上的基圆盘互做纯滚动，位于直尺边缘上的测头与被测齿廓接触点相对于基圆盘的运动轨迹是理想渐开线。若被测齿廓不是理想渐开线，测头摆动，经杠杆在指示表上可读出其齿廓总偏差。

(3) 螺旋线偏差

螺旋线偏差是指在端面基圆切线方向上测得的被测螺旋线偏离设计螺旋线的量。

被测螺旋线指在测量螺旋线时，两端面之间的齿面全长与测头接触的部分。如存在倒角、圆角等修角，则为修角起、止点间的部分。设计螺旋线是指由设计者给定的螺旋线。

螺旋线偏差包含下列 3 种偏差：

① 螺旋线总偏差 F_β。指在计值范围内，包容被测螺旋线迹线的两条设计螺旋线迹线间的距离，如图 7-29(a)所示。

② 螺旋线形状偏差 $f_{f\beta}$。指在计值范围内，包容被测螺旋线迹线的两条与平均螺旋线迹线完全相同的曲线间的距离，且两条曲线与平均螺旋线迹线的距离为常数，如图 7-29(b)所示。

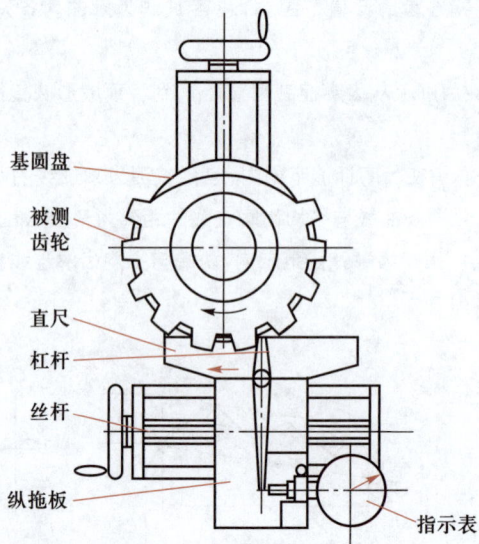

图 7-28　单圆盘渐开线检查仪的工作原理

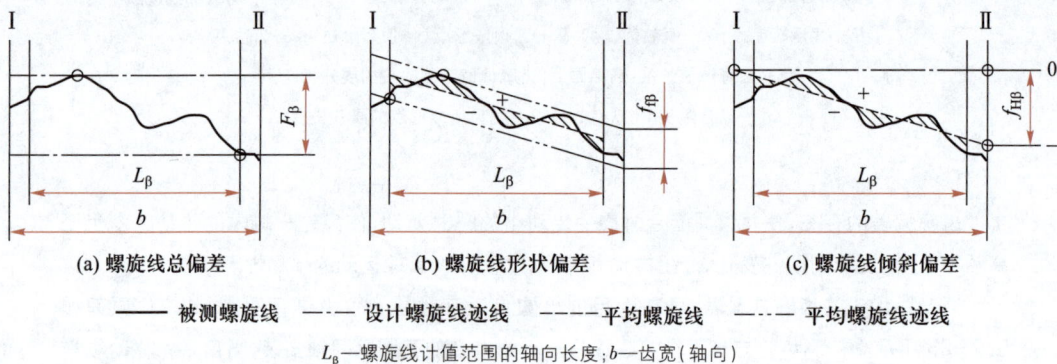

(a) 螺旋线总偏差　　　　(b) 螺旋线形状偏差　　　　(c) 螺旋线倾斜偏差

—— 被测螺旋线　—·—· 设计螺旋线迹线　----- 平均螺旋线　—··—·· 平均螺旋线迹线

L_β—螺旋线计值范围的轴向长度;b—齿宽(轴向)

图 7-29　未修形的螺旋线偏差

③ 螺旋线倾斜偏差 $f_{H\beta}$。指在计值范围内,两端与平均螺旋线迹线相交的两条设计螺旋线迹线间的距离,如图 7-29(c)所示。

由于实际齿线存在形状误差和位置误差,使两齿轮啮合时的接触线只占理论长度的一部分,从而导致载荷分布不均匀。螺旋线总偏差是齿轮的轴向误差,是评定载荷分布均匀性的单项性指标。

螺旋线总偏差的测量方法有展成法和坐标法。展成法的测量仪器有单盘式渐开线螺旋检查仪、分级圆盘式渐开线螺旋检查仪、杠杆圆盘式通用渐开线螺旋检查仪以及导程仪等。坐标法的测量仪器有螺旋线样板检查仪、齿轮测量中心以及三坐标测量机等。

(4) 切向综合偏差

① 切向综合总偏差 F_{is}'。指被测齿轮与测量齿轮单面啮合时,被测齿轮的一转内,齿轮分度圆上实际圆周位移与理论圆周位移的最大差值,如图 7-30 所示。

184

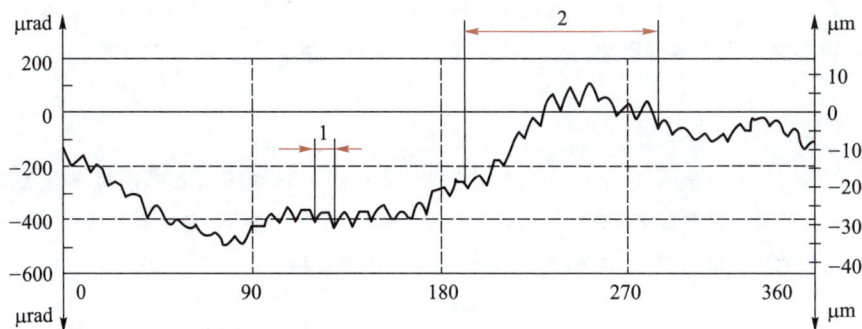

1—轮齿齿距；2—小齿轮旋转一周

图 7-30　切向综合偏差

②一齿切向综合偏差(f_{is}')。是齿轮在一个齿距内的切向综合总偏差，指被测齿轮与测量齿轮单面啮合时，在被测齿轮的一个齿距内，从动齿轮实际位置与理论位置的角度偏差（理论位置是具有完美几何尺寸的齿轮副工作时从动齿轮的位置），如图 7-30 所示。

切向综合总偏差是几何偏心、运动偏心及各种短周期综合误差影响的结果，而一齿切向综合偏差是由刀具制造、安装误差及机床传动链等各种高频误差综合作用的结果。故切向综合偏差可用于综合评定齿轮传递运动的准确性和平稳性。切向综合偏差是在齿轮单面啮合综合检查仪上测量的。

2. 齿轮径向综合偏差

（1）径向综合总偏差 F_{id}''

径向综合总偏差是指在径向（双面）综合检验时，被测齿轮的左、右齿面同时与测量齿轮接触，并转过一周时出现的中心距最大值和最小值之差，如图 7-31 所示。径向综合总偏差是在齿轮双面啮合综合检查仪上测量的。

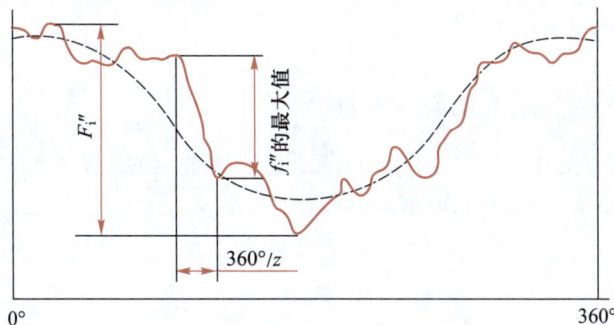

图 7-31　径向综合偏差

（2）一齿径向综合偏差 f_{id}''

一齿径向综合偏差是指当被测齿轮与测量齿轮啮合，并转过一周时，对应一个齿距（$360°/z$）的径向综合偏差值，即齿轮在一个齿距内双啮中心矩的最大变动量，如图 7-30 所示。

若齿轮的齿廓存在径向偏差及其他短周期误差（如齿廓形状偏差、基圆齿距偏差等），则双

185

啮中心距就会在转动过程中变化。因此,径向偏差主要反映了由几何偏差引起的误差。但是由于受到左、右齿面的共同影响,因此不如切向综合偏差反映全面,不适用于检测高精度齿轮。

3. 齿轮径向跳动 F_r

齿轮径向跳动是指测头(球形、圆柱形等)相继置于被测齿轮的每个齿槽内时,从它到齿轮轴线的最大和最小径向距离之差。齿轮径向跳动是由于齿轮的轴线和基准孔的中心线存在几何偏心引起的。测量时,测头在齿高中部附近与左右齿面接触。

4. 需要测量的齿轮几何参数

对于单个齿轮的测量,GB/T 10095.1—2022 推荐了相应的测量要求。具体的被测量参数见表 7-17。表 7-17 中列出了符合精度要求的齿轮应测量的最少参数。当供需双方同意时,可用备选参数表代替默认参数表。

表 7-17　被测量参数表(摘自 GB/T 10095.1—2022)

直径/mm	齿面公差等级	最少可接受参数	
		默认参数表	备选参数表
$d \leqslant 4\ 000$	10～11	$F_p, f_p, s, F_\alpha, F_\beta$	s, C_p, F_{id}, f_{id}
	7～9	$F_p, f_p, s, F_\alpha, F_\beta$	s, C_p, F_{is}, f_{is}
	1～6	$F_p, f_p, s,$ $F_\alpha, f_{f\alpha}, f_{H\alpha}$ $F_\beta, f_{f\beta}, f_{H\beta}$	s, C_p, F_{is}, f_{is}
$d > 4\ 000$	7～11	$F_p, f_p, s, F_\alpha, F_\beta$	$F_p, f_p, s, (f_{f\beta} 或 C_p)$

注:1. s—齿厚(见 7.5.2);

2. C_p—接触斑点(见 7.5.2);

3. 齿面公差等级见 7.5.3。

7.5.2　齿轮副误差的评定参数与检测

上面所讨论的都是单个齿轮的加工误差,除此之外,齿轮副的安装误差同样会影响齿轮传动的使用性能,因此对这类误差也应加以控制。

1. 中心距偏差 f_a

中心距偏差是指在齿轮副的齿宽中间平面内,实际中心距与公称中心距之差。中心距偏差会影响齿轮工作时的侧隙。当实际中心距小于公称(设计)中心距时,会使侧隙减小;反之,会使侧隙增大。为保证侧隙要求,需用中心距允许偏差来控制中心距偏差。

在齿轮只单向承载且不经常反转的情况下,最大侧隙的控制不是一个重要因素,此时中心矩的允许偏差主要取决于重合度。

对于要控制运动精度及经常需要正反转的齿轮副,需要控制其最大侧隙,对中心距的公差

应仔细考虑下列因素:

① 轴、箱体孔系和轴承轴线的倾斜;

② 由于箱体孔系的尺寸偏差和轴承的间隙导致齿轮轴线的不一致与错斜;

③ 安装误差;

④ 轴承跳动;

⑤ 温度的影响(随箱体和齿轮零件的温差、中心距和材料的不同而变化);

⑥ 旋转件的离心伸胀;

⑦ 其他因素,如润滑剂污染的允许程度及非金属齿轮材料的溶胀。

GB/Z 18620.3—2008 未给出中心距的允许偏差。可类比某些成熟产品的技术资料来确定或参照表 7-18 确定。

表 7-18　中心距偏差 f_a

齿轮精度等级	5、6	7、8	9、10
f_a	$\frac{1}{2}$IT7	$\frac{1}{2}$IT8	$\frac{1}{2}$IT9

2. 轴线平行度偏差

由于轴线的平行度偏差与其矢量有关,故轴线平行度偏差有两种:轴线平面内的平行度误差 $f_{\Sigma\delta}$ 和垂直平面上的平行度误差 $f_{\Sigma\beta}$,如图 7-32 所示。

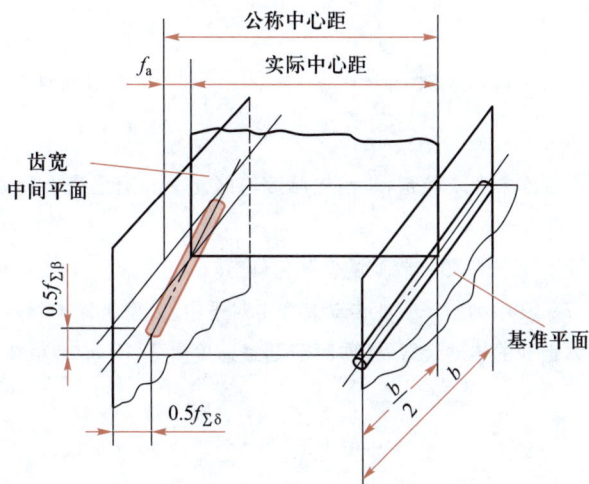

图 7-32　轴线平行度偏差

基准平面是包含基准轴线,并通过由另一轴线与齿宽中间平面相交的点所形成的平面。两条轴线中任何一条轴线都可作为基准轴线,$f_{\Sigma\delta}$、$f_{\Sigma\beta}$ 均在等于全齿宽的长度上测量。

由于齿轮轴要通过轴承安装在箱体或其他构件上,所有轴线的平行度误差与轴承的跨距 L 有关。一对齿轮副的轴线若产生平行度误差,必然会影响齿面的正常接触,使载荷分布不均匀,同时还会使侧隙在全齿宽上大小不等,为此必须对齿轮副轴线的平行度误差进行控制。

187

3. 侧隙和齿厚偏差

（1）侧隙

齿轮副的侧隙是指装配好的齿轮副中相啮合的轮齿之间的间隙。齿轮副的侧隙可分为圆周侧隙 j_{wt} 和法向侧隙 j_{bn} 两种。圆周侧隙 j_{wt} 是指安装好的齿轮副，当其中一个齿轮固定时，另一个齿轮圆周的晃动量，以分度圆上弧长计值，如图 7-33（a）所示。法向侧隙 j_{bn} 是指安装好的齿轮副，当工作齿面接触时，非工作齿面之间的最小距离，如图 7-33（b）所示。圆周侧隙可用指示表测量，法向侧隙可用塞尺测量。在生产中，常检验法向侧隙，但由于圆周侧隙比法向侧隙更便于检验，因此法向侧隙除直接测量得到外，也可用圆周侧隙计算得到。法向侧隙与圆周侧隙之间的关系为

$$j_{bn}=j_{wt}\cos\beta_b\cos\alpha_n \tag{7-6}$$

式中　β_b——基圆螺旋角（°）；

　　　α_n——分度圆法向压力角（°）。

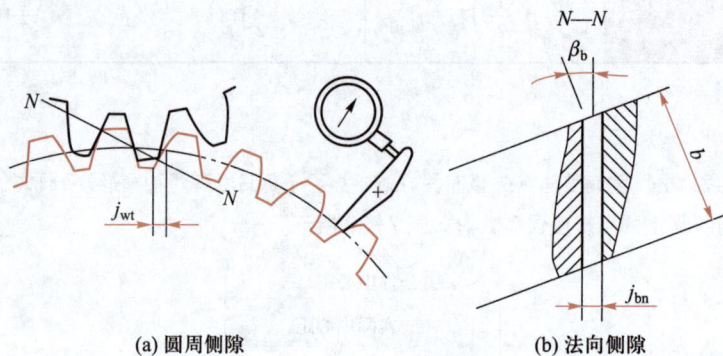

(a) 圆周侧隙　　　**(b) 法向侧隙**

图 7-33　齿轮副的侧隙

齿轮侧隙按齿轮工作条件来确定，与齿轮精度等级无关。确定最小侧隙一般有以下三种方法：

① 经验法。参照同类产品中齿轮副的侧隙值确定。

② 查表法。表 7-19 中列出了工业传动装置中对于中、大型齿轮推荐的最小侧隙，适用于钢铁金属齿轮和箱体组成的传动装置，工作时节圆线速度大于 15 m/s，箱体、轴和轴承都采用常用的制造公差。

表 7-19　对于中、大型齿轮最小侧隙 $j_{bn\,min}$ 的推荐值
（摘自 GB/Z 18620.4—2008）　　　　　mm

m_n	最小中心距离 a_i					
	50	100	200	400	800	1 000
1.5	0.09	0.11	—	—	—	—
2	0.10	0.12	0.15	—	—	—
3	0.12	0.14	0.17	0.24	—	—

m_n	最小中心距离 a_i					
	50	100	200	400	800	1 000
5	—	0.18	0.21	0.28	—	—
8		0.24	0.27	0.34	0.47	—
12	—	—	0.35	0.42	0.55	—
18				0.54	0.67	0.94

注：表中数值也可用 $j_{bn \min} = \dfrac{2}{3}(0.06 + 0.0005 |a_i| + 0.03 m_n)$ 计算，m_n——法向模数（mm）。

③ 计算法。根据齿轮副的工作条件，如工作速度、温度、载荷、润滑等条件计算齿轮副最小法向侧隙。

a. 补偿温升而引起变形所需的最小法向侧隙 j_{bn1}，即

$$j_{bn1} = a(\alpha_1 \Delta t_1 - \alpha_2 \Delta t_2) 2 \sin \alpha_n \qquad (7-7)$$

式中 a——中心距；

α_1、α_2——齿轮和箱体材料的线膨胀系数（$1/℃$）；

Δt_1、Δt_2——齿轮和箱体在正常工作下对标准温度（20 ℃）的温差（℃）；

α_n——法向啮合角（°）。

b. 保证正常润滑所需要的最小法向侧隙 j_{bn2}。j_{bn2} 取决于润滑方式和齿轮工作的圆周速度，具体数值见表 7-20。

表 7-20 j_{bn2} 的推荐值

润滑方式	圆周速率 $v/(m/s)$			
	$v \leqslant 10$	$10 < v \leqslant 25$	$25 < v \leqslant 60$	$v > 60$
喷油润滑	$0.01 m_n$	$0.02 m_n$	$0.03 m_n$	$(0.03 \sim 0.05) m_n$
油池润滑	$(0.005 \sim 0.01) m_n$			

注：m_n——法向模数（mm）。

最小法向侧隙是补偿温升而引起变形所需要的最小法向侧隙 j_{bn1} 与保证正常润滑所需要的最小法向侧隙 j_{bn2} 之和，即

$$j_{bn \min} = j_{bn1} + j_{bn2} \qquad (7-8)$$

（2）齿厚偏差

齿厚偏差是指分度圆上实际齿厚和理论齿厚之差，对斜齿轮指的是法向齿厚。齿厚的偏差会影响齿轮的侧隙，齿厚的极限偏差是通过计算得到的。

① 齿厚上极限偏差 E_{sns} 的确定。两齿轮啮合后的齿厚上极限偏差之和为

$$E_{sns1} + E_{sns2} = -\left(2 f_a \tan \alpha_n + \frac{j_{bn \min} + J_n}{\cos \alpha_n}\right) \qquad (7-9)$$

式中 f_a——中心距偏差，可参照表 7-18 选取；

α_n——法向啮合角（°）；

$j_{bn \min}$——最小法向间隙；

操作视频

齿轮齿厚测量

J_n——齿轮副加工误差和安装误差所引起的侧隙减小量,可按下式计算:

$$J_n = \sqrt{f_{pb1}^2 + f_{pb2}^2 + 2\left(F_\beta \cos\alpha_n\right)^2 + \left(f_{\Sigma\delta}\sin\alpha_n\right)^2 + \left(f_{\Sigma\beta}\sin\alpha_n\right)^2} \qquad (7-10)$$

式中　f_{pb1}、f_{pb2}——两个啮合齿轮的基圆齿距偏差(可参照 GB/Z 18620.4—2008 选取);

$f_{\Sigma\delta}$、$f_{\Sigma\beta}$——齿轮副轴线平行度偏差;

F_β——啮合齿轮的螺旋线总偏差;

α_n——法向啮合角(°)。

齿厚上极限偏差可按等值分配法和不等值分配法分配给相啮合的每个齿轮。若按不等值分配,则大齿轮齿厚的减薄量可大一些,小齿轮齿厚的减薄量可小一些,以使两个齿轮的强度相匹配。

② 法向齿厚公差 T_{sn} 的选择。其选择基本上与齿轮精度无关,一般不应选择太小的值。在大多数情况下,允许采用较宽的齿厚公差或侧隙,这并不影响齿轮的性能和承载能力,制造成本却有可能有所下降。法向齿厚公差可用式(7-11)计算:

$$T_{sn} = \sqrt{F_r^2 + b_r^2} \times 2\tan\alpha_n \qquad (7-11)$$

式中　F_r——齿轮径向跳动公差;

b_r——切齿径向进给公差。b_r 值按齿轮传递运动准确性项目的精度等级确定,见表7-21;

α_n——法向啮合角(°)。

表 7-21　切齿径向进给公差 b_r

精度等级	4	5	6	7	8	9
b_r	1.26IT7	IT8	1.26IT8	IT9	1.26IT9	IT10

4. 接触斑点

接触斑点是指装配好的齿轮副,在轻微制动下,运转后齿面上分布的接触擦亮痕迹。所谓"轻微制动"是指不使轮齿脱离,又不使轮齿和传动装置发生较大变形的制动状态。接触斑点的大小可以用沿齿高方向和沿齿长方向的百分数表示。

检测齿轮副的接触斑点,有助于正确评估轮齿载荷分布情况。此外,产品齿轮与测量齿轮的接触斑点可用于装配后齿轮螺旋线和齿廓精度的评估,还可以用接触斑点来规定和控制齿轮沿齿长方向的配合精度。

表 7-22 和表 7-23 是各精度等级的直齿轮、斜齿轮(对齿廓和螺旋线修形的齿面不适合)装配后的接触斑点。

表 7-22　直齿轮装配后的接触斑点(摘自 GB/Z 18620.4—2008)

精度等级	b_{c1}占齿宽的百分比/(%)	h_{c1}占齿宽的百分比/(%)	b_{c2}占齿宽的百分比/(%)	h_{c2}占齿宽的百分比/(%)
4级及更高	50	75	40	50
5 和 6	45	50	35	30
7 和 8	35	50	35	30
9~12	25	50	25	30

表 7-23　斜齿轮装配后的接触斑点(摘自 GB/Z 18620.4—2008)

精度等级	b_{c1}占齿宽的百分比/(%)	h_{c1}占齿宽的百分比/(%)	b_{c2}占齿宽的百分比/(%)	h_{c2}占齿宽的百分比/(%)
4 级及更高	50	50	40	30
5 和 6	45	40	35	20
7 和 8	35	40	35	20
9~12	25	40	25	20

目前,国内各生产单位普遍使用这一精度指标检验齿轮副的合格性。若接触斑点检验合格,则此齿轮副中的单个齿轮的承载均匀性的评定指标可不予考核。

7.5.3　圆柱齿轮公差的选用

1. 圆柱齿轮公差等级

GB/T 10095—2022 对圆柱齿轮公差等级规定了 11 级,从高到低为 1 级到 11 级,标识示例如下:

$$GB/T\ 10095—2022,等级\ A$$

A 表示设计齿面的公差等级。对于给定的具体齿轮,各偏差项目可使用不同的齿面公差等级。齿轮总的公差等级由所有偏差项目中最大公差等级数来确定。

2. 公差值计算公式(以下公式计算所得公差值单位为 μm)

(1) 单个齿距公差

$$f_{pT} = (0.001d + 0.4\ m_n + 5)\ \sqrt{2}^{A-5} \tag{7-12}$$

式中:d——分度圆直径(mm);

　　　m_n——法向模数(mm);

　　　A——公差等级。

(2) 齿距累积总公差

$$F_{pT} = (0.002d + 0.55\ \sqrt{d} + 0.7\ m_n + 12)\ \sqrt{2}^{A-5} \tag{7-13}$$

(3) 齿廓倾斜公差

$$f_{H\alpha T} = (0.001d + 0.4\ m_n + 4)\ \sqrt{2}^{A-5} \tag{7-14}$$

(4) 齿廓形状公差

$$f_{f\alpha T} = (0.55\ m_n + 5)\ \sqrt{2}^{A-5} \tag{7-15}$$

(5) 齿廓总公差

$$F_{\alpha T} = \sqrt{f_{H\alpha T}^2 + f_{f\alpha T}^2} \tag{7-16}$$

(6) 螺旋线倾斜公差

$$f_{H\beta T} = (0.05\ \sqrt{d} + 0.35\ \sqrt{b} + 4)\ \sqrt{2}^{A-5} \tag{7-17}$$

191

（7）螺旋线形状公差

$$f_{f\beta T} = \left(0.07\sqrt{d} + 0.45\sqrt{b} + 4\right)\sqrt{2}^{A-5} \tag{7-18}$$

（8）螺旋线总公差

$$F_{\beta T} = \sqrt{f_{H\beta T}^2 + f_{f\beta T}^2} \tag{7-19}$$

（9）一齿切向综合公差

$$f_{isT,max} = f_{is(design)} + \left(0.375\, m_n + 5\right)\sqrt{2}^{A-5} \tag{7-20}$$

$$f_{isT,min} = f_{is(design)} - \left(0.375\, m_n + 5\right)\sqrt{2}^{A-5} \tag{7-21}$$

一齿切向综合公差的设计值应通过分析应用设计和检测条件来确定。

（10）切向综合总公差

$$F_{isT} = F_{pT} + f_{isT,max} \tag{7-22}$$

（11）一齿径向综合公差

$$f_{idT} = \left(2.96\, m_n + 0.01\sqrt{d} + 0.8\right)\sqrt{2}^{A-5} \tag{7-23}$$

（12）径向综合总公差

$$F_{idT} = \left(3.2\, m_n + 1.01\sqrt{d} + 6.4\right)\sqrt{2}^{A-5} \tag{7-24}$$

（13）径向跳动公差

$$F_{rT} = 0.9\, F_{pT} = 0.9\left(0.002d + 0.55\sqrt{d} + 0.7\, m_n + 12\right)\sqrt{2}^{A-5} \tag{7-25}$$

3. 圆柱齿轮精度等级的选择

圆柱齿轮精度等级选择的主要依据是齿轮传动的用途、使用条件及对它的技术要求，既要考虑传递运动的精度、齿轮的圆周速度、传递的功率、工作持续时间、振动与噪声、润滑条件、使用寿命等，同时还要考虑工艺的可行性和经济性。

圆柱齿轮精度等级的选择方法主要有计算法和类比法两种。一般实际工作中，多采用类比法。

（1）计算法

根据运动精度要求，按误差传递规律，计算出其中一种使用要求的精度等级，再按其他方面的要求，做适当协调，来确定其他使用要求的精度等级。由于影响齿轮传动精度要求的因素多而复杂，在计算中不可避免地要做一些简化，所以很难准确地计算出齿轮所需要的精度等级，且经过计算的精度等级，往往还需要经过齿轮传动性能试验，或在具体使用后做必要的修正才可确定。因此，计算法应用并不普遍。

（2）类比法

根据以往产品设计、性能试验以及使用过程中所累积的成熟经验，以及长期使用中已证实其可靠性的各种齿轮精度等级选择的技术资料，经过与所设计的齿轮在用途、工作条件及技术性能上做对比后，选定其精度等级。对于一般无特殊技术要求的齿轮传动，大多采用类比法。表 7-24 列出了圆柱齿轮精度的适用范围。表 7-25 列出了各种机械所采用的齿轮的精度等级，供选用时参考。

表 7-24 圆柱齿轮精度的适用范围

精度等级	4	5	6	7	8	9
圆周速度/(m/s)	直齿轮>35 斜齿轮>70	直齿轮>35 斜齿轮>70	直齿轮>35 斜齿轮>70	直齿轮>35 斜齿轮>70	直齿轮>35 斜齿轮>70	直齿轮>35 斜齿轮>70
工作条件与适用范围	特别精密分度机构中或在极平稳且无噪声的极高速情况下工作的齿轮;高速汽轮机齿轮;检测6、7级齿轮用的测量齿轮	精密分度机构中或在极平稳且无噪声的极高速情况下工作的齿轮;高速汽轮机齿轮;检测8、9级齿轮用的测量齿轮	要求最高效率且无噪声的高速平稳工作的齿轮;分度机构的齿轮;特别重要的航空、汽车用的齿轮;读数装置中特别精密传动的齿轮	增速和减速用的齿轮传动;金属切削机床进给机构用的齿轮;高速减速器用的齿轮;航空、汽车用的齿轮;读数装置用的齿轮	无须特别精密的一般制造用的齿轮;分度机构以外的机床传动齿轮;航空、汽车制造中不重要的齿轮;起重机械用的齿轮;农业机械中的小齿轮;通用减速器齿轮	用于工作无精度要求的齿轮

表 7-25 各种机械采用的齿轮的精度等级

应用范围	精度等级	应用范围	精度等级
测量齿轮	3~5	拖拉机	6~10
汽轮机减速器	3~6	一般用途的减速器	6~9
金属切削机床	3~8	轧钢设备的齿轮	6~10
内燃机车与电气机车	6~7	矿用绞车	8~10
轻型汽车	5~8	起重机械	7~10
重型汽车	6~9	农用机械	8~11
航空发动机	4~7	—	—

习题

7-1 滚动轴承内圈与轴、外圈与外壳孔的配合分别采用何种基准制? 有什么特点?

7-2 滚动轴承的内、外径公差带有何特点? 其公差配合与一般圆柱体的公差配合有何不同?

7-3 滚动轴承承受载荷的类型与选择配合有什么关系?

7-4 某拖拉机变速箱输出轴的前轴承为轻系单列向心球轴承(内径为 $\phi40$ mm,外径为 $\phi80$ mm),试确定轴承的精度等级,选择轴承与轴颈和外壳孔的配合,并用简图表示出轴颈与外壳孔的相关参数值。

7-5　某普通机床主轴后支承上为深沟球轴承,内径为 $\phi55$ mm,外径为 $\phi90$ mm,受 4 000 N 的定向径向负荷,轴承的额定动负荷为31 400 N,内圈随轴一起转动,外圈固定。试确定:

(1)与轴承配合的轴颈、外壳孔的公差带代号。

(2)轴颈和外壳孔的几何公差和表面粗糙度参数值。

(3)把所选的公差带代号和各项公差标注在图样上。

7-6　普通平键连接采用何种配合制度?

7-7　普通平键配合有几种配合类型,各应用在什么场合?

7-8　矩形花键连接的结合面有哪些? 通常用哪个结合面作为定心表面?

7-9　矩形花键连接各结合面的配合采用何种配合制度? 有几种装配型式?

7-10　某减速器中输出轴的伸出端与配合件孔的配合为 $\phi45H7/m6$,采用普通平键连接。试确定轴槽和轮毂槽的剖面尺寸及其极限偏差、键槽对称度公差和键槽表面粗糙度参数值,并确定应遵守的公差原则,将各项公差值标注在图样上。

7-11　影响螺纹互换性的主要因素有哪些?

7-12　以外螺纹为例,试说明螺纹中径、单一中径和作用中径的联系与区别,三者在什么情况下是相等的?

7-13　通过查表写出 M20×2-6H/5g6g 外螺纹中径、大径和内螺纹中径、小径的极限偏差,并绘出公差带图。

7-14　已知直齿轮副的模数 $m_n=5$ mm,齿形角 $\alpha=20°$,齿数 $z_1=20$、$z_2=100$,内孔 $d_1=25$ mm、$d_2=80$ mm,图样标注为 6 GB/T 10095.1—2020 和 6 GB/T 10095.2—2008。

(1)试确定两齿轮 f_{pt}、F_P、F_α、F_β、F_i''、f_i''、F_r 的允许值。

(2)试确定两齿轮内孔和齿顶圆的尺寸公差、齿顶圆的径向圆跳动公差以及端面跳动公差。

参考文献

［1］杨曙年,张新宝,常素萍.互换性与技术测量［M］.5 版.武汉:华中科技大学出版社,2018.

［2］毛平淮.互换性与技术测量［M］.3 版.北京:机械工业出版社,2018.

［3］周文玲.互换性与测量技术［M］.3 版.北京:机械工业出版社,2021.

［4］宋绪丁,张帆,万一品.互换性与几何量测量技术［M］.3 版.西安:西安电子科技大学出版社,2019.

［5］薛庆红.典型零件质量检测［M］.北京:高等教育出版社,2008.

［6］罗晓晔,王慧珍,陈发波.机械检测技术［M］.2 版.杭州:浙江大学出版社,2015.

［7］张琳娜,赵凤霞,郑鹏.机械精度设计与检测标准应用手册［M］.北京:化学工业出版社,2015.

［8］杨叔子.机械加工工艺师手册［M］.2 版.北京:机械工业出版社,2011.

郑重声明

读者意见反馈

为收集对教材的意见建议,进一步完善教材编写并做好服务工作,读者可将对本教材的意见建议通过如下渠道反馈至我社。

咨询电话　400-810-0598

反馈邮箱　gjdzfwb@pub.hep.cn

通信地址　北京市朝阳区惠新东街4号富盛大厦1座
　　　　　高等教育出版社总编辑办公室

邮政编码　100029